高等学校计算机类“十三五”规划教材

Visual FoxPro 数据库程序设计教程

(第 三 版)

主 编 康 贤

参 编 段 玲 张玉林

解亚利 高景刚

西安电子科技大学出版社

内 容 简 介

本书共分 9 章，内容从数据库的基本概念到表、库、项目、程序、表单、菜单、报表的建立、修改、使用及 SQL 语言等，涵盖了 Visual FoxPro 程序设计的全部知识。本书适合高等学校计算机及相关专业的学生使用，教学课时安排在 50 学时左右。

本书由几位长期从事教学工作，对数据库教学具有丰富经验的教师编写。在编写中，力求语言通俗易懂，以丰富的例子来讲解概念和方法，并且每章后还给出了大量的配套练习题，使得该书既有理论指导，又有较强的实用性。本书不仅非常适合作为教材，而且可以作为广大计算机应用人员的数据库自学参考书。

图书在版编目(CIP)数据

Visual FoxPro 数据库程序设计教程/康贤主编. —3 版.
—西安：西安电子科技大学出版社，2017.7
高等学校计算机类“十三五”规划教材
ISBN 978-7-5606-4567-4

Ⅰ. ① V… Ⅱ. ① 康… Ⅲ. ① 关系数据库系统—数据库管理系统—高等学校—教材 Ⅳ. ① TP311.138

中国版本图书馆 CIP 数据核字（2017）第 155794 号

策　　划　马晓娟
责任编辑　马晓娟
出版发行　西安电子科技大学出版社(西安市太白南路 2 号)
电　　话　(029)88242885　88201467　　邮　　编　710071
网　　址　www.xduph.com　　电子邮箱　xdupfxb001@163.com
经　　销　新华书店
印刷单位　陕西天意印务有限责任公司
版　　次　2017 年 7 月第 3 版　2017 年 7 月第 8 次印刷
开　　本　787 毫米×1092 毫米　1/16　　印　张　18
字　　数　421 千字
印　　数　21 001～24 000 册
定　　价　35.00 元
ISBN 978-7-5606-4567-4/TP

XDUP 4859003-8

序

第三次全国教育工作会议以来，我国高等教育得到空前规模的发展。经过高校布局和结构的调整，各个学校的新专业均有所增加，招生规模也迅速扩大。为了适应社会对“大专业、宽口径”人才的需求，各学校对专业进行了调整和合并，拓宽专业面，相应的教学计划、大纲也都有了较大的变化。特别是进入21世纪以来，信息产业发展迅速，技术更新加快。面对这样的发展形势，原有的计算机、信息工程两个专业的传统教材已很难适应高等教育的需要，作为教学改革的重要组成部分，教材的更新和建设迫在眉睫。为此，西安电子科技大学出版社聘请南京邮电学院、西安邮电学院、重庆邮电学院、吉林大学、杭州电子工业学院、桂林电子工业学院、北京信息工程学院、深圳大学、解放军电子工程学院等10余所国内电子信息类专业知名院校长期在教学科研第一线工作的专家教授，组成了高等学校计算机、信息工程类专业系列教材编审专家委员会，并且面向全国进行系列教材编写招标。该委员会依据教育部有关文件及规定对这两大类专业的教学计划和课程大纲，对目前本科教育的发展变化和相应系列教材应具有的特色和定位以及如何适应各类院校的教学需求等进行了反复研究、充分讨论，并对投标教材进行了认真评审，筛选并确定了高等学校计算机、信息工程类专业系列教材的作者及审稿人。

审定并组织出版这套教材的基本指导思想是力求精品、力求创新、好中选优、以质取胜。教材内容要反映21世纪信息科学技术的发展，体现专业课内容更新快的要求；编写上要具有一定的弹性和可调性，以适合多数学校使用；体系上要有所创新，突出工程技术型人才培养的特点，面向国民经济对工程技术人才的需求，强调培养学生较系统地掌握本学科专业必需的基础知识和基本理论，有较强的本专业的基本技能、方法和相关知识，培养学生具有从事实际工程的研发能力。在作者的遴选上，强调作者应在教学、科研第一线长期工作，有较高的学术水平和丰富的教材编写经验；教材在体系和篇幅上符合各学校的教学计划要求。

相信这套精心策划、精心编审、精心出版的系列教材会成为精品教材，得到各院校的认可，对于新世纪高等学校教学改革和教材建设起到积极的推动作用。

系列教材编委会

高等学校计算机、信息工程类专业
规划教材编审专家委员会

前　言

在国民经济的各个领域，数据库技术的应用是相当广泛的。例如银行储蓄客户的管理信息系统、工资统计管理信息系统、人事档案管理信息系统、火车售票管理信息系统、公路交通管理信息系统、学生管理信息系统等，都是数据库技术的应用。数据库技术不仅具有组织、存储、统计计算、查询、打印数据的完善功能，而且具有数据结构化，冗余度低，数据的独立性好，数据的完整性好等优点。

Visual FoxPro 是新一代小型化的数据库管理系统软件的代表，它具有强大的功能、完善的工具、较高的数据处理速度、友好的图形界面，支持可视化的面向对象的程序设计方法，深受广大用户的欢迎。Visual FoxPro 提供了一个集成化的环境，使得数据的组织和操作简单方便。另外，它在语言处理方面作了很大的扩充，不仅支持传统的面向过程的程序设计，而且支持面向对象的程序设计。同时，它具有可视化的程序设计工具和向导，使得用户能够快速地创建表单、菜单、查询和报表。和其他数据库管理系统相比，Visual FoxPro 的最大特点是自带编程工具，同时由于其程序设计语言和数据库管理系统相结合，因此它简单易学，非常适合于设计开发小型化的数据库管理应用程序。本书以 Visual FoxPro 9.0 为环境，讲解数据库的基本操作和数据库应用系统的开发方法。

本书是按照 Visual FoxPro 数据库管理系统的内容由浅入深编写的，其中第 1 章至第 3 章讲解数据库和表的交互式命令操作，第 4 章讲解 SQL 语言及应用，第 5 章讲解查询程序文件和视图程序文件的可视化设计，第 6 章讲解程序设计，第 7 章讲解表单设计，第 8 章和第 9 章讲解菜单设计和报表设计。书中以工程项目应用为主线，以数据处理和信息管理为实例，同时兼顾了工科专业学生课时少、内容多等矛盾。本书依附教学大纲及计算机等级考试大纲，根据作者多年的教学经验，从实用性和先进性出发，重点突出，层次分明，内容组织合理，语言通俗易懂，特别适合高校计算机专业和相关专业教学使用，同时也可以推向社会，作为从事数据库应用开发工作的技术人员的参考书。

本书由康贤、解亚利、段玲、张玉林和高景刚共同编写，其中解亚利编写了第 1 章，段玲编写了第 3、4 章，张玉林编写了第 5、7 章，高景刚编写了第 8、9 章，康贤编写了第 2、6 章，并对全书进行了统稿、定稿。在编写过程中，得到了长安大学教材科、长安大学信息学院和计算机基础教学部的大力支持，在此表示诚挚的感谢！

由于作者的学识水平有限，书中不足之处在所难免，敬请广大读者批评指正。

编　者

2017 年 6 月

目　　录

第 1 章　Visual FoxPro 基础 1
1.1　数据库基础知识 1
1.1.1　基本概念 1
1.1.2　计算机数据管理 2
1.2　数据模型 4
1.2.1　实体及其联系 4
1.2.2　数据模型 5
1.3　关系数据库 6
1.3.1　关系术语 6
1.3.2　关系的特点 7
1.3.3　关系运算 7
1.4　Visual FoxPro 的发展过程、基本功能与特点 8
1.4.1　Visual FoxPro 的发展过程 8
1.4.2　Visual FoxPro 的基本功能与特点 9
1.5　Visual FoxPro 的安装和运行环境 11
1.5.1　软件、硬件及网络环境 11
1.5.2　Visual FoxPro 的安装 12
1.5.3　启动与退出 12
1.5.4　开发应用程序的方式 13
1.5.5　帮助系统 14
1.6　Visual FoxPro 的文件类型与系统性能 14
1.6.1　文件类型与文件组成 14
1.6.2　系统性能指标 16
1.7　Visual FoxPro 6.0 界面 17
1.7.1　主窗口介绍 17
1.7.2　配置 Visual FoxPro 6.0 19
1.7.3　设计器、向导和生成器 20
1.8　Visual FoxPro 9.0 介绍 24
1.8.1　Visual FoxPro 9.0 界面介绍 24
1.8.2　Visual FoxPro 9.0 的特点及新增功能 26
习题一 28

第 2 章　数据库中的数据元素 30
2.1　数据的类型 30
2.2　常量与变量 30
2.2.1　常量 30
2.2.2　变量 33
2.2.3　内存变量的操作 34
2.3　表达式 39
2.3.1　算术型运算符及表达式 39
2.3.2　字符型运算符及表达式 40
2.3.3　日期型运算符及表达式 40
2.3.4　关系型运算符及表达式 41
2.3.5　逻辑型运算符及表达式 44
2.3.6　小结 45
2.4　常用函数 45
2.4.1　数值型函数 45
2.4.2　字符型函数 48
2.4.3　日期和时间型函数 51
2.4.4　测试型函数 52
2.4.5　类型转换型函数 57
习题二 60

第 3 章　Visual FoxPro 数据库、表的基本操作 62
3.1　项目和项目管理器 62
3.2　Visual FoxPro 数据库 64
3.2.1　新建数据库 64
3.2.2　打开和关闭数据库 65
3.3　数据库表 68
3.4　表的基本操作 74
3.4.1　打开和关闭表 74
3.4.2　查看和修改表记录 75
3.4.3　表结构的操作 76
3.4.4　追加记录 77
3.4.5　记录指针的定位 79

3.4.6 显示记录命令 80
3.4.7 删除记录 82
3.4.8 在表中插入记录 85
3.4.9 记录值替换 85
3.4.10 表的排序 86
3.5 索引 86
3.5.1 索引类型 87
3.5.2 创建复合索引文件 88
3.5.3 索引的操作 89
3.6 多表操作 91
3.6.1 工作区 91
3.6.2 选定工作区 91
3.6.3 查看工作区使用状况 92
3.6.4 使用其他工作区的表 92
3.7 表与表之间的联系 93
3.7.1 创建数据表之间的关联 94
3.7.2 数据库的数据完整性 96
3.8 自由表 98
3.8.1 创建自由表 98
3.8.2 将自由表添加到数据库 99
3.8.3 将表从数据库移出 100
3.9 数据的统计计算 100
3.9.1 统计记录个数 100
3.9.2 数值型字段纵向求和 101
3.9.3 数值型字段纵向求平均值 101
习题三 102

第4章 关系数据库标准语言SQL 106
4.1 SQL概述 106
4.2 查询功能 107
4.2.1 基本查询 107
4.2.2 条件(WHERE)查询 109
4.2.3 排序查询 110
4.2.4 分组计算查询 112
4.2.5 联接查询 112
4.2.6 嵌套查询 117
4.2.7 利用空值查询 121
4.2.8 集合的并运算 122
4.2.9 查询输出去向 122
4.3 定义功能 124
4.4 操作功能 131
4.4.1 插入 131
4.4.2 更新 132
4.4.3 删除 132
习题四 133

第5章 查询与视图设计 137
5.1 应用查询向导创建查询 137
5.2 应用查询设计器设计查询 140
5.2.1 查询设计器 140
5.2.2 建立查询文件 142
5.2.3 查询文件的运行方法 143
5.2.4 修改查询文件 144
5.2.5 定向输出查询文件 145
5.3 查询文件设计举例 146
5.4 视图设计 148
5.4.1 视图设计器 148
5.4.2 建立视图 149
5.4.3 使用视图更新数据 153
5.4.4 视图的SQL语句命令 154
习题五 155

第6章 程序设计基础 158
6.1 程序与程序文件 158
6.1.1 基本概念 158
6.1.2 程序文件的建立和执行 159
6.1.3 程序设计的三个过程 160
6.1.4 输入/输出语句 161
6.2 程序的三种基本结构 164
6.2.1 三种结构的基本含义 164
6.2.2 选择结构程序 164
6.2.3 循环程序 168
6.3 多模块程序设计 173
6.3.1 模块的分类 173
6.3.2 模块的建立与调用 175
6.3.3 变量的作用域 179
习题六 181

第 7 章　表单设计及应用 183
7.1　面向对象程序设计的基本概念 183
7.1.1　对象(Object) 183
7.1.2　类(Class) 184
7.1.3　类和对象的分类 185
7.2　可视化表单设计的基础 187
7.2.1　表单及其基本特性 187
7.2.2　表单的数据环境 189
7.2.3　对象引用的规则 190
7.3　利用表单向导建立表单 190
7.3.1　利用表单向导创建基于一个表的表单 190
7.3.2　利用一对多表单向导创建表单 193
7.4　应用表单设计器设计表单 196
7.4.1　应用表单设计器设计表单 196
7.4.2　表单设计器的基本操作 197
7.4.3　数据环境设计器的基本操作 199
7.5　常用的表单控件及其应用 201
7.5.1　常用控件的公共属性 201
7.5.2　标签(Label)控件 201
7.5.3　文本框(TextBox)控件 202
7.5.4　命令按钮(CommandButton)控件 202
7.5.5　命令按钮组(CommandGroup)控件 203
7.5.6　编辑框(EditBox)控件 204
7.5.7　复选框(CheckBox)控件 204
7.5.8　选项按钮组(OptionGroup)控件 204
7.5.9　列表框(ListBox)控件 206
7.5.10　组合框(ComboBox)控件 208
7.5.11　表格(Grid)控件 208
7.5.12　计时器(Timer)、页框(PageFrame)、图像(Image)和微调(Spinner)控件 211
7.6　表单的应用举例 213
7.6.1　系统登录密码验证表单 213
7.6.2　数据的录入和编辑表单 215
7.6.3　数据查询表单 217
习题七 218

第 8 章　菜单设计及应用 222
8.1　菜单的概念 222
8.1.1　菜单的类型 222
8.1.2　系统菜单设置 223
8.1.3　菜单设计步骤 224
8.2　用菜单设计器设计菜单 224
8.2.1　菜单设计器 224
8.2.2　创建下拉式菜单 227
8.2.3　生成快速菜单 230
8.2.4　创建 SDI 菜单 231
8.3　快捷菜单设计 232
8.4　在菜单中添加事件代码 234
习题八 237

第 9 章　报表设计及应用 239
9.1　使用报表向导 239
9.1.1　启动报表向导 239
9.1.2　创建单一报表 240
9.1.3　创建一对多报表 243
9.2　快速制作报表 245
9.3　使用报表设计器制作报表 247
9.3.1　报表设计器简介 247
9.3.2　利用报表设计器设计报表 249
9.4　报表的输出 256
9.4.1　页面设置 256
9.4.2　预览报表 256
9.4.3　打印输出 257
9.4.4　用命令操作 257
习题九 258

附录Ⅰ　ASCII 码表 260
附录Ⅱ　Visual FoxPro 常用函数一览表 262
附录Ⅲ　Visual FoxPro 常用命令一览表 265
参考文献 277

第 1 章　Visual FoxPro 基础

1.1　数据库基础知识

随着生产技术的发展，计算机的使用已深入到社会生活的各个方面，信息管理也已发展到自动化、网络化和社会化阶段。数据库正是在这一形势下应运而生的，其应用范围不断扩大，不仅应用于事务处理，而且进一步应用到情报检索、人工智能、专家系统、计算机辅助设计及非数值计算的各个方面。可以说，数据库系统已成为计算机应用系统的重要组成部分之一。

数据库是按一定方式把相关数据组织、存储在计算机中的数据集合。数据库不仅存放数据，而且存放数据之间的联系。本章主要介绍数据库系统和关系型数据库管理系统 Visual FoxPro 的基本内容。

1.1.1　基本概念

学习数据库首先要搞清楚数据库、数据库系统、数据库管理系统等几个相互关联但又有区别的基本概念。

1. 数据

数据是指存储在某一种媒体上，并能够被识别的物理符号，它包括两方面内容：一是描述事物特性的数据内容；二是存储在某一种媒体上的数据形式。描述事物特性必须借助一定的符号，这些符号就是数据。数据可以是多种多样的，例如，某人的出生日期可以是“一九九七年九月十五日”、“09/15/97”等。所谓符号，不仅仅是指用数字、字母、文字和其他特殊字符组成的文本形式的数据，还指包括图形、图像、动画、影像、声音等的多媒体数据。当然，使用最多、最基本的仍然是文本形式的数据。所谓存储，不仅是指把数据写在纸上，还指在磁介质上、光介质上和半导体存储器里存放数据。

2. 数据处理

数据处理是指将数据转换成信息的过程。其基本目的是从大量的现有数据出发，根据事物之间的固有联系和运动规律，通过分析归纳、演绎推导等手段，提取出对人们有价值、有意义的信息。信息和数据的关系为

信息 = 数据 + 处理

其中，数据是投入，是输入；信息是产出，是输出的结果。当两个或两个以上数据处理过程前后相继出现时，前一过程称为预处理。预处理的输出作为二次数据，成为后面处理过程的输入，此时，信息和数据的概念就产生了交叉，表现出相对性。

3. 数据库

数据库(Data Base)是以一定的组织方式存储在计算机存储设备上的结构化的相关数据的集合。它不仅描述事物数据本身，而且描述相关事物之间的联系。

数据库面向多种应用，可为多个用户所共享，其数据结构化，具有良好的可操作性，与应用程序完全独立，且数据的增加、删除、修改和检索由系统软件统一控制。

4. 数据库管理系统

数据库管理系统(Data Base Management System，DBMS)是数据库系统的核心部分。它担负着对数据库中的资源进行统一管理的任务，并且负责执行用户发出的各种请求命令。它控制整个数据库系统的运行，是为用户提供对数据的存储、管理、操作和控制的统一的有效手段，从而使得用户应用程序的设计变得十分简单。

在数据库系统中，用户不能直接与存储的数据资源打交道，用户对数据库进行的各种数据操作，都是通过数据库管理系统来实现的。数据库管理系统在这里实际上起着一种隔离作用。

5. 数据库应用系统

数据库应用系统是指系统开发人员利用数据库系统资源开发出来的、面向某一实际应用的应用软件系统。Visual FoxPro 数据库管理系统向用户提供了一系列相当于计算机高级语言中语句的命令，用户可以直接使用这些命令来编写用户应用程序。

6. 数据库系统

数据库系统(Data Base System，DBS)是指引进数据库技术后的计算机系统。它由计算机硬件系统、数据库集合、系统软件(指操作系统和数据库管理系统等)、数据库管理员和用户组成。数据库系统的主要特点是：实现数据共享，减少数据冗余，采用特定的数据模型，具有较高的物理独立性，有统一的数据控制功能。

数据库系统的层次结构如图 1.1 所示。其中，数据库管理系统是其核心软件。

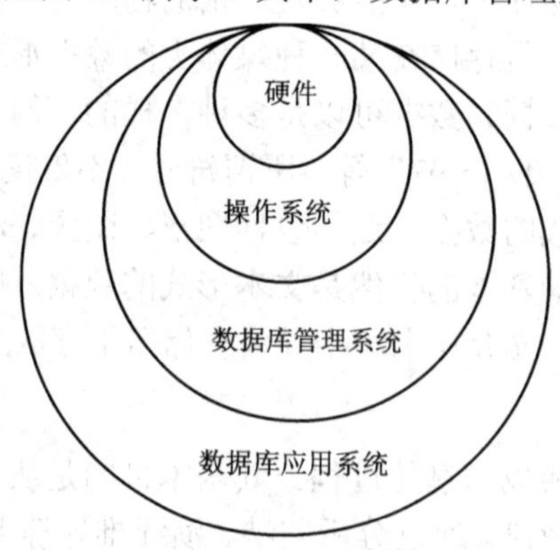

图 1.1　数据库系统层次结构

1.1.2　计算机数据管理

数据处理的中心问题是数据管理。计算机对数据的管理是指对数据的组织、分类、编码、存储、检索和维护提供操作手段。与其他任何技术的发展一样，计算机数据管理也经历了由低级到高级的发展过程。计算机数据管理随着计算机硬件、软件技术和计算机应用范围的发展而不断发展，大致经历了如下四个阶段。

1. 人工管理阶段

计算机诞生之初，外存储器只有纸带、磁带、卡片等，而没有像磁盘这样存储速度快、容量大，且可随机访问、直接存储的外存储器；软件方面，没有专门的数据管理软件，数据由计算机或处理它的程序自行携带，数据处理方式基本上是批处理。这一阶段，计算机数据管理的特点如下：

(1) 数据与程序不具有独立性。一组数据对应一组程序，这就使得程序依赖于数据。如数据的类型、格式或者数据量、存取方法、输入/输出方式等改变了，程序也必须做相应的修改。

(2) 数据不长期保存。由于数据是面向应用程序的，因此一个程序中定义的数据在程序运行结束后一起被释放，数据不能被其他应用程序调用，造成数据冗余。

(3) 系统中没有对数据进行管理的软件。数据管理任务完全由程序设计人员负责，这就给程序设计人员增加了很大负担。

2. 文件系统阶段

20 世纪 50 年代后期，计算机开始大量地用于数据处理。在这一阶段里，程序与数据有了一定的独立性，它们开始分开存储，有了程序文件和数据文件的区别。数据可以长期保存，并被多次存取。同时，在文件系统的支持下，数据的逻辑结构和物理结构之间也可以有一定的差别：数据的逻辑结构是指呈现在用户眼前的数据结构；数据的物理结构是指数据在物理设备上的实际存储结构。例如，用户看到的记录是按记录号顺序排列的，而实际上这些记录可能是分散存储在磁盘的不同扇区里，通过链接方式组织在一起的。用户访问文件时，只需给出文件名和逻辑记录号，而不必关心实际存储地址和存储过程。但程序员必须知道数据在文件中是如何组织的，必须编写程序才能存取这些数据。该阶段对数据的管理虽然有了一定的进步，但一些根本问题仍没有解决，主要表现在三个方面：数据冗余度大，缺乏数据独立性，数据未集中管理。

3. 数据库系统阶段

从 20 世纪 60 年代开始，计算机应用于管理的规模更加庞大，对数据共享的需求日益增强。为解决数据独立性问题，实现数据统一管理，达到数据共享的目的，发展了数据库技术。这一阶段，数据库系统的主要特点如下：

(1) 实现数据共享，减少数据冗余。在数据库系统中，对数据的定义和描述已经从应用程序中分离出来，通过数据库管理系统来统一管理。数据的最小访问单位是字段，访问时，可以直接访问一个字段或一组字段、一条记录或一组记录。在建立数据库时，应该全面考虑数据，不能像文件系统那样只从某一部门的局部考虑，这样才能发挥数据共享的优势。

(2) 采用特定的数据模型。数据库中的数据是有结构的，这种结构由数据库管理系统所支持的数据模型表现出来。任何一种数据库管理系统都支持一种数据模型。

(3) 具有较高的数据独立性。数据库管理系统提供映像功能，实现了应用程序对数据的逻辑结构和物理结构之间的独立性，使得用户只需考虑逻辑结构，简单地操作逻辑数据，而无需考虑数据的物理存储结构。

(4) 有统一的数据控制功能。数据库可以被多个用户共享，数据的存取往往是并发的。数据库管理系统提供必要的保护措施，包括数据的并发控制功能、安全性控制功能和完整性控制功能。

在数据库管理系统(DBMS)支持下，数据与程序的关系如图 1.2 所示。

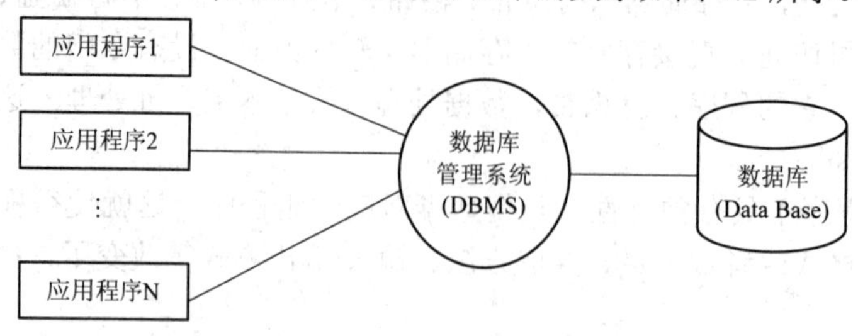

图 1.2　数据库系统中数据与程序的关系

4. 分布式数据库系统阶段

在 20 世纪 70 年代后期之前，数据库系统多数是集中式的。但随着网络技术的发展，为数据库提供了越来越好的运行环境，从而使数据库系统从集中式发展到分布式，从主机—终端系统结构发展到客户机—服务器系统结构。分布式数据库是数据库技术和计算机网络技术紧密结合的产物。分布式数据库是一个逻辑上统一、地域上分布的数据集合，是计算机网络环境中各个结点局部数据库的逻辑集合，同时受分布式数据库管理系统的控制和管理。

1.2　数 据 模 型

1.2.1　实体及其联系

把客观存在的事物以数据的形式存储到计算机中，需要经历对现实生活中事物特性认识的概念化到计算机数据库里的具体表示的逐级抽象过程。

1. 实体的描述

实体　客观存在并且可以相互区别的事物称为实体。实体可以是实际事物，如一个职工、一个部门；也可以是抽象事件，如一次订货、一场比赛。

属性　描述实体的特性称为属性，如在职工实体中用若干个属性(职工号、姓名、性别、出生日期)来描述。属性的具体值称为属性值，用以刻画一个具体的实体，如属性值组合(050103，王伟，男，05/20/87)表示职工中一个具体的人。

实体集和实体型　属性的集合称为实体型，属性值的集合称为实体，同类型实体的集合称为实体集。例如，在学生实体集中，“朱明明，女，06/20/88，590.5，.T.”就是一个实体，表示一个具体的人。在 Visual FoxPro 中，用“表”来存放实体集，“表”中的字段相当于实体的属性，“表”中的记录相当于实体的元组。

2. 实体之间的联系

实体之间的对应关系称为联系，它反映了现实世界中事物之间的相互关联。联系分为两种：一是实体内部各属性之间的联系，例如，相同性别的人有很多，但一个人只能有一种性别；二是实体之间的联系，例如，多个学生可以选修一门功课，多门功课可以被一个学生选修。两个实体间的联系类型又有如下三种：

一对一联系 例如，大学和校长两个实体，一个大学只能有一个校长，一个校长也只能在一个大学任职。大学和校长两个实体是一对一联系。

一对多联系 例如，系和教师两个实体，一个系有多个教师，而每个教师只能在一个系工作。系和教师两个实体是一对多联系。

多对多联系 例如，学生和课程两个实体，一个学生可以选修多门课程，同时每门课程可以被多个学生选修。学生和课程两个实体是多对多联系。

1.2.2 数据模型

根据数据之间的关系，数据库可分为层次模型、网状模型、关系模型和面向对象模型。由于完全面向对象的数据库管理系统目前尚未成熟，因此，传统的说法只有层次模型、网状模型和关系模型三种。

1. 层次模型

用树形结构表示实体及其之间联系的模型称为层次模型。在这种模型中，数据被组织成由“根”开始的“树”，每个实体由“根”开始沿着不同的分支放在不同的层次上。如果不再向下分支，那么此分支序列中最后的结点称为“叶”。上级结点与下级结点之间为一对多的联系，如图 1.3 所示。

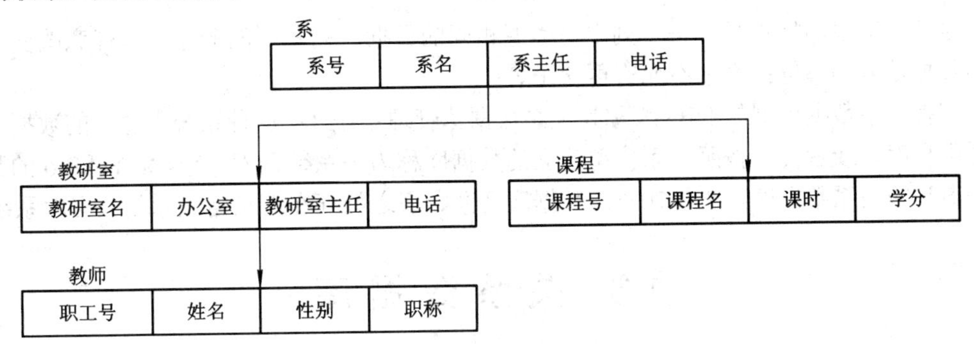

图 1.3 层次模型示例

层次模型的特点是有且仅有一个根结点无父结点，其他结点有且仅有一个父结点。

支持层次数据模型的 DBMS 称为层次数据库管理系统。在这种系统中建立的数据库是层次数据库。

2. 网状模型

用网状结构来表示实体及其之间联系的模型称为网状模型。网状模型允许结点有多于一个的父结点；也允许有一个以上的结点没有父结点。因此，网状模型可以方便地表示各种类型的联系，如图 1.4 所示。

网状模型的特点是可以有多个结点无父结点，一个结点可以有多个父结点。

支持网状数据模型的 DBMS 称为网状数据库管理系统。在这种系统中建立的数据库是网状数据库。

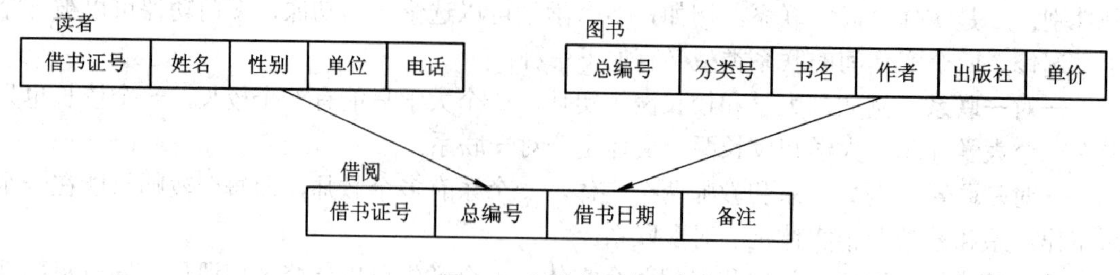

图 1.4 网状模型示例

3. 关系模型

用二维表结构来表示实体以及实体之间联系的模型称为关系模型。在关系模型中，操作的对象和结果都是二维表，这种二维表就是关系，如表 1.1 所示。

表 1.1 学生登记表

学号	系别	姓名	性别	出生年月	入学成绩	是否团员	籍贯	说明
050101	电子	朱明明	女	06/20/88	590.5	.T.	湖北	备注
050102	电子	张晓	男	06/25/87	595.0	.T.	陕西	备注
050103	计算机	王伟	男	05/20/87	589.3	.F.	山西	备注
050104	计算机	李晓云	女	02/13/88	599.0	.F.	河南	备注
050105	数学	高山	男	04/05/86	575.5	.T.	内蒙	备注

这种二维表的特点是：每一列中是类型相同的数据；列和行的顺序可以任意改变；表中的数据是最小单位；表中不允许再含子表。

支持关系数据模型的 DBMS 称为关系数据库管理系统。在这种系统中建立的数据库是关系数据库。或者说，按照关系模型建立的数据库称为关系数据库。Visual FoxPro 的数据库是典型的关系数据库，它是在不同数据库之间、表之间存在着指定联系的数据库系统。

1.3 关系数据库

1.3.1 关系术语

关系 一个关系就是一张二维表，每个关系有一个关系名。在计算机里，一个关系可以存储为一个文件，在 FoxBASE＋和 FoxPro 中称为数据库文件，在 Visual FoxPro 中称为表文件。

元组 二维表中水平方向的行称为元组，每一行是一个元组，如表 1.1 中有 5 个元组。元组对应存储文件中的一个具体记录。

属性 二维表中垂直方向的列称为属性，每一列有一个属性名，与前文中的实体属性相同。属性名和该属性的数据类型、宽度等在数据定义时做出规定，属性值是各记录的字段值。例如，表 1.1 中的“姓名”、“性别”为属性名，“王伟”、“男”是属性值。

域 指属性的取值范围，即不同元组对同一个属性的取值所限定的范围。例如，姓名的取值范围是汉字；性别则只能是“男”或“女”。

关系模式　对关系的描述称为关系模式。其格式为

关系名(属性名1，属性名2，…，属性名n)

一个关系模式对应一个关系的结构。

关键字　能够唯一确定一个元组的属性或属性组合称为关键字。如表1.1中，若姓名没有相同的值，姓名就可以作其关键字。在Visual FoxPro中，关键字能够唯一确定一个元组。

外部关键字　如果一个实体中的某属性不是本实体的主关键字或候选关键字，而是另一个实体的主关键字或候选关键字，则该属性称为外部关键字。

1.3.2　关系的特点

关系主要有以下特点：

(1) 关系必须规范化。最基本的要求是每个属性值是不可分割的数据单元，即表中不能有子表。如表1.1就是一个关系，而表1.2是一个复合表，不能称为二维表，即不能直接作为关系来存放。但是，可以把表1.2改变成二维表，如表1.3所示，此时其可作为关系来存放。

表1.2　复　合　表

姓名	性别	应发工资		应扣工资			应扣合计	实发工资
		工资	奖金	房租	水电	公积金		

表1.3　关　系　表

姓名	性别	工资	奖金	房租	水电	公积金	应扣合计	实发工资

(2) 在同一关系中不能出现相同的属性名。

(3) 关系中不允许有完全相同的元组。

(4) 在一个关系中元组的次序无关紧要。

(5) 在一个关系中列的次序无关紧要。

1.3.3　关系运算

对关系数据库进行查询时，需要找出用户感兴趣的数据，这就需要进行关系运算。

1. 传统的集合运算

并　两个相同结构的关系的并是由属于这两个关系的元组组成的集合。

差　设有两个相同结构的关系R和S，R差S的结果是由属于R但不属于S的元组组成的集合，即差运算的结果是从R中去掉S中也有的元组。

交　设有两个相同结构的关系R和S，它们的交是由既属于R又属于S的元组组成的集合。

在Visual FoxPro中，可以通过SQL中的UNION子句实现并运算，而差运算和交运算则可以通过编写程序来实现。

例 1.1　有如下两个关系 R 和 S，求两个关系的并、差、交。

R	S
张三	张三
李四	李四
钱燕	王伟

根据关系运算的规则可以得到如下结果：

关系 R 与 S 的并是：张三、李四、钱燕、王伟。

关系 R 与 S 的差是：钱燕。

关系 R 与 S 的交是：张三、李四。

2. 专门的关系运算

选择　从关系中找出满足给定条件的元组的操作称为选择。选择是从行的角度进行运算的，即从水平方向来抽取记录。经过选择运算得到的结果元组可以形成新的关系，其关系模式不变，但其中的元组是原关系的一个子集。Visual FoxPro 命令中的 FOR<条件>子句、WHILE<条件>子句、WHERE<条件>子句、<范围>子句、SET FILTER TO<条件>命令等操作相当于选择运算。

投影　从关系模式中指定若干个属性组成新的关系称为投影。投影是从列的角度进行运算的，相当于对关系进行垂直分解。经过投影运算可以得到一个新的关系，其关系模式所包含的属性个数往往比原关系少，或者属性的排列顺序不同。投影运算提供了垂直调整关系的手段，体现出关系中列的次序无关紧要这一特点。在 Visual FoxPro 中的 FIELDS<字段清单>子句、SET FIELDS<字段清单>命令及 SQL 中的 SELECT<列清单>子句操作相当于投影运算。

联接　联接也称为连接，是关系的横向结合。联接运算将两个关系模式的属性名拼接成一个更宽的关系模式，生成的新关系中包含满足联接条件的元组。Visual FoxPro 中的 SET RELATION 命令可以实现两个关系的虚联接运算；SQL 中的 WHERE<联接条件>子句及 JOIN…ON<联接条件>子句可以实现两个关系的联接运算。

等值联接是以属性值对应相等为条件进行的联接。自然联接是去掉重复属性的等值联接，是以属性值对应相等为条件进行的联接，是最常用的联接运算。

总之，在关系数据库的查询中，可以利用选择、投影和联接方便地分解关系和合并关系，从而构造出新的关系。

1.4　Visual FoxPro 的发展过程、基本功能与特点

1.4.1　Visual FoxPro 的发展过程

自从 Visual FoxPro 推出以来，不仅使得 xBASE 数据库管理系统搭上了“可视化”的快车，而且与其他编程语言（如 Visual Basic、Visual C++等）并驾齐驱。事实上，Visual FoxPro 已成为微型计算机上当今最流行的软件之一。它的发展主要经历了 3 个阶段。

1. dBASE 阶段

美国 Ashton-Tate 公司在 1981 年推出 dBASE Ⅱ，从此确立了 xBASE 系列关系数据库

产品的语言语法和文件格式。1984 年该公司又推出了 dBASE Ⅲ，随后又推出它的改进型 dBASE Ⅲ Plus，这些产品功能一代比一代强。由于使用方便，性能优越，被广泛用于 PC 机进行事务管理和数据处理，赢得了“大众数据库”的美称。

2. FoxBASE 和 FoxPro 阶段

1984 年，美国 Fox Software 公司推出了关系数据库 Fox 系列的第一个产品 FoxBASE。FoxBASE 在运行速度上大大超过 dBASE Ⅲ，并且第一次引入了编译器。1987 年，该公司又相继推出了 FoxBASE 2.0 和它的最高版本 FoxBASE 2.1。

1989 年，Fox Software 公司推出了 FoxBASE 的升级换代产品 FoxPro 1.0。它不仅首次引入了基于 DOS 操作系统的窗口技术，使用户面对的不再是单一的圆点提示符，而且极大地扩充了 xBASE 语言命令，支持鼠标，操作方便。同时，它还是一个全兼容 dBASE 和 FoxBASE 的伪编译型集成环境的数据库开发系统。随后 Fox Software 公司又在 1991 年 1 月推出了 FoxPro 2.0，在性能上有了更大的提高。

1993 年 1 月，Fox Software 公司发布了 FoxPro 的两种版本：FoxPro 2.5 for DOS 和 FoxPro 2.5 for Windows。同年晚些时候再次推出了 FoxPro 2.5b 及其中文版。从此 FoxPro 2.5 就在世界各国 PC 机用户中广泛流行。

1994 年发表的 FoxPro 2.6 较 FoxPro 2.5 增加了多种“向导”工具，从而简化了最终用户的操作，但在程序开发方面未见有明显的改进。

3. Visual FoxPro 阶段

1995 年，微软公司推出了 Visual FoxPro 3.0 版。Visual FoxPro 3.0 是一个可运行于 Windows 3.x、Windows 95 和 Windows NT 环境的数据库开发系统。该系统第一次将 xBASE 产品数据库的概念与关系数据库理论接轨。

1997 年 5 月，微软公司推出了 Visual FoxPro 5.0 版。1998 年 9 月，微软公司推出了 Visual FoxPro 6.0 版，此后该公司又推出了 Visual FoxPro 7.0 及 8.0，在 2004 年 12 月又推出了最新英文版的 Visual FoxPro 9.0。

由此可见，Visual FoxPro 是继 FoxBASE+之后又一广泛使用的 PC 机关系数据库管理系统。

1.4.2　Visual FoxPro 的基本功能与特点

1. 基本功能

作为一种数据库软件，Visual FoxPro 可以完成下列基本功能：

(1) 可以为每一种类型的信息创建一个表，用以存储相应的信息。

(2) 可以定义各个表之间的关系，从而很容易地将各个表相关的数据有机地联系在一起。

(3) 可以创建、查询和搜索所有满足指定条件的记录，也可以根据需要对这些记录排序和分组，并根据查询结果创建报表、表及图形。

(4) 使用视图可以从一个或多个相关联的表中按一定条件抽取一系列数据，并可以通过视图更新这些表中的数据；还可以使用视图从网上取得数据，从而收集或修改远程数据。

(5) 可以创建表单来直接查看和管理表中的数据。

(6) 可以创建一个报表来分析数据或将数据以特定的方式打印出来。例如，可以打印一份将数据分组并计算数据总和的报表，也可以打印一份带有各种数据格式的商品标签。

2. 基本特点

与其他数据库不同，Visual FoxPro 在实现上述功能时提供了各种向导，用户在操作时只需按照向导所提供的步骤执行即可，使用起来非常方便。因此 Visual FoxPro 数据库深受广大用户的青睐。

1) 容易使用

从 Visual FoxPro 的发展过程中已经知道，数据库应用于个人计算机已有很长时间。但是，早期的数据库软件一般只能简单地存储和管理数据，不适用于编写数据库程序，即使能够编写数据库程序，也需要用户具有很强的程序设计技巧，并且不能进行面向对象的程序设计，因而阻碍了数据库软件的广泛应用。

对已熟悉 xBASE 命令语言的用户，可以在 Visual FoxPro 系统命令窗口使用命令和函数，也可以使用系统菜单选项直接操作和管理数据。这比程序员开发应用程序具有更大的灵活性和更高的数据处理效率。当对在命令窗口输入重复性的命令感到厌烦时，也可以随手建立简单的小程序，就像建立一个 DOS 批处理文件一样，不过这个程序是可以编译的。

对于具备数据库应用开发能力的用户，可以用 Visual FoxPro 开发可单独运行的应用系统，并可使用系统所提供的功能制作可发布应用程序。Visual FoxPro 提供可视化、面向对象的编程环境，且可使用微软标准的 Active X 控件，程序员在其中可以轻松自如地开发出具有专业水准的应用系统。

对于没有数据库使用经验的用户，可以在中文 Windows 环境中，运行 Visual FoxPro 支持的或可脱离 Visual FoxPro 而单独运行的数据库应用系统。这是一种适合办公管理人员操作管理数据的方式。

Visual FoxPro 开始运行于 Windows 95 和 Windows NT 平台的 32 位关系数据库开发系统，可以充分发挥 32 位微处理器强大的数据处理功能，同时对以前版本的产品保持向下兼容。它提供自身的 OLE 服务，支持客户/服务器结构，通过 ODBC 可以和数据库服务器连接，同时提供客户端程序的开发环境。

Visual FoxPro 作为一个关系型数据库系统，不仅可以简化数据管理，使应用程序的开发流程更为合理，而且它还在前期版本的基础上实现计算机易于使用的构想。所以，许多使用 Visual FoxPro 早期版本的用户在从事数据库开发时都可以转向使用 Visual FoxPro。对于刚刚进入数据库领域的新用户来说，使用 Visual FoxPro 建立数据库应用程序要比使用其他软件容易得多。

2) 可视化开发

过去，程序员的大部分时间都用在编写代码上，而 Visual FoxPro 具有可视化环境，所以开发人员在描绘用户界面和设置控件属性上所花时间大大减少。不仅对于用户界面的开发是这样，对于数据库的设计、报表的布局和开发过程中的其他方面也是这样。

可视化开发环境可以使开发人员直接看到工作的进行程度，缩短了开发时间，减少了调试工作量，且易于维护。

3) 事件驱动

Windows 是事件驱动的，也就是说，运行于该环境下的程序并不是逐条指令地顺序执行，而是偶尔停下来与用户交互的。程序被写成许多独立的片段，某些程序只有当与之关联的事件发生时才会执行，例如，有一段代码与某个按钮的 Click 事件关联，通常只有当用户用鼠标单击该按钮发生 Click 事件时才执行该段代码，否则代码不被执行。

4) 面向对象编程

Visual FoxPro 仍然支持标准的面向过程的程序设计方式，但更重要的是它现在提供了支持真正的面向对象程序设计的能力。如借助 Visual FoxPro 对象模型，可以充分使用面向对象程序设计的所有功能，包括继承性、封装性、多态性和子类。

用户可以使用类快速开发应用程序，例如，使用 Visual FoxPro 提供的表单基类、工具栏基类或页框基类，可以快速地创建基本的表单、工具栏或页框。

通过对现有的类派生子类，可以重用代码和表单，例如，可以派生表单基类来创建一个自定义类，使应用程序中的所有表单具有风格相近的外观。

Visual FoxPro 模型类赋予用户进一步控制应用程序中对象的能力，不但可以在设计时通过“表单设计器”控制表单中对象的外观和行为，而且在运行时也具有同样的控制能力。

“类设计器”帮助用户创建自定义类，在 Visual FoxPro 中，可以用“类设计器”可视地创建类或用 Define Class 命令以编程方式创建类。

1.5 Visual FoxPro 的安装和运行环境

1.5.1 软件、硬件及网络环境

1. 软件环境

Visual FoxPro 可以安装在以下操作系统或网络系统环境中：

- Windows 98/2000/XP 等；
- Windows NT 4.0/5.0 等。

2. 硬件环境

在 Windows 98 以上操作系统中安装 Visual FoxPro 至少应满足以下推荐的系统要求：

- 一台 CPU 为 80486/66 MHz 以上的 IBM 及兼容微型计算机；
- 一个鼠标；
- 16 MB 以上内存；
- VGA 或更高档次的显示适配器；
- 100 MB 硬盘空间。

3. 网络环境

如果运行升迁向导在服务器上创建数据库，则需要满足下列对服务器、客户机和网络的要求。

(1) 服务器应用以下产品之一：Microsoft SQL Server 6.x for Windows NT、Microsoft SQL

Server 4.x for Windows NT、Microsoft SQL Server 6.x for OS/2、Oracle Server 7.0 或更新的产品。

(2) 客户机必须安装包括 ODBC 在内的 Visual FoxPro。

(3) 网络、客户机和服务器必须用以下产品之一互联：Microsoft Windows98/2000、Microsoft Windows NT 或 Microsoft LAN Manager。

(4) 其他与 Windows 兼容的网络软件，包括 Novell NetWare。

1.5.2 Visual FoxPro 的安装

Visual FoxPro 与 Visual C++及 Visual BASIC 等工具软件一同集成在 Visual Studio 中，安装前应先安装 IE(Internet Explorer)4.0 或更高版本软件。

Visual FoxPro 应按以下步骤进行安装：

(1) 双击 Visual FoxPro 安装盘中的 Setup 应用程序，按照安装向导逐步进行安装。当进入第 1 安装画面后，若想了解 Visual Studio 的基本情况，则单击“View Readme”。

(2) 单击“Next”按钮，进入第 2 安装画面，询问是否接受用户使用协议，如果不同意该协议，则选中“I don’t accept the agreement”，安装程序将直接退出。

(3) 选中“I accept the agreement”，同时“Next”按钮将由灰变黑。单击“Next”按钮，进入第 3 安装画面，安装程序将提供三种不同的安装方式供用户选择，即“Custom”、“Products”和“Server Applications”方式。

(4) 若使用默认安装方式“Custom”进行安装，则直接单击“Next”按钮，进入第 4 安装画面，选择安装路径。

(5) 若想在自己指定的目录中进行安装，则单击“Browse”按钮进行确定；若在安装程序默认的目录中进行，则只需单击“Next”按钮即可开始安装，安装程序进入第 5 安装画面，出现开始安装的提示信息。

(6) 稍等片刻，安装程序进入第 6 安装画面，询问是否继续安装 Visual Studio。若不想继续安装，则单击“Exit Setup”按钮，退出 Visual Studio 的安装程序。

(7) 单击“Continue”按钮，继续安装 Visual Studio。安装程序进入第 7 安装画面，用户可以选择安装内容：安装某一组件或全部安装。

(8) 如果只安装“Microsoft Visual FoxPro”组件，可用鼠标直接选择，然后单击“Continue”按钮开始安装，并出现安装进程提示。当安装程序将所有的目标文件拷贝完后，将更新系统，对 Visual FoxPro 组件进行注册，以便于启动。

利用上述步骤安装 Visual FoxPro 后，用户可以选择安装 Visual FoxPro 中的 MSDN Library 组件，其中包括 Visual Studio 中所有工具软件的帮助文件、目录索引文件和大量的实例，如果不安装 MSDN Library，则 Visual FoxPro 中“帮助”菜单的大部分内容将是不可用的。

1.5.3 启动与退出

1. 启动 Visual FoxPro

有两种常用的方法可以启动 Visual FoxPro：一种方法是从任务栏的“开始”按钮启动；

另一种方法是用桌面图标启动(用户需先在桌面上创建其快捷方式的图标)。这里主要介绍第一种方法，基本步骤如下：

(1) 单击屏幕左下角的“开始”按钮，移动鼠标指针指向“程序”项。

(2) 移动鼠标指针指向 Visual FoxPro 程序组中“Visual FoxPro”选项，单击该选项后进入如图 1.5 所示的启动画面，表示 Visual FoxPro 已经启动成功。

图 1.5 Microsoft Visual FoxPro 6.0 启动画面

该画面并不是必需的。若想在下次启动时不显示该画面，可选中最后一行“以后不再显示此屏”，然后单击“关闭此屏”项(下次启动系统时将不再显示该屏)，之后系统将进入 Visual FoxPro 主窗口。

2. 退出 Visual FoxPro

退出 Visual FoxPro 的操作等价于关闭窗口，除此之外还有如下方法：

(1) 单击“文件”菜单中的“退出”命令，或直接单击屏幕右上角的“✕”按钮，即可退出 Visual FoxPro 系统。

(2) 在命令窗口输入“QUIT”命令。

无论何时退出 Visual FoxPro，系统都将自动保存对数据的更改。但是，如果在上一次保存之后，又更改了数据库结构的设计，Visual FoxPro 将在退出之前询问是否保存这些更改，意外退出很可能会损坏该数据库。因此，应尽可能按照上述方法退出 Visual FoxPro。

1.5.4 开发应用程序的方式

开发应用程序(或在 VFP 环境中工作)有四种不同的方式：向导方式、菜单方式、程序执行方式及命令方式。

1. 向导方式

Visual FoxPro 为用户提供了很多具有实用价值的向导工具(Wizards)，其基本思想是把一些复杂的功能分解为若干简单的步骤完成，每一步使用一个对话框，然后把这些较简单的对话框按适当的顺序组合在一起。向导方式的使用，使不熟悉 Visual FoxPro 命令的用户也能学会操作。只要回答向导提出的有关问题，通过有限的几个步骤，就可以使用户轻松解决实际应用问题。

向导为交互式程序，能够帮助用户快速地完成一般性的任务，如创建表单、设计报表格式和建立查询。针对不同的应用问题，可以使用不同的向导工具。各向导的具体用法，将在后续章节中详细说明。

2. 菜单方式

利用菜单创建应用程序是开发者采用的主要方法。实际上菜单方式包括对菜单栏、快捷键和工具栏的组合操作。开发过程中的每一步骤都得依赖菜单方式来实现，比如要打开一个已存在的项目，必须用到“文件”菜单中的“打开”项或者快捷键“Ctrl+O”。菜单操作直观易懂，是应用程序开发中最常用的方式。

3. 命令方式

Visual FoxPro 是一种命令式语言系统。用户每发出一条命令，系统随即执行并完成一项任务。许多命令执行后会在屏幕上显示必要的反馈信息，包括执行结果或错误信息。这种方式直截了当，关键在于要求用户熟悉 Visual FoxPro 的命令及用法，由于要记忆大量的命令，对初学者来说不易掌握，因此这种方式仅适合于程序员使用。另外，由于操作命令输入的交互性和重复性，会限制执行速度。

4. 程序执行方式

为了弥补命令方式的不足，在实际工作中常根据需要，将命令编辑成特定的序列，并将它们存入程序文件。用户需要时，只需通过有关命令调用程序文件，即可自动执行相应操作。

1.5.5 帮助系统

在 Visual FoxPro 的主菜单中，最后一项是“帮助”(Help)菜单，打开此菜单，就可以进入 Visual FoxPro 的帮助系统。Visual FoxPro 的帮助系统是一个十分有效的信息系统，与 Visual Studio 的其他软件的帮助集成在一起组成 MSDN(Microsoft Developer Network) Library，就像一本内容丰富的使用手册，使用户不离开 Visual FoxPro 环境，就能检索到各种帮助信息。

进入帮助系统有三种方法，即在命令窗口中输入“Help”命令、调用“帮助”菜单和在 Visual FoxPro 任一地方选中需获得帮助内容后按 F1 功能键。用户可以根据自己的需要来选择帮助方法。

1.6 Visual FoxPro 的文件类型与系统性能

1.6.1 文件类型与文件组成

1. 文件类型

Visual FoxPro 系统具有多种文件类型，以满足不同的处理需要，如表 1.4 所示。

表 1.4　Visual FoxPro 的文件类型

扩展名	文 件 类 型	扩展名	文 件 类 型
ACT	文档化向导视图	LST	文档化向导列表
APP	生成的应用程序	MEM	内存变量存储文件
BAK	备份文件	MNT	菜单的备注文件
CDX	复合索引文件	MNX	菜单文件
DBC	数据库	MPR	生成的菜单程序
DBF	表	MPX	编译后的菜单程序
DCT	数据库的备注文件	MSG	FoxCod 信息文件
DCX	数据库的索引文件	LCX	OLE 控件
DLL	窗口动态链接库	PJT	项目的备注文件
DOC	FoxDoc 报告	PJX	项目文件
ERR	编译错误信息文件	PLB	库文件
ESL	Visual FoxPro 支持库	PRG	程序文件
EXE	可执行文件	PRX	编译后的程序文件
FKY	宏文件	QPR	生成的查询程序
FLL	Visual FoxPro 动态链接库	QPX	编译后的查询程序
FMT	格式文件	SCT	表单的备注文件
FPT	表的备注文件	SCX	表单文件
FRT	报表的备注	SPR	生成的表单程序
FRX	报表文件	SPX	编译后的表单程序
FXD	FoxDoc 支撑文件	TBK	备注文件的备份
FXP	编译后的 Visual FoxPro 程序文件	TMP	临时文件
H	头文件	TXT	文本文件
HLP	图形帮助文件	VCT	可视类库的备注文件
IDX	标准索引及压缩索引文件	VCX	可视类库文件
LBT	标签的备注文件	VUE	FoxPro 2.x 视图文件
LBX	标签文件	WIN	窗口文件

2. 文件组成

数据文件和程序文件是两类最常用的文件，实际使用时还会产生很多文件，这些文件有许多不同的格式，最常见的有以下 12 类：

项目文件　有.PJT 和 .PJX 两种文件。通过项目文件实现对项目中其他类型文件的组织。

数据文件　有.DBF 和.FPT 两种文件。.DBF 文件为表文件，存储数据库的结构和除备注型、通用型以外的数据；.FPT 文件为备注文件，存储备注型和通用型的字段数据。数据文件由数据库设计器、表设计器产生。

程序文件　有.PRG 和.FXP 两种文件。.PRG 文件又称命令文件，用于存储用 Visual FoxPro 语言编写的程序；.FXP 文件用于存储编译好的目标程序文件。

索引文件　有.IDX 和.CDX 两种文件。.IDX 文件用以存储只有一个索引标识符的单索引文件；.CDX 文件用以存储具有若干个索引标识符的复合结构索引文件。

查询文件　有 .QPR 和 .QPX 两种文件。.QPR 文件用以存储通过窗口设置的查询条件和对查询输出的要求；.QPX 文件用于存储编译后的查询程序。

表单文件　有 .SCX、.SCT、.SPR 和 .SPX 四种文件。前两种文件用于存储表单格式，其中 .SCX 为定义文件，.SCT 为备注文件；后两种文件用于存储根据表单定义文件自动生成的程序文件，其中 .SPR 为源程序，.SPX 为目标程序。表单文件由表单设计器产生。

菜单文件　有 .MNX、.MNT、.MPR 和 .MPX 四种文件。前两种文件用于存储菜单格式，其中 .MNX 为定义文件，.MNT 为定义备注文件；后两种文件用于存储根据菜单定义文件自动产生的程序文件，其中 .MPR 为源程序，.MPX 为目标程序。菜单文件由菜单设计器产生。

报表文件　有 .FRX 和 .FRT 两种文件。.FRX 文件用于存储报表定义文件；.FRT 用于存储报表定义备注文件。报表文件由报表设计器产生。

标签文件　有 .LBX 和 .LBT 两种文件。.LBX 文件用于存储标签定义文件；.LBT 用于存储标签定义备注文件。标签文件由标签设计器产生。

视图文件　只有 .VUE 一种文件，用于存储程序运行环境的设置，以备需要时恢复所设置的环境。

文本文件　只有 .TXT 一种文件，是用于供 Visual FoxPro 与其他语言交换数据的数据文件。

变量文件　只有 .MEM 一种文件，用于保存已定义的内存变量，以备需要时从内存中将其恢复。

从上面介绍可知，一个 Visual FoxPro 应用程序包含很多种文件，如果零散地管理可能比较麻烦，因此 Visual FoxPro 把这些文件放到项目管理器中，将文件用图示与分类的方式，依文件的性质放在不同的标签中，并针对不同类型的文件提供不同的操作选项，这样就可以实现对应用程序的集中有效管理。同时，这些文件的产生还与一些设计器及生成器有关。

1.6.2 系统性能指标

Visual FoxPro 系统性能指标如表 1.5 所示。

表 1.5　Visual FoxPro 的系统性能指标

项　　目	指　　标
每个表文件最大记录个数	10 亿
每个记录最多字符个数	65 500
每个记录最多字段数	255
工作区个数	32 767
可同时打开的最大表数	32 767
字符字段最多字符个数	254
字段名中最多字符个数	10

续表

项　　目	指　　标
表文件的最大长度	2 GB
每个命令行的最大字符数	8192
数值计算的精度(小数位)	16 位
日期型字段字符宽度	8
逻辑型字段字符宽度	1
备注型字段字符宽度	4
通用型字段字符宽度	4
备注型字段内容的最大长度	不限
内存变量默认数	1024
最大内存变量数	65 000
最大数组数	65 000
每个数组元素最多个数	65 000
每个表文件可同时打开的最大索引文件数	受内存限制
可同时打开的最大文件数	受操作系统的限制
每个 IDX 索引关键字表达式最大长度	100
每个 CDX 索引关键字表达式最多字符数	240
关系表达式的最大长度	不限
每个命令文件中过程或自定义函数最多个数	不限
DO 命令最多嵌套层数	128
嵌套结构化命令最大层数	384
打开窗口的最大数	受内存限制
可以由 SQL SELECT 语句选择的最大字段数	255
每个键盘宏的最多击键次数	1024
报表表头最多字符数	254
报表定义中对象最大数	不限
报表分组的最大层数	128

1.7　Visual FoxPro 6.0 界面

1.7.1　主窗口介绍

虽然当前 Visual FoxPro 的最高版本是 9.0，但相比较之下，6.0 版还是最成熟、最稳定的。

当正常启动 Visual FoxPro 6.0 系统后，就进入了 Visual FoxPro 6.0 的主窗口，如图 1.6 所示。

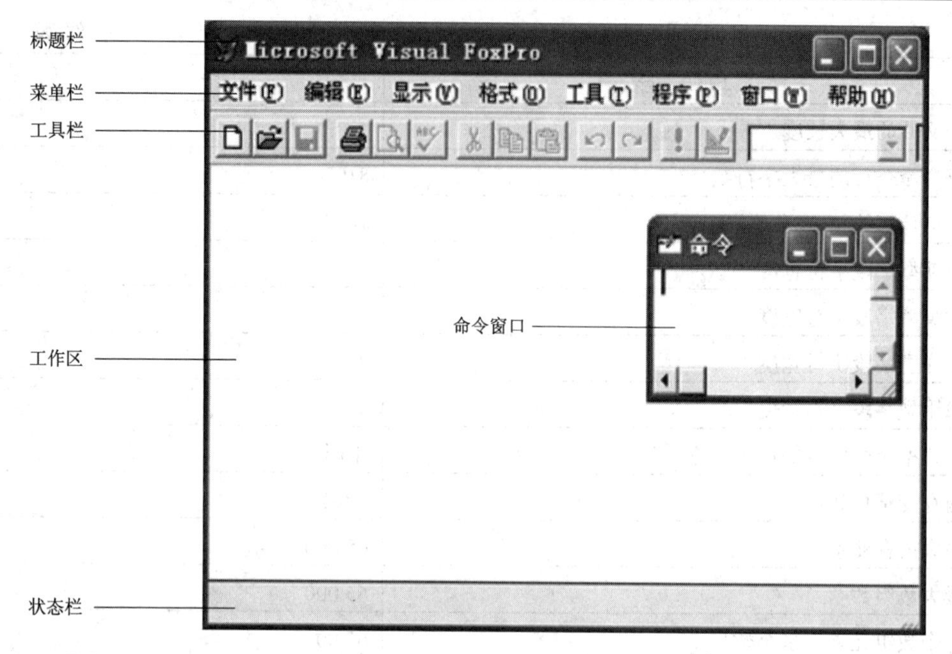

图 1.6　Visual FoxPro 主窗口

因为 Visual FoxPro 6.0 也是 Windows 下的一个应用程序，所以 Windows 窗口的所有操作(如移动、拉伸、缩小为一个图标等)对它都适用。

由图 1.6 可以看出，Visual FoxPro 6.0 的主窗口主要由标题栏、菜单栏、工具栏、命令窗口及状态栏等组成。

标题栏　将显示目前所使用的系统是 Microsoft Visual FoxPro 6.0。

菜单栏　可提供多种菜单，如“文件”、“编辑”、“显示”、“格式”、“工具”、“程序”、“窗口”和“帮助”，应用程序的开发可在这些菜单中实现，如图 1.7 所示。

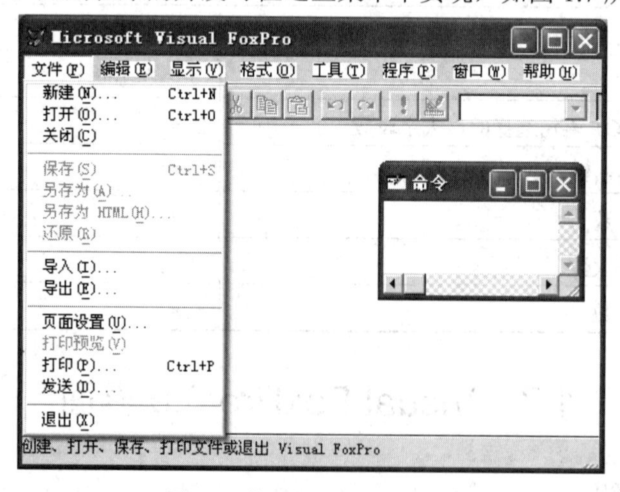

图 1.7　菜单栏及其下拉菜单

Visual FoxPro 6.0 具有一个很灵活的菜单系统，菜单和菜单中的可用命令随着用户所进行的操作的不同而不同。

工具栏　由多个按钮组成，实际上就是一个下拉式菜单变成弹出式按钮。工具栏是应用程序开发中重要的工具，利用工具栏能够快速地访问常用的命令和功能。工具栏的按钮只能通过鼠标来使用，单击某一按钮，Visual FoxPro 6.0 就执行指定按钮的命令或过程。VFP 提供了多种工具栏，一般与各种对象设计器对应。在主窗口中，一般显示的是常用工具栏。

在不同状态下，Visual FoxPro 6.0 会把对应的对象工具栏显示出来，如在“表设计器”状态时，会把表设计器的工具显示出来。对于每一种工具栏，用户可以决定是否显示以及在屏幕的什么地方显示。工具栏可以浮动在窗口之上，也可以停在工具栏区域，并且可以对浮动工具栏的显示形式进行重新调整。

命令窗口　是 Visual FoxPro 6.0 的一种系统窗口，可直接在其中输入 Visual FoxPro 6.0 命令。Visual FoxPro 6.0 中的所有任务都由不同的命令来完成。当选择执行某个菜单中的命令，或通过 Visual FoxPro 6.0 提供的工具完成某些任务时，实际上也是调用了一些 Visual FoxPro 6.0 的命令，只不过这时的命令由 Visual FoxPro 6.0 自动生成，其中某些命令还会自动显示在命令窗口中，而不用手工在命令窗口中输入。当然，如果用户愿意，Visual FoxPro 6.0 中的所有任务都可以通过在命令窗口中输入相应的命令来完成。

状态栏　把当前最有用的信息告诉给用户。在 Visual FoxPro 6.0 状态栏中，显示的信息可能有三种：选项的功能、系统对用户的反馈信息及键的当前状态。

1.7.2　配置 Visual FoxPro 6.0

Visual FoxPro 6.0 的配置决定了 Visual FoxPro 6.0 的外观和行为。例如，设置 Visual FoxPro 6.0 所用文件的默认位置，指定如何在编辑窗口中显示源代码，设置日期与时间的格式等。

对 Visual FoxPro 6.0 配置所做的更改既可以是临时的(只在当前工作期有效)，也可以是永久的(它们变为下次启动 Visual FoxPro 6.0 时的默认设置值)。如果是临时设置，那么它们保存在内存中并在退出 Visual FoxPro 6.0 时释放；如果是永久设置，那么它们将保存在 Windows 注册表中。

可以使用下列方式交互地配置：

(1) 使用“选项”对话框。

(2) 在“命令”窗口的程序中使用 SET 命令。

(3) 直接设置 Windows 注册表。

下面介绍使用“选项”对话框查看或更改环境的方法：

(1) 从“工具”菜单中选择“选项”命令，打开“选项”对话框，如图 1.8 所示。

“选项”对话框具有一系列代表不同类别环境选项的选项卡：

显示　界面选项卡，用于设置是否显示状态栏、时钟、命令结果、系统信息或最近使用的项目列表等。

常规　数据输入以及编程选项卡，用于设置警告声音、是否记录编译错误、是否自动填充新记录、使用何种定位键，使用何种调色板以及改写文件前是否警告等。

数据　表选项卡，用于设置是否使用 Rushmore 优化、是否使用索引强制施行唯一性、备注块大小、记录查找计数器间隔以及使用何种锁定选项等。

远程数据　远程数据访问选项卡，用于设置连接超时值、一次拾取记录数目以及如何使用 SQL 更新等。

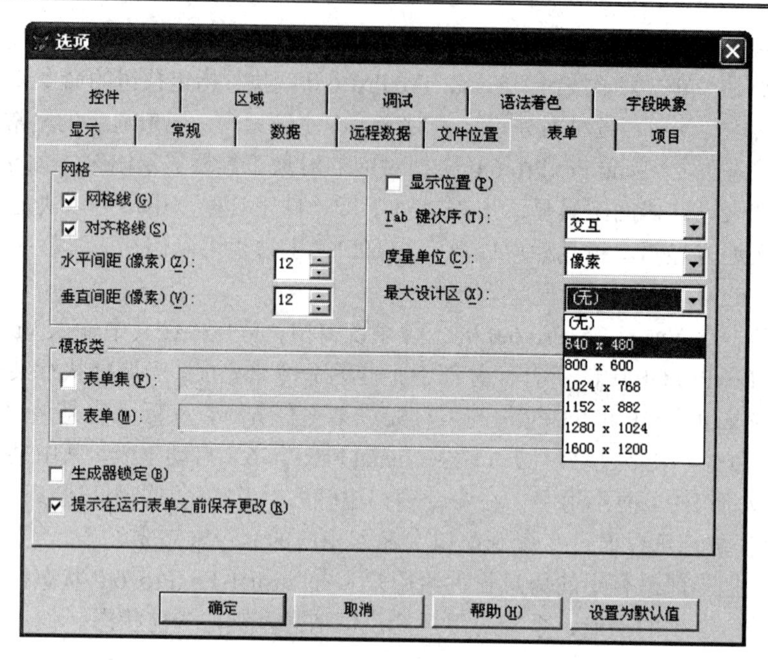

图 1.8　“选项”对话框

文件位置　Visual FoxPro 6.0 的默认目录位置选项卡，用于设置文件和临时文件的存储位置。

表单　“表单设计器”选项卡，用于设置网格间距、所用度量单位、最大设计区域以及模板类等。

项目　“项目管理器”选项卡，用于设置是否提示使用向导，双击时运行还是修改文件时运行，以及源代码管理的选项。

控件　用于设置从“表单控件”工具栏上选择“查看类”按钮时，可用的可视类库以及 ActiveX 控件的选项。

区域　用于设置日期、时间、货币及数字的格式。

调试　用于设置调试器的显示以及跟踪选项，如使用字体及颜色。

语法着色　用于设置程序元素(如注释及关键字等)的字体及颜色。

字段映像　用于设置当从“数据环境设计器”、“数据库设计器”或者“项目管理器”中向表单拖动表或字段时，创建的控件类型的选项。

(2) 在“选项”对话框中按照自己的需要进行设置。

(3) 保存所做的设置。若要把设置保存为仅在当前工作期有效，则在“选项”对话框中设置好以后，单击“确定”按钮即可，此时，所做的设置将一直起作用直到退出 Visual FoxPro 6.0(或直到再次更改它们)。若要永久保存所做的更改，则需要把它们保存为默认设置，即在“选项”对话框中设置好以后单击“设置为默认值”按钮，系统会将它们存储在 Windows 注册表中。

1.7.3　设计器、向导和生成器

设计器、向导和生成器是 Visual FoxPro 6.0 提供给用户的三种交互式的可视化开发工

具。这些工具使得创建表、表单、数据库、查询和报表以及管理数据变得轻而易举。

1. 设计器

设计器集成了用于设计某个对象的各种操作，并赋予可视化的提示。Visual FoxPro 6.0 中的设计器主要有：

表设计器 创建表和设置表中的索引。

报表设计器 建立用于显示和打印数据的报表。

表单设计器 创建表单，以便在表中查看和编辑数据。

菜单及快捷键设计器 设计菜单及快捷键。

查询设计器 在本地表中运行查询操作。

视图设计器 在远程数据源上运行查询操作，创建可更新的查询。

类设计器 设计类。

连接设计器 为远程视图创建连接。

数据环境设计器 创建和修改表单、表单集和报表的数据环境。

数据库设计器 显示、修改当前数据库中所有表、视图和关系。

可以利用“文件”菜单中的“新建”命令来使用设计器。每种设计器都有一个或多个工具栏，可以很方便地使用大多数常用的功能或工具。例如，表单设计器就有分别用于控件、控件布局以及调色板的工具栏。

2. 向导

Visual FoxPro 6.0 中提供了一类有用的工具，称为“向导”。向导把一些复杂的操作分解为若干简单的步骤来完成，每一步使用一个对话框，然后把这些对话框按适当的顺序组合在一起。Visual FoxPro 6.0 中有多种向导，每种向导都包含多个模板文件。使用这些向导，用户只要逐步回答向导提出的问题，向导便可以自动替用户完成相应的任务。

1) Visual FoxPro 6.0 中的向导

Visual FoxPro 6.0 中带有超过 20 个的向导，能帮助用户快速完成一般性的任务。例如，创建表单、设置报表格式、建立查询、输入及导入数据、制作图表、生成邮件合并、生成数据透视表、生成交叉表报表以及在 Web 上按 HTML 格式发布等。针对不同的任务可使用不同的向导工具。通过在向导的一系列屏幕显示中回答问题或选择选项，可以让向导建立一个文件，或者根据用户的响应完成一项任务。

应用程序向导 创建一个 Visual FoxPro 6.0 应用程序。

表向导 创建表。

数据库向导 生成一个数据库。

本地视图向导 创建视图。

远程视图向导 创建远程视图。

查询向导 创建查询。

交叉表向导 创建一个交叉表查询。

数据透视表向导 创建数据透视表。

图形向导 创建一个图形。

表单向导 创建一个表单。

一对多表单向导　创建一对多表单。

报表向导　创建报表。

一对多报表向导　创建一对多报表。

导入向导　导入或追加数据。

文档向导　从项目和程序文件的代码中生成文本文件，并编排文本文件的格式。

选项卡向导　创建邮件选项卡。

邮件合并向导　创建邮件合并文件。

Oracle 升迁向导　创建一个 Oracle 数据库，该数据库将尽可能多地体现原 Visual FoxPro 6.0 数据库的功能。

SQL Server 升迁向导　创建一个 SQL Server 数据库，该数据库将尽可能多地体现原 Visual FoxPro 6.0 数据库的功能。

代码生成向导　从 Microsoft Visual Modeler(.mdl)文件中导入一个对象模型到 Visual FoxPro 6.0 中。

逆向工程向导　导出 Visual FoxPro 6.0 类到一个 Microsoft Visual Modeler 对象模型文件中。

安装向导　基于发布树中的文件创建发布磁盘。

Web 发布向导　在 HTML 文档中显示表或视图中的数据。

WWW 搜索页向导　创建一个 Web 页，允许 Web 页的访问者从用户的 Visual FoxPro 6.0 表中搜索和下载记录。

示例向导　生成一个自定义向导。

2) 向导的使用

(1) 启动向导。从“文件”菜单中选择“新建”命令，然后选择“向导”按钮，就可以启动一个向导。或者在“工具”菜单的“向导”子菜单中选择相应的向导，也可以启动一个向导。

(2) 定位向导屏幕。向导详细地规定了操作的步骤以及每步操作的具体内容，同时为每个步骤和选项都设置了提问的问题。启动向导后，要依次回答每一屏幕所提出的问题。在准备好进行下一个屏幕的操作时，可单击“下一步”按钮。如果操作中出现错误，或者原来的想法发生了变化，可单击“上一步”按钮来查看前一屏幕的内容，以便进行修改。若单击“取消”将退出向导而不会产生任何结果。到达最后一屏时，如果准备退出向导，请单击“完成”按钮。也可以直接单击“完成”按钮走到向导的最后一步，跳过中间所要输入的选项信息，而使用向导提供的默认值。

(3) 保存向导结果。根据所用向导的类型，每个向导的最后一屏都会要求用户提供一个标题，并给出保存、浏览、修改或打印结果的选项。

使用“预览”选项，可以在退出向导之前查看向导的结果。如果需要做出不同的选择来改变结果，可以返回到前边重新进行选择。对向导的结果满意后，则单击“完成”按钮。

(4) 修改用向导创建的项。创建好表、表单、查询或报表后，可以用相应的设计工具将其打开，并做进一步的修改。

注意：不能用向导重新打开一个已建立的文件。

3. 生成器

生成器的功能主要是为对象方便、快速地设置一些辅助选项，如帮助用户对特定的对象设置属性，或者组合子句创建特定的表达式等。

与向导不同，生成器是可重复的，这样就可以不止一次地打开某一对象的生成器。

1) Visual FoxPro 6.0 中的生成器

表达式生成器　创建表达式。

应用程序生成器　迅速创建功能齐全的应用程序。

自动格式生成器　将一组样式应用于选定的同类型控件。

组合框生成器　设置组合框控件的属性。

命令按钮组生成器　设置命令按钮组控件的属性。

编辑框生成器　设置编辑框控件的属性。

表单生成器　添加字段，作为表单的新控件。

表格生成器　设置表格控件的属性。

列表框生成器　设置列表框控件的属性。

选项按钮组生成器　设置选项按钮组控件的属性。

参照完整性生成器　设置触发器来控制相关表中记录的插入、更新和删除，以确保参照完整性。

文本框生成器　设置文本框控件的属性。

2) 表达式生成器

由于在后面的内容中很多地方都要用到表达式生成器，所以在这里先给大家介绍一下表达式生成器的使用方法。

表达式是用运算符把内存变量、字段变量、常数和函数连接起来的式子。表达式通常用于简单的计算和描述一个操作条件。Visual FoxPro 6.0 在处理表达式后将根据处理结果返回一个值，这个值可以是数值型、字符型、日期型和逻辑型。表达式生成器是 Visual FoxPro 6.0 提供的用于创建并编辑表达式的工具，使用它可以方便快捷地生成表达式。

表达式生成器可以从各种相关的设计器、向导、生成器及其他一些对话框中访问。某些对话框中的“…”对话按钮激活的就是表达式生成器。“表达式生成器”对话框如图 1.9 所示，按其功能可分为五部分：“表达式”文本编辑框、“函数”列表框、“变量”和“字段”列表框、“来源于表”下拉列表框及控制按钮。

“表达式”文本编辑框　用于编辑表达式。从表达式生成器的各列表框中选择出来的选项将显示在这里，同时也可以直接在这里输入和编辑表达式。利用表达式生成器可以输入各种各样的操作条件，例如，输入字段及有效性规则、记录有效性规则和参照完整性规则等。

“函数”列表框　函数是一个预先编制好的计算模块，可供 Visual FoxPro 6.0 程序在任何地方调用。由于一个函数接收一个或多个参数而返回单个值，因此可嵌入到一个表达式中。函数包含一对圆括号，以便与命令相区别。函数可由 Visual FoxPro 6.0 提供，也可由用户定义。

从“函数”列表框中可以选择表达式所需的函数，这些函数按其用途分为“字符串”函数、“数学”函数、“逻辑”函数和“日期”函数。在“字符串”函数列表框中有用于处理字符和字符串的函数及字符运算符；在“数学”函数列表框中有用于数学运算的函数和运算符；在“逻辑”函数列表框中有逻辑运算符、逻辑常数及逻辑函数；在“日期”函数列表框中有用于日期和时间数据的函数。

“变量”和“字段”列表框　变量指计算机内存中的某一位置，其中可存放数据。Visual FoxPro 6.0 中的变量分为字段变量和内存变量。在“字段”列表框中，列出了当前表和视图的字段变量；在“变量”列表框中，列出了可用的内存变量和系统变量。通过双击可以在“变量”列表框中选择表达式所需的变量。

“来源于表”下拉列表框　从这个列表框中可以选择当前打开的表和视图。

控制按钮　在表达式生成器中有四个命令按钮：“确定”、“取消”、“检验”和“选项”。单击“选项”按钮，进入“表达式生成器选项”对话框，在该选项对话框中可以设置表达式生成器的参数；单击“检验”按钮，可以检验生成的表达式是否有效；单击“确定”按钮，完成表达式生成并退出表达式生成器；单击“取消”按钮，放弃对表达式的修改并退出表达式生成器。

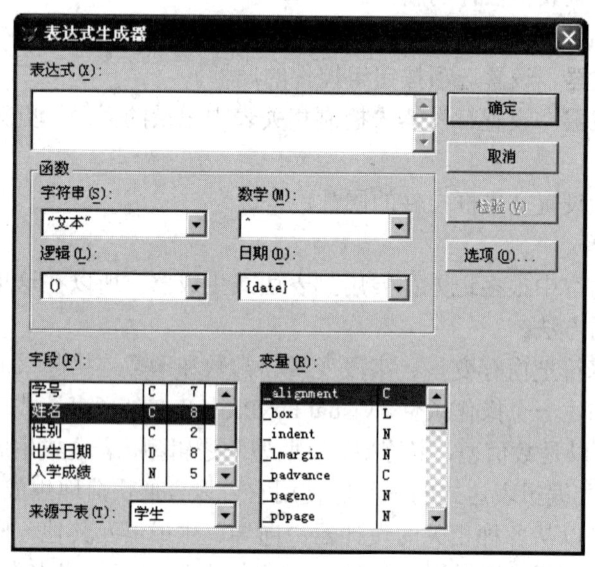

图 1.9　“表达式生成器”对话框

1.8　Visual FoxPro 9.0 介绍

Visual FoxPro 9.0 是 Microsoft 公司推出的 Visual FoxPro 的最新版本，是一个可视化的数据库应用程序开发环境，因其具有简单易学、功能强大等优点，深受广大用户青睐。本节介绍 Visual FoxPro 9.0 的界面和新增特点，它的安装方法、工作方式和定制用户工作环境与以前的版本基本相同。

1.8.1　Visual FoxPro 9.0 界面介绍

正常启动 Visual FoxPro 9.0 系统以后，就进入了 Visual FoxPro 9.0 主窗口界面，如图 1.10 所示。

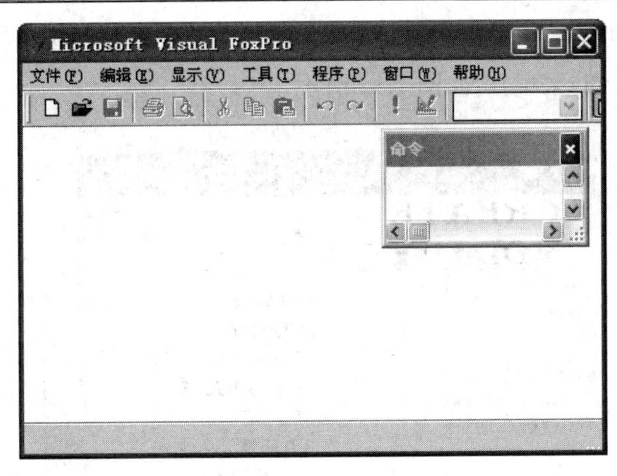

图 1.10 主窗口

从窗口界面上看，9.0 版与 Visual FoxPro 其他版本没有多大的区别，但在使用上还是有些区别的。

其主要相同点有：

(1) 菜单栏的设置一样；

(2) 工具栏的打开、关闭与以前相同；

(3) 命令窗口的打开、关闭与以前相同。

其主要不同点为：

(1) 窗口有两种状态，当命令窗口为当前窗口时主窗口不能操作，当主窗口为当前窗口时命令窗口不能操作；

(2) 命令窗口可以随意移动，甚至可以移动到主窗口之外，以前的版本则不允许；

(3) 某些菜单项的内容增加，如“工具”菜单；

(4) 退出 VFP，再次启动进入 VFP 后，命令窗口的内容依然存在；

(5) “选项”对话框中增加了“IDE”和“报表”两个选项卡，如图 1.11 所示。

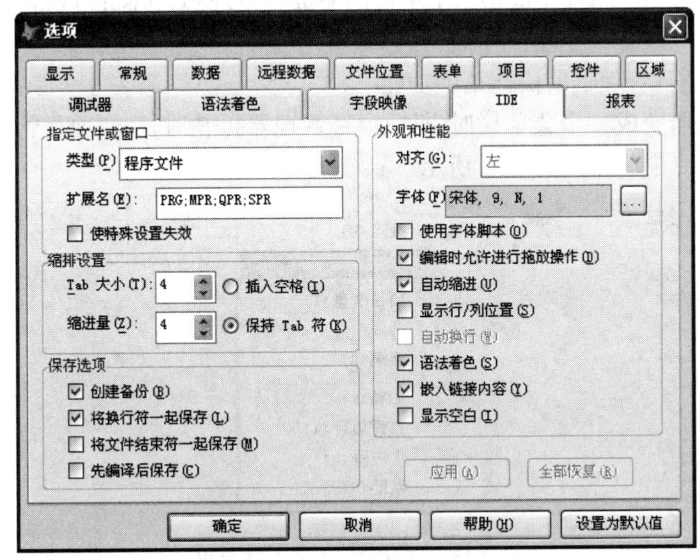

图 1.11 “选项”对话框

(6) 在命令窗口中输入一个命令动词，系统会自动弹出一个供用户选择第二个短语(单词)的菜单(或叫智能化的菜单)，如图 1.12 所示。

图 1.12　命令窗口的使用

1.8.2　Visual FoxPro 9.0 的特点及新增功能

Visual FoxPro 9.0 的新增功能和特点使其更人性化，使数据库、表及程序的设计更为方便。

1. 增强的集成开发环境(IDE)

为给用户项目和应用程序提供一个更好的集成开发环境，Visual FoxPro 9.0 新增了 IDE 功能，具体包括：

(1) 增加了项目管理器的快捷菜单功能。

当项目管理器变成一个菜单栏时(即把项目管理器折叠时)，在项目管理器上单击右键可以出现一个快捷菜单，如图 1.13 所示。

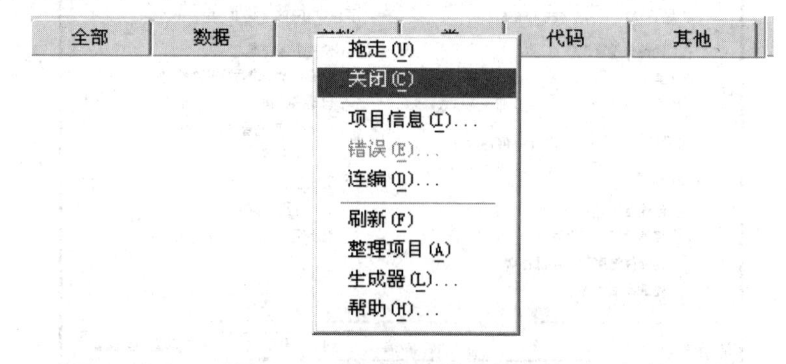

图 1.13　项目管理器的快捷菜单

(2) 属性窗口功能增强。

在属性窗口中增加了一个“Zoom”按钮(放大镜图标)，用户可以在更大的空间里查看可视类库和表单文件的属性值，如图1.14所示。

(3) 为新增属性指定默认值。

在为表单或类添加一个新属性时，可以为新增属性指定一个初始值及默认值(一般在属性窗口中默认值是斜体)。以前的版本若添加新属性，需用户自己在相关对话框中设置。

图1.14　属性窗口

2. 增强的语言功能

在保证兼容低版本语言的基础上，Visual FoxPro 9.0 新增了一些类，并对某些类和控件增加了新的属性和方法。如对 Label 控件增加了主题背景的功能，使得当更换 Windows 主题背景的时候，Label 控件会随之改变。

其次，Visual FoxPro 9.0 还提供了包含以下特点的增强类、命令、函数等：

(1) 可停靠的表单；

(2) ListBox 可以隐藏滚动条；

(3) 支持长类型名称；

(4) 可以用 LoadXML 方法加载任何 XML 文档。

3. 增强的数据功能

Visual FoxPro 9.0 新增的数据功能有：

(1) 扩展了 SQL 的性能；

(2) 增加了新数据类型，由原来的13种增加到现在的15种，如图1.15所示；

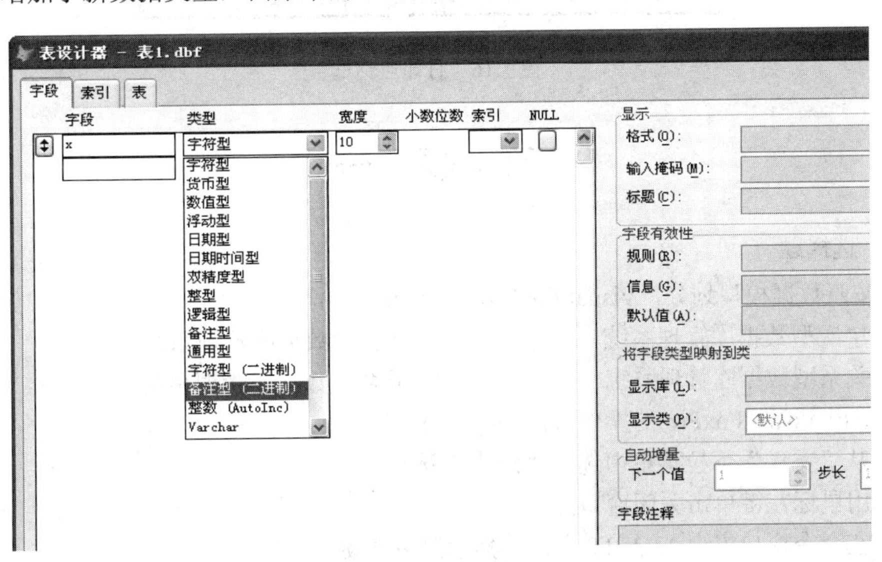

图1.15　新增数据类型

(3) 可用 Cast 函数转换数据类型(可以在“帮助”菜单中查找具体用法)；
(4) 可以使用逻辑表达式进行二进制索引；
(5) 可以使用 Alter Table 命令将字符转换为备注型数据。
还有一些就不一一叙述，感兴趣的读者可以通过“帮助”菜单了解。

4. 其他增强功能

为使用户设计应用软件更方便，Visual FoxPro 9.0 在其他方面也做了一些改进，分别是：
(1) 打印对话框更加丰富，如图 1.16 所示；
(2) 强化了智能存储用户回话的设置；
(3) 增强了用户帮助系统。

图 1.16 打印对话框

习 题 一

一、选择题

1. 按照数据模型划分，Visual FoxPro 是一个(　　)。

A) 层次型数据库管理系统　　B) 网状型数据库管理系统
C) 关系型数据库管理系统　　D) 混合型数据库管理系统

2. 退出 Visual FoxPro 的操作方法是(　　)。

A) 从“文件”下拉菜单中选择“退出”选项
B) 用鼠标左键单击关闭窗口按钮
C) 在命令窗口中键入 QUIT 命令，然后敲回车键

D) 以上方法都可以

3. 显示与隐藏命令窗口的操作是( )。

A) 单击“常用”工具栏上的“命令窗口”按钮

B) 通过“窗口”菜单下的“命令窗口”选项来切换

C) 直接按Ctrl+F2或Ctrl+F4组合键

D) 以上方法都可以

4. 下面关于工具栏的叙述，错误的是( )。

A) 可以创建用户自己的工具栏　　B) 可以修改系统提供的工具栏

C) 可以删除用户创建的工具栏　　D) 可以删除系统提供的工具栏

5. 在“选项”对话框的“文件位置”选项卡中可以设置( )。

A) 表单的默认大小　　B) 默认目录

C) 日期和时间的显示格式　　D) 程序代码的颜色

6. 要启动VFP的向导可以( )。

A) 打开新建对话框　　B) 单击工具栏上的“向导”图标按钮

C) 从“工具”菜单中选择“向导”　　D) 以上方法均可以

7. 数据库系统的核心是( )。

A) 数据库　　B) 操作系统　　C) 数据库管理系统　　D) 文件

8. 关系数据库的任何检索操作都是由三种基本运算结合而成的，这三种基本运算不包括( )。

A) 联接　　B) 比较　　C) 选择　　D) 投影

二、简答题

1. 说明数据与信息的区别和联系。

2. 数据库管理系统在数据库系统中起什么作用?

3. Visual FoxPro 6.0的主窗口主要由哪些部件组成?

4. Visual FoxPro 6.0的菜单和工具栏是否都是窗口?

5. Visual FoxPro 6.0菜单系统有什么特点?

6. 临时设置和永久设置分别保存在什么地方? 它们的有效期有什么不同?

7. Visual FoxPro 6.0提供的三种交互式的可视化开发工具是什么? 它们有何特点?

8. “表达式生成器”对话框可分为哪五部分? 各部分的功能是什么?

9. 用“文件”菜单中的“新建”命令创建的文件是否自动添加到项目管理器中?

10. 数据库中的数据是按照一定的联系集合起来的，这种联系称为数据模型。通常的数据模型有哪三种?

11. Visual FoxPro 6.0与Visual FoxPro 9.0有哪些区别?

第 2 章　数据库中的数据元素

数据库是对大量的数据进行处理的一个系统，在进行数据处理时，除了表中的数据以外，还要处理表以外的数据，而不同形式、不同类型的数据处理的方法、结果可能都不同。计算机进行数据处理时，数据的表现形式有四种：常量、变量、函数和表达式。例如，在 X+20*SQRT(16)式子中，20 和 16 为常量，X 为变量，SQRT 为函数，整个组成了一个表达式，若 X 有值，就可以在命令窗口用“?”求出值来。在一个运算中常量、变量、函数都作为运算的对象，或者叫操作数。

2.1　数据的类型

在数据库中，不同的数据类型决定了不同的数据存储方式和运算结果。表中的数据类型及输入是由用户定义的字段类型来决定的，关于字段的类型，在建立表时再详述，本节主要介绍表以外的数据类型。对于数据，不管它的表现形式如何，都存在着类型。常用的数据类型有数值型、字符型、日期时间型和逻辑型。

1. 数值型

用来定量表示一个对象的大小的数据，由正、负号及数字 0～9 构成。在数据库中，对于数值型的数据又分为一般的数字型数据和货币型数据。

2. 字符型

由字符组成的字符串数据，用来描述一个对象的各种信息，所用的字符有汉字、数字、字母及各种字符。

3. 日期时间型

由数字和“-”或“/”组成的数据，用来表示日期中的年、月、日，所用的数字有 8 位或 10 位的；由数字和“：”组成的数据，用来表示时间中的小时、分、秒。

4. 逻辑型

由字符构成的数据，用来表示一件事情是成立(真)，还是不成立(假)。

2.2　常量与变量

在数据库中，不管数据的类型有哪些，都存在着常量和变量的用法。

2.2.1　常量

常量是指在使用过程中一直不变的值，用来表示一个对象的具体属性。常量也是有类型的，不同类型的常量，格式、书写都不同，并且常量就其本身即能辨别出其类型，所以常量又叫数据的字面值。

1. 数值型常量(N)

数值型常量就是用数字 0～9 组成，并且可以带正、负号的数据，又称常数。如：129.45，–185 等。常数可以进行算术运算，而且得到的结果肯定是一个数字。数值型常量又分为：

(1) 整型常量，不含小数点的数字，如 289，2006 等。整型常量运算的结果还是整型。

(2) 实型常量，含小数点的数字，如 289.6，2006.5 等。实型常量运算的结果还是实型，最多保留小数点后 15 位。而实型又分基本型和科学记数法型：

- 基本型是由正负号、整数、小数点和小数后等四部分组成的，如–2689.5；
- 科学记数法型是在基本型后带指数，用 e 或 E 表示，如 –2.689 5e3 代表 -2.6895×10^{3}，26 895.0E–2 代表 $26\ 895.0\times10^{-2}$。E 后的数字代表 E 前的数字的小数点向左(负的)还是向右(正的)移动的位数，所以不能为实型，如 234.56E2.3 是错误的。另外，E 前必须要有数字，如 E–2 是错误的。

2. 字符型常量(C)

字符型常量就是用引号括起来的各种字符组成的数据，又称字符串。字符运算的结果还是字符。引号有三种：单引号“' ”、双引号“" ”和中括号“[ ]”，如'abcd', "1234", [14/06/2006]。字符型常量又分为：

(1) 字符型字符，由纯字符或和数字混合组成，如"汽车"，[abc123]等。字符型字符不能转换。

(2) 数字型字符，由纯数字组成，如"1234"，"2012.6"等。数字型字符可以用 VAL( )函数转换成数字，如 VAL("123")+321。

(3) 日期型字符，由数字和“/”或“-”组成，如"06/14/2012"。日期型字符可以用函数 CTOD( )转换成日期，但其中的字符必须是有效的日期，如 CTOD("06/14/2012")+30 运算的结果是 2012 年 7 月 14 日。

注意：

① 字符型常量中的字母要区分大小写。

② 字符型常量有长度，就是其中字符的个数。对于汉字字符，其中每个字符占 2 个字符位，如"abcd"的长度为 4，"火车"的长度为 4。

③ 空格也是字符，如字符串中无字符" "，其长度为 1。

3. 日期型常量(D)

日期型常量就是用一对花括号括起来的、由数字组成的、具有固定格式的、用来表示日期的数据。年、月、日之间有分隔符，分隔符有“/”、“-”和“.”三种，同时年、月、日之间的顺序还取决于设置。日期型常量的格式有以下两种：

传统的日期格式　采用的是美国日期格式，而且只能在 SET STRICTDATE TO 0 及 SET DATE MDY 格式下使用。其格式为“月/日/年”，其中月和日各是 2 位数字，而年可以是 2 位或 4 位数字。当年是 2 位数字时，如{05/15/06}，可以解释成 2006 年 5 月 15 日，也可以解释成 1906 年 5 月 15 日，系统默认为 2006 年月 15 日。经测试，年是 2 位时，小于 55(含 55)系统默认为 20××年，大于 55 系统默认为 19××年，如{05/15/55}显示为 2055 年 5 月 15 日，{05/15/56}则显示为 1956 年 5 月 15 日(必须设置年显示为 4 位)。

严格的日期格式　能够确切表示一个日期。其格式为“年/月/日”，其中年用 4 位数字表示，月和日用 2 位数字表示，并且在年的前边加一个脱字符“^”，如{^2006/05/15}。这种格式不受 SET STRICTDATE TO 和 SET DATE MDY 格式的影响，取值范围为{^0001/01/01}～{^9999/01/31}。

日期的格式可以进行设置，这里设置的主要是日期执行后显示结果的格式。用户可以在“选项”对话框中设置，也可以用命令设置。

(1) 设置年、月、日之间的分隔符。

命令设置：SET MARK TO [分隔符]。分隔符必须加引号，若省去，则默认为“/”。

对话框设置：依次点击工具→选项→区域，打开的对话框如图 2.1 所示，然后在“日期分隔符”前打对勾，再输入符号。

(2) 设置日期的格式。

命令设置：SET DATE [TO] AMERICAN | ANSI | MYD | DMY | YMD。共 13 种，系统默认为 AMERICAN。

对话框设置：依次点击工具→选项→区域，打开的对话框如图 2.1 所示，然后单击“日期格式”后的下拉按钮选择。

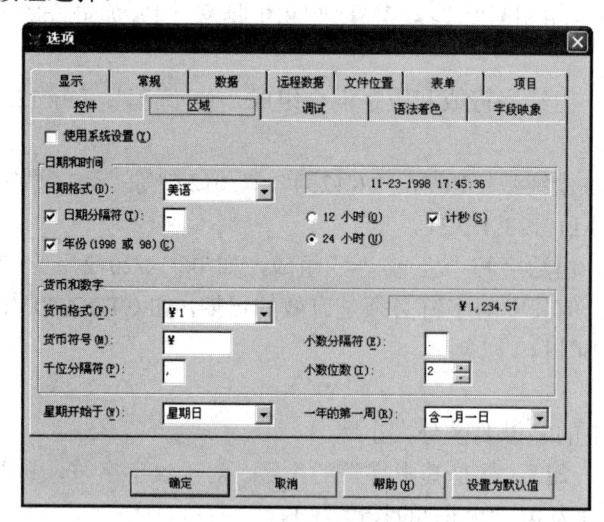

图 2.1　利用对话框设置日期格式

(3) 设置年份显示位数。

命令设置：SET CENTURY ON | OFF。其中 ON 为 4 位，OFF 为 2 位。

对话框设置：依次点击工具→选项→区域，打开的对话框如图 2.1 所示，然后在“年份”前打对勾，表示 4 位，没有对勾表示 2 位。

(4) 设置日期格式的检查。

命令设置：SET STRICTDATE TO [0 | 1 | 2]。0、1 和 2 的含义可以通过对话框了解。

对话框设置：依次点击工具→选项→常规，然后在“2000 兼容性”中的“严格日期格式”中选择。

4. 逻辑型常量(L)

逻辑型常量只有两个值，一个是逻辑真，另一个是逻辑假，用来作为条件使用。真的表示有.t.、.T.、.y.和.Y.；假的表示有.f.、.F.、.n.和.N.。其中，值两边的点不能省略，否则会被误认为是变量名。

注意：在现在的版本中，常量类型还有两种，即货币型常量和日期时间型常量，如$58、{^2011/11/03 10:24:50}。

2.2.2　变量

变量是指在操作或计算过程中它的值或者类型可能要改变的量，简单说就是其值要改变的量。

1. 变量的分类

变量有两种分类方法。

1) 按存储的地方划分

内存变量　即保存在内存中的变量。在使用过程中，内存变量一直在内存中，一旦退出系统，Visual FoxPro 会将它自动释放。如 x＝90，在使用 x 时，它有值，一旦退出，再进入系统，x 就不存在了。

字段变量　即其存储随着表文件的保存而保存的变量。字段变量就是表的结构，在使用时随着表文件的打开而读入内存，并随着表文件的关闭而保存到磁盘(外存储器)上，退出系统它也会存在。

2) 按变量中的值划分

不管是内存变量还是字段变量都有各自的类型。字段变量的类型是随着定义表结构而确定的，它的类型及定义方法在后边的章节再讨论。内存变量的类型不像常量那样，由值本身就可以看出它的类型，内存变量的类型是随着给它赋的值的类型而确定的。内存变量的常用类型有字符型(C)、数值型(N)、日期型(D)和逻辑型(L)，当然还有其他一些类型。下面是一些类型的实例：

```
C="你好"       &&字符型
x=90           &&数值型
y=date( )      &&日期型
z=3>4          &&逻辑型
```

2. 变量的命名

变量必须有一个名字，这样计算机才可以给它分配内存，然后再通过变量名访问变量。变量命名可以由汉字、数字、字母和下划线组成，但不能用数字开头，如 xyz、x_y、xy12、_xy、姓名、年龄等都对，而 12xy 就错了。字段变量的取名是在定义表结构时进行的，它的值是当前记录对应字段的值；内存变量的取名是在给变量赋值时进行的，它的值及类型都是由赋的值来决定的。

3. 内存变量的分类

按使用的形式，内存变量又分成两种：一种是简单变量；另一种是数组。

1) 简单变量

每一个变量都有一个名字，通过名字可以访问变量的值。如果内存变量与字段变量同名(当前已打开的一个表)，且要使用内存变量时，则必须在名字前加“M.”或“M->”符号，

否则系统默认是在使用字段变量。例如，若在命令窗口执行

姓名="张三"　&&给姓名变量赋值为张三

而字段变量中也有一个字段名为姓名，那么执行"?姓名"，则系统默认是字段的值，而要显示值为"张三"，则必须在姓名前加"M."或"M->"符号。

2) 数组

数组就是一个数据序列，或者是给一串数取一个名字。这样做的目的是使用方便，便于编写程序等。数组中的每个数叫元素，每个元素的类型可以不同。一个元素相当于一个简单变量。

与简单变量不同的是，简单变量在赋值之前不用说明(或称定义)，而数组在使用之前一般要进行说明或定义(数组与表之间数据传递时可以不说明)。

对于数组，其赋值和使用与简单内存变量是有区别的，而其他的有关操作则与简单内存变量相同。另外，数组有一维数组、二维数组和多维数组之分。

数组的定义格式：

DIMENSION 数组名(d1[,d2])[, ...]

DECLARE 数组名(d1[,d2])[, ...]

其中，数组名的取法与简单内存变量相同。括号中有几个 d 就表示是几维，每个 d 必须有具体的值。数组的元素个数就是维数长度的乘积，若是一维就是 d1 个，若是二维就是 d1 × d2 个。刚定义的数组每个元素的值是逻辑假，即.F.。

例 2.1　在命令窗口执行：

DIME NSION X(5),Y(3,4)

该命令说明定义了两个数组：一个是一维数组 X，其中有 5 个元素，另一个是二维数组 Y，其中有 12(3×4)个元素，每个元素的初始值都是.F.。

X 的元素是：X(1)　X(2)　X(3)　X(4)　X(5)。

Y 的元素是：Y(1,1)　Y(1,2)　Y(1,3)　Y(1,4)
Y(2,1)　Y(2,2)　Y(2,3)　Y(2,4)
Y(3,1)　Y(3,2)　Y(3,3)　Y(3,4)

数组 Y 可以看成 3 行 4 列，而在计算机的内存中则是连续的 12 个存储单元。

注意：

① 凡是能使用简单内存变量的地方都可以使用数组元素。

② 直接给数组名赋值时，表示其中每个元素都是同一个值，如 X=80 表示其中 5 个元素都是 80。

③ 对数组整体(数组名)使用时，系统默认是第一个元素的值，如 A=X+20，实质是 X 数组的第一个元素，即 80 加 20。

④ 可以用一维数组的形式访问二维数组，实质就是表示第几个元素，如 Y(5)其实就表示 Y(2,1)元素。

2.2.3　内存变量的操作

内存变量在数据库的程序设计中要经常用到，所以对它的概念及操作一定要了解。内存变量的操作主要是用命令来完成的。

1. 内存变量的赋值

内存变量有两种赋值格式。

(1) 命令格式 1：

```
V=e
```

其中，V 是一个变量名或者是一个数组名；e 是一个表达式。

命令格式 1 的功能是先求表达式的值，然后将表达式的值赋给左边的变量，即将表达式的值放到变量所指的内存单元中。例如：

```
x=3+5
y=date( )
姓名="王爱国"
```

其中，x 的值是 8，数值型；y 的值是当前的日期，日期型；姓名的值是字符型。

(2) 命令格式 2：

```
STORE  e  to v1,v2, …
```

其中，v1、v2 等是一些变量名，之间需用逗号分开；e 是一个表达式。

命令格式 2 的功能是先求表达式的值，然后将表达式的值同时赋给多个变量。例如：

```
STORE  3*6  TO  X,XY,XYZ
```

表示将 18 同时赋给 X、XY 和 XYZ。

注意：

① 两个赋值的区别：命令格式 1 一次只能给一个变量赋值；命令格式 2 一次可以给多个变量赋同一个值。

② 也可以给内存变量重新赋值来改变其值和类型，如 X 的值已是 18，而不是 8 了。

2. 内存变量值的输出

内存变量值的输出有两种。

(1) 命令格式 1：

```
DISPLAY  MEMORY  [LIKE * | ?] [TO PRINTER | TO FILE 文件名]
LIST MEMORY  [LIKE * | ?] [TO PRINTER | TO FILE 文件名]
```

其中，DISPLAY、MEMORY 和 LIST MEMORY 都是命令关键字；[ ]中的都是可选项。

命令格式 1 的功能是将内存中的所有内存变量或指定的内存变量输出。输出的内容有变量名、属性(作用域)、类型和值。

若有可选项 LIKE，则只输出用户定义的内存变量，其中 * 和 ? 是通配符，* 代表变量名是多个字符，? 代表变量名是一个字符；若没有该选项，则系统和用户定义的全部显示。若有可选项 TO PRINTER，则在屏幕上显示的同时，还要打印；若没有该选项，则只在屏幕上显示。可选项 TO FILE 是将要输出的内容存放在指定的文件中，此文件的扩展名是 .TXT。例如：

```
DISPLAY MEMORY LIKE *            &&将上边定义的所有变量都显示出来
DISPLAY MEMORY LIKE ?            &&只显示 X 和 Y 的值
DISPLAY MEMORY                   &&所有的内存变量都显示
DISPLAY MEMORY  LIKE * TO FILE XYZ        &&将用户定义的所有内存变量汇集在一起，
                                          &&以文件的形式取名为 XYZ.TXT 并存盘，
```

```
                    &&可以用“DIR *.TXT”命令查看，然后
                    &&再用“TYPE XYZ.TXT”命令输出
```

注意：DISPLAY 和 LIST 是有区别的，当输出的内容超过一屏时，前者分屏(页)，后者不分屏。

(2) 命令格式 2：

```
?变量名表
??变量名表
```

其中，变量名之间用逗号分开，也可以是表达式。

命令格式 2 的功能是将变量的值在屏幕上显示出来。例如：

```
?X,Y,XY,XYZ
??X+80,X*20              &&将 98 和 360 与上边三个值在同一行输出
```

注意：一个问号是换行输出，两个问号是与前一行内容在同一行输出。

3. 内存变量的清除

内存变量可以定义，也可以清除，方法有多种。

(1) 清除全部内存变量，其命令格式为

```
CLEAR   MEMORY
RELEASE   ALL
```

该命令的功能是将内存中的变量清除掉(只是用户自己定义的变量，不包含系统的)。

(2) 清除部分内存变量，其命令格式为

```
RELEASE   ALL   [LIKE <通配符> | EXCEPT <通配符>]
```

其中，通配符的解释同上；可选项 LIKE 清除与通配符一样名字的变量；EXCEPT 清除与通配符不一样的内存变量。

该命令的功能是将当前内存中指定的变量清除。若不选可选项，则与清除全部内存变量的格式功能相同。例如：

```
RELEASE   ALL   LIKE ?         &&清除所有名字是一个字符的内存变量
RELEASE   ALL   LIKE A*        &&清除所有名字是 A 打头的内存变量
RELEASE   ALL   EXCEPT X*      &&清除除 X 打头的所有内存变量
```

注意：一旦退出系统，内存变量将自动清除。

4. 数组的特殊用法

数组除与简单变量使用方法部分相同之外，还有一种很特殊的使用方法，就是数组可以与表记录之间进行数据传递。这是因为一个二维表实质上是记录(行)的集合，而数组又是把一个数据序列作为整体进行处理的。也就是说，表记录中的数据可以和一个数组进行相互之间的数据传递。

(1) 将表的当前记录复制到数组中，其命令格式为

```
SCATTER   [FIELDS <字段名表>] [MEMO] TO 数组名 [BLANK]
SCATTER   [FIELDS   LIKE <通配符> | FIELDS EXCEPT <通配符>] [MEMO] TO
数组名 [BLANK]
```

其中，字段名表是当前表中字段的名字；数组名可以是已定义的数组，也可以是没有定义

的数组；通配符与字段名相匹配，* 代表多个字符，而不是多个字段，? 代表一个字符，而不是一个字段；LIKE 和 EXCEPT 解释同上。

该格式命令的功能是将当前表的当前记录中指定的字段值复制到指定的数组中。若可选项都不选，则将当前记录中除过 M(备注型)和 G(通用型)字段的值都复制到数组中。

注意：

① 若事先未定义数组，则数组的大小(元素个数)取决于当前记录复制的字段个数；若事先定义了数组，则多余的元素未被赋值(还是.F.)，而少于指定字段个数时，系统自动扩充到字段的个数。

② 若选了 MEMO，就会将所有 M 字段的值复制到数组中。

③ 若选了 BLANK，就会生成一个空数组，其中每个元素值的类型与对应字段的类型相符。

例 2.2　在命令窗口执行以下命令：

```
USE  JBQK
SCATTER  TO  X   &&将 1 号记录中除过 M 和 G 字段的内容复制到 X 数组中
SCATTER  FIELDS 编号，姓名，基本工资 TO Y         &&将 1 号记录中 3 个字段的
                                                  &&值复制到 Y 中
SCATTER  FIELDS 姓名, 基本工资  TO  Z  BLANK      &&生成有 2 个元素的 Z 数组，
                                                  &&第一个元素是 C 型，第二
                                                  &&个元素是 N 型
DISPLAY  MEMORY  LIKE *  &&显示当前内存中定义的所有数组的元素
```

该例显示形式如下：

```
X              Pub      A
       ( 1)         C   "1003"
       ( 2)         C   "陈红"
       ( 3)         C   "女"
       ( 4)         D   02-03-1976
       ( 5)         C   "助教"
       ( 6)         C   "电路实验室"
       ( 7)         N   370.00          (      370.00000000)
       ( 8)         L   .F.
       ( 9)         N   30              (       30.00000000)
Y              Pub  A
       ( 1)         C   "1003"
       ( 2)         C   "陈红"
       ( 3)         N   370.00          (      370.00000000)
Z              Pub  A
       ( 1)         C   "    "
       ( 2)         C   0.00            (        0.00000000)
```

(2) 将数组中的值复制到表的当前记录中，其命令格式为

GATHER　FROM　数组名 [FIELDS <字段名表>] [MEMO]

GATHER　FROM　数组名 [FIELDS LIKE <通配符>| EXCEPT <通配符>] [MEMO]

其中，数组名是已定义了的数组；通配符、LIKE 和 EXCEPT 的解释同上。

该格式命令的功能是将指定数组中元素的值复制到当前记录对应的字段中，使字段中原来的值被覆盖。若省去 FIELDS，记录中所有字段依次把数组元素的值复制；若元素的个数多于字段的个数，则多余的舍去；若字段的个数多于元素的个数，则多余字段还是原来的值。

注意：

① 数组元素值的类型一定要与字段的类型相符，否则会出现语法错误。

② 若选用 MEMO 可选项，则包括 M 字段。

例 2.3　在命令窗口执行以下命令：

```
DIMENSION XY(3)
XY(1)= "张超"
XY(2)={^1983/09/18}
XY(3)=2000.3
USE  JBQK          &&打开“JBQK”表
APPEED  BLANK  &&追加一条空记录
GATHER  FROM  XY  FIELDS 姓名，出生年月，基本工资
DISPLAY  &&显示当前记录
```

另外，利用数组这一特点，可以将一个表中任意 2 条记录的顺序交换，为了通用也可以编制一段程序来完成。

例 2.4　在命令窗口执行 DO JHJL 程序。

程序如下(N 号和 M 号记录交换)：

```
CLEAR
ACCEPT "输入一个表名" TO BM
USE &BM
INPUT "输入要交换的第一个记录号"  TO  N
INPUT "输入要交换的第二个记录号"  TO  M
GOTO N
SCATTER TO X
GOTO M
SCATTER TO Y
GATHER FROM X
GOTO N
GATHER FROM Y
LIST
USE
```

说明：对于内存变量的其他操作，由于篇幅所限不再叙述。

2.3 表 达 式

表达式是一个由运算符和操作数组成的式子。操作数可以是变量、常量和函数，对于常量和变量，在前边的章节中已叙述过了，而函数将在后续章节中叙述。如 X＋30×SQRT(16)，其中的 X 为已赋值的变量，30 和 16 为常量，SQRT( )为函数。

表达式是可以求出值的，因此表达式也是有类型的，而表达式的类型取决于运算符，有几种运算符，就有几种表达式。例如：

```
X+3              &&算术型，得到一个数字
"AB"+"CD"        &&字符型，得到一个字符串
X>3              &&关系型，得到一个逻辑值
DATE( )+10       &&日期型，得到一个日期
.T. AND .F.      &&逻辑型，得到一个逻辑值
```

什么是运算符？运算符就是能将操作数连接起来，并能求出值的一个符号。运算符也是有分类的，表达式分五种，学习表达式的关键就是要了解每一个运算符的分类、功能、运算的级别及运算符所对应的操作数的类型。如 3+"3"就是错的，因为若把“+”看成算术型运算符，右边的操作数(是字符)就错了；若把“+”看成字符型运算符，左边的操作数(是数值)就错了。

2.3.1 算术型运算符及表达式

由算术型的运算符和算术型的操作数组成的式子叫算术型表达式，该表达式求出的值是一个数字。

1. 算术型运算符

表 2.1 列举了各算术型运算符及其运算级别。

表 2.1 算术型运算符及运算级别

运 算 符	功 能	优 先 级 别
( )	用它括起来优先计算	1
+、-	表示正或负	2
^或**	乘方	3
*、/、%	乘、除、求余	4
+、-	加、减	5

对于“+”和“-”，若只有右边有操作数，叫单目运算符；若左右两边都有操作数，叫双目运算符。单目运算符比双目运算符的运算级别高，如-3 和 8-3。若运算级别相同，则自左向右运算。

例 2.5 在命令窗口中执行以下命令：

```
X=16
?X+20*10/SQRT(X)          &&结果为 66
?3+2^3                    &&结果为 11
?5%2+100                  &&结果为 101
```

```
?(X+14)/(X-6)            &&结果为 3
?2^3**2                  &&结果为 64，要想得到 512 就应该用括号
?50%-20                  &&结果为-10
```

2. 算术型表达式

算术运算与我们数学中的运算基本相同。但对于“%”，在数学中没有这个运算符，设 X 和 Y，那么 X%Y 就是求 X 除以 Y 的余数，而结果的正负号取决于 Y 的符号，“%”的实质与 MOD(X,Y)求余函数的功能相同。X 除以 Y 的余数等于公式 X-Y*FLOOR(X/Y)，其中 FLOOR 取不超过 X 除以 Y 的最大整数。如？5%-2 结果为-1，等于 5+2*(-3)，因为不超过-2.5 的最大整数是-3。

2.3.2　字符型运算符及表达式

由字符型运算符和字符串组成的式子叫字符型表达式，字符型表达式运算的结果还是一个字符串。

1. 字符型运算符

字符型运算符只有两个：

(1) “+”，将两边的字符串原样连接生成一个新的字符串。

(2) “-”，两边连接时，将左边字符尾部的空格放到整个字符串的尾部。

它们的级别是同等的。

例 2.6　在命令窗口执行以下命令：

```
?"ABCD"+'CDEF'           &结果为 ABCDCDEF
? "张三"+"同志"           &&结果为张三同志
? "ABC   "-"CDE"+"123"   &&结果为 ABCCDE   123
USE   JBQK
GOTO 1
?姓名-"是"-性别-"的"       &&结果为陈红是女的，把姓名和性别字段中多余的
                          &&空格都放在字符串的后边了
```

2. 字符型表达式

字符型表达式的运算就是一种字符串连接运算，运算的结果是一个新的字符串。在程序设计中经常要用到连接字符串的运算。对于“-”运算，要与后面学到的函数 TRIM( )区别，前者生成新的字符串的字符个数没有变，而后者字符个数减少了。

例 2.7　在命令窗口执行以下命令：

```
? "ABC   "-"DEF"            &&结果还是 7 个字符
?TRIM("ABC   ")+"DEF"       &&结果是 6 个字符
```

2.3.3　日期型运算符及表达式

由日期型运算符和日期型或数字操作数组成的式子叫日期型表达式。日期型表达式运算的结果要么是一个新的日期，要么是一个数。

1. 日期型运算符

日期型运算符实质是借用算术运算符中的“+”和“-”，它们的用法取决于两边的操作数，操作数不同运算的结果可能就不同。那么对于“+”和“-”到底属于日期运算还是算术运算，也要视其两边的操作数而确定。

2. 日期型表达式

日期型的运算有以下几种：

(1) 一个日期可以加或减一个数，得到一个新的日期。如{^2006/01/01}+10，结果是2006年1月11日；若减10，结果为2005年12月22日。

(2) 一个数字可以加一个日期，得到的也是一个新的日期，但一个数字不能减一个日期。如10+{^2006/01/01}，结果还是2006年1月11日。

(3) 两个日期可以相减，得到的是一个数字，表示两个日期相差的天数，但两个日期不能相加。如{^2006/05/30}-{^1980/02/09}，结果是9607。

例2.8　在命令窗口执行以下命令：

```
X={^2006/05/01}
Y={^1989/06/04}
?X+20,20+X,X-20                        &&前两个结果都为2006年5月21日，后一个
                                       &&结果为2006年4月11日
?X-Y                                   &&结果为6175
?INT((X-Y)/365)                        &&结果为16，若Y是一个人的生日，则这个人
                                       &&到2006年5月就满16周岁了
```

注意：若给定的是日期时间型数据，那么加或减，表示的是在秒上计算，当然超过60就进位分。若是两个相减，则相差的是秒。

例2.9　在命令窗口执行以下命令：

```
X={^2012/05/30  10:20}
Y={^2006/05/01  20:40}
?X+20,X-20              &&结果为05-30-2006 10:20:20和05-30-2006 10:19:40
?X-Y                    &&结果为2 468 400秒
```

2.3.4　关系型运算符及表达式

由关系型运算符和操作数组成的式子，叫关系型表达式。关系型表达式运算的结果是一个逻辑值。关系运算的操作数一般可以是任意型的(除过$)。

1. 关系型运算符

表2.2列举了各关系型运算符及其功能。

表2.2　关系型运算符

运　算　符	功　　能	运　算　符	功　　能
<	小于	=	等于
<=	小于等于	==	字符精确等
>	大于	<>、#、!=	不等
>=	大于等于	$	字符包含运算

“= =”和“$”只适合字符运算，其他均适合任意型的数据。

例 2.10 在命令窗口执行以下命令：

```
X=90
Y="ABCD"
?X>10,X<20,X#100,X=90                        &&结果为 .T.、.F.、.T.、.T.，数字比较
?Y>"ABC","abcd"<Y,Y= ="ABCD"                 &&结果为 .F.、.T.、.T，字符比较
?{^2006/01/30}>{^1989/06/04},DATE( )>DATE( )+2  &&结果为 .T.、.F.，日期比较
? "汽车">"火车","火车"<"轮船"                  &&结果为 .T.、.T.，汉字比较
? "AB"$"ABCDE","AB"$"WEACBDF"                &&结果为 .T.、.F.，包含运算
```

2. 关系型表达式

关系运算实质上是一种比较运算，比较的结果要么成立为“真”，用 .T. 表示；要么不成立为“假”，用 .F. 表示。关系运算一般在命令中作为条件短语，对记录进行选择操作，或在程序中作为条件，控制选择和循环结构。

例 2.11 在程序中可以用以下语句输出 2 个数中的大者：

```
CLEAR
INPUT "X=" TO X
INPUT "Y=" TO Y
IF X>Y
  ?X
ELSE
  ?Y
ENDIF
```

注意：

① 数字和日期比较时，直接用它们的值(大小)比较。

② 字符比较取决于“排序序列”的设置。有三种排序序列法，其设置在“选项”对话框中的“数据”选项卡上的“排序序列”处进行，如图 2.2 所示。也可以用命令设置，其命令格式为

SET COLLATE TO“排序序列名”

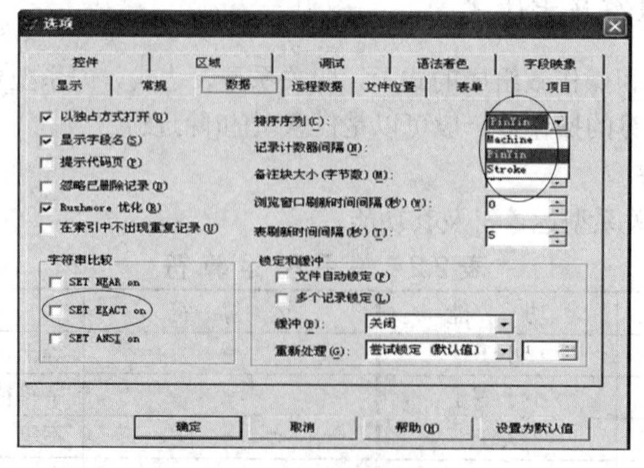

图 2.2 排序序列设置

③ 三种排序序列的含义及规则见表 2.3 所示，系统默认是“PinYin”。

表 2.3　排序序列的含义

排序序列	含　义	规　　则
Machine	机内码	对字符按 ASCII 值排序，汉字按拼音(一级汉字)顺序，而拼音即是按字母顺序
PinYin	拼音码	对汉字按拼音排序，对西文顺序是空格、小写字母、大写字母
Stroke	笔画码	中文均按笔画多少排序

例 2.12　在命令窗口执行以下命令：

```
SET COLLATE TO "Machine"
?"AB"<"ab","A"<"B","0"<"9"          &&结果为 T.、.T.、.T.
?"汽车">"火车"                       &&结果为 .T.
SET COLLATE TO "PinYin"
?"AB"<"ab","A"<"B","0"<"9"          &&结果为 .F.、.T.、.T
?"汽车">"火车"                       &&结果为 .T.
SET COLLATE TO "Stroke"
?"AB"<"ab","A"<"B","0"<"9"          &&结果为 .F.、.T.、.T
?"汽车">"火车"                       &&结果为 .T.
```

3. 字符串的比较方式

字符串的比较是用两个字符串自左向右逐个进行比较，一旦得出结果便结束比较。判断结果与使用的运算符有关，因此就有精确比较和模糊比较两种方法，当然也与设置有关，可以在图 2.2 中“SET EXACT on”处打对勾来设置，系统默认是 off 状态。另外也可以用命令设置，其命令格式为

```
SET EXACT on | off
```

(1) 在 off 状态时(也可以叫模糊比较)，字符串比较时只要两边字符的第一个匹配，值就为.T.，但需要左长右短(字符个数)，反之还是.F.。

例 2.13　在命令窗口执行以下命令：

```
SET EXACT off
?"ABC"="AB","AB"="ABC"                              &&结果为.T. .F.
? "ABC"= ="ABC","ABC"= ="AB","AB"= ="ABC"           &&在 off 状态的精确比较，
                                                    &&结果为.T.、.F.、.F.
USE  JBQK                    &&打开表“JBQK”
LIST FOR 姓名="王"            &&列出“JBQK”表中所有姓“王”的。若写成
                             &&"王"＝姓名，则找不到满足条件的
```

(2) 在 on 状态时(也可以叫精确比较)，相当于在 off 状态用“= =”，此状态下两个字符串要相等，首先要字符个数一样，然后再逐个字符比较，若都一样则为.T.，否则为.F.。

例 2.14　在命令窗口执行以下命令：

```
SET EXACT on
? "ABC"="ABC","ABC"="AB","AB"="ABC"          &&精确比较，结果为 .T.、.F.、.F.
```

```
USE JBQK
LIST FOR 姓名="王军"              &&这时还是没有满足条件的，因为姓名字段的宽度
                                  &&至少是6，而“王军”是4个字符
LIST  FOR  TRIM(姓名)= "王军"          &&TRIM( )去掉姓名中尾部的空格，使
                                       &&得两字符串一样长，所以就可以找到
                                       &&“王军”的记录
```

2.3.5 逻辑型运算符及表达式

逻辑型表达式是由逻辑型运算符和逻辑型的操作数组成的式子。逻辑型表达式运算的结果还是一个逻辑值。用逻辑型运算符将关系表达式连接起来，可以表示复杂的数学运算。

1. 逻辑型运算符

逻辑型运算符有三个，它的功能及运算规则见表 2.4，设表中的 A 和 B 均为逻辑型。

表 2.4　逻 辑 型 运 算 符

A	B	NOT A	A AND B	A OR B
.T.	.T.	.F.	.T.	.T.
.T.	.F.	.F.	.F.	.T.
.F.	.T.	.T.	.F.	.T.
.F.	.F.	.T.	.F.	.F.

对于逻辑型运算符的功能从表中可以看出，也可以用以下文字叙述：

(1) NOT A，它的值刚好与 A 的值相反，是对 A 值的否定。

(2) A AND B，只有当两边同时为.T.，结果才为.T.，否则为.F.。

(3) A OR B，只有当两边同时为.F.，结果才为.F.，否则为.T.。

注意：在书写逻辑型运算符时要么两边加点，如 A.AND.B，要么运算符与操作数之间留空格，如 A AND B。

2. 逻辑型表达式

逻辑型表达式的运算，就是对操作数按照运算符的功能进行判断，其运算结果不是.T.就是.F.。那么在一个逻辑型表达式中可能各种运算符都存在，如 3+4>5.AND."A"<"a"，所以运算就有优先顺序：算术型运算符、字符型运算符、日期型运算符、关系型运算符，最后才是逻辑型运算符。另外适当使用圆括号，可以改变运算顺序。

例 2.15　在命令窗口执行以下命令，其中的性别、职称、婚否均为字段名：

```
X=50
?X>=20 AND X<=80 OR X>100, X<20 AND (X<=80 OR X>100)    &&结果为.T. .F.
?NOT X=50                                               &&结果为.F.
USE JBQK
LIST  FOR 性别="男" AND 职称="教授"        &&列出表中所有男教授的记录
LIST  FOR 性别="男" OR 职称="教授"         &&列出表中要么是男的，要么是教授的记录
LIST FOR NOT 婚否                          &&列出表中所有没有结婚的记录
```

```
LIST FOR NOT 性别="男" AND 职称="教授"          &&列出表中所有女教授的记录
LIST  FOR NOT(性别＝"男" AND 职称="教授")       &&列出表中除过男教授的所有记录
LIST  FOR "教授"$职称                           &&列出表中所有的教授和副教授的记录
```

2.3.6　小结

一个表达式属于什么类型，取决于运算符，运算符的类型决定了表达式值的类型。一个运算符两边的操作数的类型也很重要，首先其要与运算符的类型匹配，其次两边操作数的类型也应对应，否则会出现语法错误。为了使读者一目了然，通过表 2.5 做一总结。

表 2.5　运算符及表达式

运　算　符		操作数的类型	表达式值的类型
算术型	+、－、*、/、%、^|**	N	N
字符型	+、－	C	C
日期型	+、－	D、N	N、D
关系型	<、<=、>、>=、=、#!=、<>、$	任意型	L
逻辑型	NOT、AND、OR	L	L

2.4　常用函数

函数是事先编制好的一段程序，供用户使用。有了函数可以提高系统的运算能力，充分利用函数可以大大丰富系统的功能。对于函数的学习首先要搞清楚以下几个概念：

(1) 函数的执行结果将得到一个数据。

(2) 函数有一到多个参数(形参和实参)，用参数的目的是为了增加函数的通用性。

(3) 函数的分类，有两种：

从用户使用的角度可以分为系统函数和自定义函数：系统函数是系统为用户提供的；自定义函数是用户根据需要自己编制的一段程序。

从函数的功能及返回值可以分为数值型函数、字符型函数、日期和时间型函数、测试型函数和类型转换型函数。

(4) 使用函数时应该注意以下几点：函数必须带括号；函数的使用像一个数据，可以作为表达式的操作数来用；函数的形、实参数必须一一对应(形参决定实参)，即要个数对应、类型对应、顺序对应。

在 Visual FoxPro 中，系统提供了上百个函数，这里我们根据需要介绍一些常用的函数。对于用户自定义函数，将在程序设计中介绍。

2.4.1　数值型函数

数值型函数的参数一般是数值型，返回的值一般也是数值型。

1. 取绝对值函数

命令格式：ABS(N)

参数：N 是一个数值型表达式。

功能：对 N 求值，然后对表达式的值取绝对值，相当于数学中的 |N|。

例如：

```
X=90
?ABS(10-X),ABS(X+10)        &&结果为 80 100
```

2. 开平方根函数

命令格式：SQRT(N)

参数：N 是一个数值型表达式。

功能：对 N 求值，然后对表达式的值开平方，相当于数学中的 $\sqrt{N}$ 。

例如：

```
X=100
?SQRT(X-36),SQRT(3^2),SQRT(SQRT(16))     &&结果为 8、3、2
?SQRT(ABS(X-250))                        &&结果为 12.25
```

注意：若要对一个数开奇数次方，可以用乘方运算符。例如：

```
?8^(1/3)   &&结果为 2，相当于 8 开 3 次方
```

3. 取整函数

命令格式：INT(N)

　　　　　CEILING(N)

　　　　　FLOOR(N)

参数：N 是一个数值型表达式。

功能：INT( )，对 N 求值，舍去小数部分，返回整数部分；CEILING( )，对 N 求值，返回大于或等于表达式值的最小整数，相当于返回 N 的右边第一个整数；FLOOR( )，对 N 求值，返回小于或等于表达式值的最大整数，相当于返回 N 的左边第一个整数。

例如：

```
X=8.4
?INT(X),INT(-X)                  &&结果为 8、-8
?CEILING(X),CEILING(-X)          &&结果为 9、-8
?FLOOR(X),FLOOR(-X)              &&结果为 8、-9
N=98
? INT(N/10)+(N-INT(N/10)*10)*10  &&结果为 89，可以将 N 的十位和个位交换
```

4. 四舍五入函数

命令格式：ROUND(X,N)

参数：X 是一个数值型表达式，N 是一个整型表达式。

功能：对 X 求值，然后对 X 的值从第 N 位四舍五入，若 N>0，则小数点后第 N 位四舍五入；若 N<0，则整数部分第 N 位四舍五入。实质上把 X 的值看做在一个数轴上，N 是以小数点为界向两边数。

例如：

```
X=1255.44678
?ROUND(X,2),ROUND(X,0),ROUND(X,-2)        &&结果为 1255.45、1255、1300
```

```
USE  JBQK
LIST 姓名,ROUND(基本工资,-1)            &&对每个职工的工资从“元”位四舍五
                                        &&入(十元以下不发)
```

5. 求余函数

命令格式：MOD(X,Y)

参数：X 和 Y 均是数值型表达式。

功能：求 X 除以 Y 的余数，正负号与 Y 相同。实质上它与运算符“%”的功能相同，只是前者是函数，后者是运算符。同样也可以用前边叙述的“%”的式子计算 MOD( )的值。

例如：

```
X=5
Y=2
?MOD(X,Y),MOD(X, -Y),MOD(-X, -Y),MOD(X, -Y),MOD(X*10,Y*10)
                                              &&结果为 1 -1 -1 -1 10
?MOD(78.45,23.42)                             &&结果为 8.19
USE  JBQK
LIST  FOR  MOD(RECN(),5)=2     &&输出从 2 号记录开始的每间隔 5 条的记录
```

6. 求指数、对数函数

命令格式：EXP(X)

　　　　　LOG(X)

　　　　　LOG10(X)

参数：X 是一个数值型表达式。

功能：EXP( )，计算以 e 为底的 X 次幂，相当于数学中的 e^x；LOG( )，计算以 e 为底的自然对数，相当于数学中的 ln x，与 EXP( )互为逆运算；LOG10( )，计算以 10 为底的常用对数，相当于数学中的 lgx。

例如：

```
?EXP(1),EXP(1.0000),EXP(3)                 &&结果为 2.72、2.7183、20.09
?LOG(2.72),LOG(2.7183),LOG(20.09)          &&结果为 1.00、1.0000、3.00
?LOG10(100),LOG10(10^3)                    &&结果为 2.00、3.00。
```

7. 圆周率函数

命令格式：PI( )

参数：无参函数。

功能：就是数学中 π 的值。

例如：

```
?PI( ),PI( )*1.000000   &&结果为 3.14，3.141 592 65
```

8. 求最大、最小函数

命令格式：MAX(X1,X2[,X3...])

　　　　　MIN(X1,X2[,X3...])

参数：X1，X2，X3，...是任意型数据的表达式，但必须几个参数的类型一致，其中的参数格式至少 2 个。

功能：MAX( )，对多个参数的值求最大；

MIN( )，对多个参数的值求最小，若是字符型，需符合“排序序列”规则。

例如：

```
?MAX(8,9),MIN(8,9),MAX(MAX(10,9),8),MIN(8,MIN(9,10))      &&结果为 9 8 10 8
?MAX({^1989/09/12},DATE( )),MIN({^1989/09/12},DATE( ))     &&结果为当前日期
                                                           &&和 09-12-1989
?MAX("AB","ab"),MIN("AB","ab")                             &&结果为 AB ab
?MAX("自行车","火车","轮船"),MIN("自行车","火车","轮船")   &&结果为自行车，火车
```

2.4.2 字符型函数

字符型函数大多数的参数是字符型的，个别是数值型的。同样，函数的返回值大多数是字符型的，也有个别是数值型的。

1. 求字符串长度函数

命令格式：LEN(C)

参数：C 是一个字符表达式。

功能：求出 C 中的字符个数，返回一个数字，空格也是一个字符。

例如：

```
C="Visual FoxPro"
?LEN(C),LEN(C+"是关系型数据库")      &&结果为 13、27
USE  JBQK
?LEN(姓名)                           &&结果为 6，实质上求的是“姓名”字段的宽度
```

2. 生成空格字符串函数

命令格式：SPACE(N)

参数：N 是一个数字表达式。

功能：返回由 N 个空格组成的字符串。

例如：

```
X="学习"
?X+SPACE(2)+X+SPACE(3+1)+ "再"+X   &&结果为学习  学习    再学习
```

3. 删除空格函数

命令格式：TRIM(C) | RTRIM(C)

LTRIM(C)

ALLTRIM(C)

参数：C 是一个字符型表达式。

功能：TRIM( )，返回删除 C 尾部空格后的字符串；LTRIM( )，返回删除 C 前边空格后的字符串；ALLTRIM( )，返回删除 C 左、右空格后的字符串。

例如：

```
X="  ABCDE  "
    ? "789"+TRIM(X)+ "123"            &&结果为 789  ABCDE123
    ? "789"+LTRIM(X)+ "123"           &&结果为 789ABCDE  123
    ? "789"+ALLTRIM(X)+ "123"         &&结果为 789ABCDE123
USE  JBQK
    ?TRIM(姓名)+ "是"+性别+"的。"
    ?TRIM(姓名)+ "的工资是："+LTRIM(STR(基本工资,8,2))   &&结果为陈红的工资
                                                      &&是：370.00
```

注意：以上三个函数主要是在组成一个完整的字符串时，若参数是一个变量，而不知其中的字符串左右空格数的情况下使用。

4. 求子串函数

命令格式：LEFT(C,n)

RIGHT(C,n)

SUBSTR(C,n1[,n2])

参数：C 是一个字符型表达式，n、n1 和 n2 是数字型表达式。其中 n 和 n2 表示个数，n1 表示起点。

功能：LEFT( )，返回 C 中左边的 n 个字符；RIGHT( )，返回 C 中右边的 n 个字符；SUBSTR( )，返回 C 中从 n1 开始的 n2 个字符，若省去 n2，则返回从 n1 开始到 C 结束的字符，若 n2 的值大于 C 剩余字符，也返回从 n1 开始到 C 结束的字符。

例如：

```
X="ABCDEFG"
Y="好好学习"
?RIGHT(Y,4)+LEFT(Y,4),SUBSTR(Y,3,4)              &&结果为 学习好好 好学
?SUBSTR(X,2,4),SUBSTR(X,2),SUBSTR(X,2,10)        &&结果为 BCDE BCDEFG BCDEFG
USE JBQK
LIST FOR RIGHT(TRIM(姓名),2)="刚"                 &&结果是人名的最后一个字是“刚”的
LIST FOR SUBSTR(姓名,3,2)= "玉"                   &&结果是人名的第二个字是“玉”的
```

5. 生成重复字符函数

命令格式：REPLICATE(C,N)

参数：C 是一个字符型表达式，N 是一个数字型表达式。

功能：返回把 C 重复 N 次的一个字符串，新字符串的字符个数是 C 中字符个数乘以 N。

例如：

```
C="AB"
?REPLICATE(C,3),REPLICATE("+", 3)+REPLICATE(X,3)   &&结果为 ABABAB+++ABABAB
USE JBQK
DISP OFF
?REPLICATE("**", RECSIZE( ))               &&生成一个长度为记录长度 2 倍的“*”字符串
```

6. 求子串位置函数

命令格式：AT(C1,C2[,n])

　　　　　ATC(C1,C2[,n])

参数：C1 和 C2 都是字符型表达式，C1 可以看成子串，n 是一个数字表达式。

功能：AT( )，判断 C1 是否在 C2 中，若不在则返回 0；若在则返回 C1 在 C2 中的起始位置。n 表示 C1 在 C2 中是第 n 次出现的，若省去，默认为第一次。ATC( )与 AT( )功能基本相同，区别是 ACT( )不区分字母大小写，而 AT( )要区分大小写。

例如：

```
C="ABCDEFABCDWERABCSDF"
?AT("ab",C),AT("AC",C),AT("AB",C),AT("AB",C,3)      &&结果为 0、0、1、14
?ATC("ab",C,2)                                       &&结果为 7
USE JBQK
LIST   FOR   AT("王",姓名)>0                         &&列出名字中含“王”的所有记录
```

7. 计算子串出现次数函数

命令格式：OCCURS(C1,C2)

参数：C1 和 C2 都是字符型表达式，C1 可以看成子串。

功能：返回 C1 在 C2 中出现的次数，得到一个数字，若不在 C2 中，则返回 0。

例如：

```
X="ABCDCDFGABCDERTABCDWERT"
    ?OCCURS("AB",X),OCCURS("C",X),OCCURS("ab",X)   &&结果为 3、4、0
```

8. 子串替换函数

命令格式：STUFF(C1, n1,n2,C2)

参数：C1 和 C2 是字符串，C2 可以看成子串，n1 和 n2 都是数值型，n1 表示起点，n2 表示被替换的字符个数。

功能：用 C2 中的字符，在 C1 中从 n1 开始替换 n2 个字符。C2 中字符个数可以与 n2 不同，若 n2 为 0，表示插入 C2 字符串；若 C2 为空，表示删除 n2 个字符。

例如：

```
C="ABCDEFG"
?STUFF(C,2,3, "1234")        &&结果为 A1234EFG，用 4 个字符替换 3 个字符
?STUFF(C,2,0, "1234")        &&结果为 A1234BCEDFG，插入 4 个字符
?STUFF(C,2,3, "")            &&结果为 AEFG 删除 3 个字符
```

9. 字符替换函数

命令格式：CHRTRAN(C1,C2,C3)

参数：C1、C2、C3 均是字符串，C2 和 C3 可以看成子字符串。

功能：当 C1 中的一个或多个字符与 C2 中的某个字符相匹配时，就用 C3 中对应位置字符替换这些字符。若 C3 中字符个数少于 C2 中字符个数，那么将 C1 中相匹配的字符删除；若 C3 中字符个数多于 C2 中字符个数，则多余的字符被忽略。

例如：

```
C="ABCDABCDACD"
?CHRTRAN(C, "ABC","123")    &&结果为 123D123D13D，C2 和 C3 大小一样
?CHRTRAN(C, "ABC","12")     &&结果为 12D12D1D，C3 字符个数少于 C2 字符个数，
                            &&对应字符被删除
?CHRTRAN(C, "AB","123")     &&结果为 12CD12CD1CD，C3 字符个数多于 C2 字
                            &&符个数，多余的被忽略
```

2.4.3 日期和时间型函数

日期和时间型函数的参数一般是日期或日期时间型，而函数返回的值有日期或日期时间型，还有个别是字符型或数值型。

1. 系统日期和时间函数

命令格式：DATE( )

TIME( )

DATETIME( )

参数：上述三个函数均是无参函数。

功能：DATE( )，返回系统当前的日期(D)，日期格式取决于设置，系统默认是“美语”式；TIME( )，返回系统当前的时间，格式为小时:分:秒，是一个字符串(C)；DATETIME( )，返回系统当前的日期和时间，是日期时间型(T)。

例如：

```
D=DATE( )
C=TIME( )
T=DATETIME( )
?D,C,T           &&结果为 06-03-2006、23:26:08、06-03-2006 23:28:09
?D+10,T+10       &&结果为 06-13-2006、06-03-2006 23:28:19
USE  JBQK
LIST  姓名,INT((DATE( )-出生年月)/365)  &&列出表中每个人的实际年龄
```

2. 求年、月、日函数

命令格式：YEAR(D)

MONTH(D)

DAY(D)

参数：D 是一个日期型表达式。

功能：YEAR( )，从日期中返回对应的年，得到一个数字；MONTH( )，从日期中返回对应的月，得到一个数字；DAY( )，从日期中返回对应月的日期，得到一个数字。

例如：

```
D={^2006/05/31}
?YEAR(D),MONTH(D),DAY(D)                &&结果为 2006、5、31
?YEAR(D+1),MONTH(D+1),DAY(D+1)          &&结果为 2006、6、1
? YEAR(D)+1,MONTH(D)+1,DAY(D)+1         &&结果为 2007、6、32
```

注意：给 D 加 1 和函数返回值再加 1 是有区别的。

3. 求星期函数

命令格式：DOW(D)
　　　　　CDOW(D)

参数：D 是一个日期型表达式。

功能：DOW( )，从日期中返回对应的星期几，得到一个 1～7 中的数字，星期日是 1；CDOW( )，从日期中返回对应星期的英文名字。

例如：

```
D={^2006/06/06}
?DOW(D),CDOW(D)                &&结果为 3、Tuesday
?DOW(D+1),CDOW(D+1)            &&结果为 4、Wednesday
```

4. 求时、分、秒函数

命令格式：HOUR(T)
　　　　　MINUTE(T)
　　　　　SEC(T)

参数：T 是一个日期时间型表达式。

功能：HOUR( )，从 T 中返回对应的小时，得到一个数字(0～23)；MINUTE( )，从 T 中返回对应的分钟，得到一个数字(0～59)；SEC( )，从 T 中返回对应的秒，得到一个数字(0～59)。

例如：

```
T={^2006/09/09 23:09:23}
?HOUR(T),MINUTE(T),SEC(T)                  &&结果为 23、9、23
?HOUR(T+1),MINUTE(T+1),SEC(T+1)            &&结果为 23、9、24
?HOUR(T)+1,MINUTE(T)+1,SEC(T)+1            &&结果为 24、10、24
```

2.4.4 测试型函数

测试型函数的参数各种类型可能都有，但函数返回值的类型大部分是逻辑型，有个别是数值型。

1. 表文件记录测试函数

表文件记录测试函数与表文件的操作及当前记录有关，在某一时刻对一个表的当前记录只有一个，把它叫记录指针，或当前记录号。对于记录指针的其他概念在记录指针定位一节再做详述。

命令格式：BOF([n])
　　　　　EOF([n])

参数：n 是一个数字表达式，指该表所在的工作区的区号，若省去，表示当前区。

功能：BOF( )，测试指定工作区中表文件的记录指针是否在文件头，若在，返回逻辑值.T.，否则返回逻辑值.F.；EOF( )，测试指定工作区中表文件的记录指针是否在文件尾，若在，返回逻辑值.T.，否则返回逻辑值.F.。

注意：文件头，是表顶(TOP)之前，文件尾是表底(BOTTOM)之后。一个表刚打开，记录指针默认在顶或第一条记录(没有索引文件)。一般用这两个函数作为条件控制循环对表中记录进行有关的操作。

例如：

```
USE   JBQK
?BOF( ),EOF( )       &&结果为  .F.、.F.，说明既不在文件头，也不在文件尾，刚打
                     &&开在第一条记录上
SKIP   -1            &&指针向前移动一条
?BOF( ),EOF( )       &&结果为  .T.、.F.
GOTO   BOTT          &&指针移动到最末一条记录上
?BOF( ),EOF( )       &&结果为  .F.、.F.。说明既不在文件头，也不在文件尾，最末
                     &&一条记录不是文件尾
SKIP                 &&指针向后移动一条
?BOF( ),EOF()        &&结果为  .F.、.T.
COPY   STRUCT   TO   JBQK1   &&将“JBQK”表的结构拷贝生成“JBQK1”
USE   JBQK1
?BOF( ),EOF( )       &&结果为  .T.、.T.，既在文件头，又在文件尾，说明该
                     &&表没有记录
```

2. 表当前记录测试函数

命令格式：RECNO([n])

参数：n 是一个数字表达式，指该表所在的工作区的区号，若省去，表示当前区。

功能：返回指定区中表的当前记录号，是一个数字。若指定区中无表打开，返回值为 0。系统规定，文件头的记录号为 1，文件尾的记录号是表中记录个数加 1。

例如：

```
USE   JBQK                   &&设该表有 16 条记录
?BOF( ),EOF( ),RECNO( )      &&结果为 .F.、.F.、1
SKIP -1
?BOF( ),EOF( ),RECNO( )      &&结果为 .T.、.F.、1
SKIP   80                    &&移动超过所余记录个数，将指针定位文件尾，且
                             &&一旦到文件头或尾就不能再向两头移动
?BOF( ),EOF( ),RECNO( )      &&结果为 .F、.T.、17
```

3. 表记录个数测试函数

命令格式：RECCOUNT([n])

参数：n 是一个数字表达式，指该表所在的工作区的区号，若省去，表示当前区。

功能：返回指定区中表的记录个数，是一个数字。若指定区中无表打开，返回值为 0。返回的记录个数是物理存在的个数，与是否有逻辑删除的记录无关。

例如：

```
USE   JBQK          &&设表中有 16 条记录
```

```
X=RECCOUNT( )                &&把记录个数赋给 X
?X+2                         &&结果为 18，说明是数值型
GOTO   3
DELETED   NEXT 2             &&2 条记录逻辑删除
?RECCOUNT( )                 &&结果还是 16
```

4. 记录删除测试函数

命令格式：DELETED([n])

参数：n 是一个数字表达式，指该表所在的工作区的区号，若省去，表示当前区。

功能：测试指定区中表的当前记录是否被逻辑删除(有无删除标记“*”)，返回一个逻辑值，若删除则为.T.，否则为.F.。

例如：

```
USE JBQK
?DELETED( )                          &&结果为.F.，说明 1 号记录没有被逻辑删除
GOTO 3
? DELETED( )                         &&结果为.T.，说明 3 号记录已被逻辑删除
LIST   FOR   DELETED( )              &&列出已被逻辑删除的记录
LIST   FOR   NOT DELETED( )          &&列出所有没被逻辑删除的记录
```

5. 值域测试函数

命令格式：BETWEEN(e,e1,e2)

参数：e、e1、e2 是任意型表达式，但三个的类型必须统一。

功能：判断 e 是否在 e1 和 e2 之间，返回一个逻辑值，若是为.T.，若不是为.F.。相当于判断数学中的 e1≤e≤e2 是否成立。

例如：

```
X=60
?BETWEEN(X,20,80),BETWEEN (X+30,20,80)                   &&结果为 .T.   .F.都是数值型
?BETWEEN("AB","AB","Z"),BETWEEN ("AB","ABC","XYZ")       &&结果为 .T.   .F.，都是字符型
?BETWEEN (DATE( ),DATE( )-10,DATE( )+10)                 &&结果为 .T.都是日期型
?BETWEEN (.T.,.F.,.T.)                                   &&结果为 .T.都是逻辑型
USE   JBQK
LIST   FOR   BETWEEN (基本工资,300,500)     &&列出基本工资在 300 到 500 之间的记录。
                                           &&相当于表达式“基本工资>=300AND
                                           &&基本工资<=500”
```

6. 空值测试函数

命令格式：ISNULL(X)

参数：X 是一个变量或是一个字段名字。

功能：判断 X 的值是否为空值(NULL)(空值也是一个值)，返回一个逻辑值，若是 NULL 值为.T.，否则为.F.。一般用于测试一个字段中的值是否为空值(对应字段允许输入 NULL 值)。

例如：

```
X=.NULL.
?ISNULL(X)          &&结果为 .T.
USE  DGD   &&打开一个表名为订购单的表(DGD)，内容见表 2.6。
LIST  FOR  ISNULL(供应商号)               &&列出没有供应商的所有记录
LIST  FOR  NOT  ISNULL(供应商号)          &&列出已经有订购单的所有记录
```

表 2.6　订购单(DGD)

记录号	职工号	供应商品	订购单号	订购日期	总金额
1	E3	S7	or67	06-23-2001	35 000
2	E1	S4	or73	07-28-2001	12 000
3	E7	S4	or76	05-25-2001	7250
4	E6	.NULL.	or77	.NULL.	6000
5	E3	S4	or79	06-13-2001	30 050
6	E1	.NULL.	or80	.NULL.	25 600
7	E3	.NULL.	or90	.NUL.	7690
8	E3	S3	or91	07-13-2001	12 560

7. “空”值测试函数

命令格式：EMPTY(e)

参数：e 是一个任意型表达式。

功能：测试 e 的值是否“空”，返回一个逻辑值，若是真为.T.，若是假为.F.。

注意：此处的“空”与上边的空值是有区别的，空值是一种值，而“空”对于不同类型的数据有不同的规定，如表 2.7 所示。

表 2.7　不同类型“空”的规定

数据类型	“空”值	数据类型	“空”值
数值型、货币型、整型、浮点型、双精度型	0	日期型	空的，相当于 CTOD(")
		日期时间型	空的，相当于 CTOT(")
		逻辑型	.F.
字符型	空串、空格、制表符、回车、换行	备注型	无内容(memo)，有内容(Memo)
		通用型	无内容(gen)，有内容(Gen)

例如：

```
X=0
?EMPTY(X),EMPTY(" "),EMPTY(CTOD(" "))          &&结果为 .T.、.T.、.T.
```

8. 数据类型测试函数

命令格式：VARTYPE(e)

参数：e 是一个任意型表达式，也可以是字段名。

功能：测试 e 值的类型，返回字符型的值，得到一个英文字母，代表 e 的类型。若返回字母“U”，说明被测试值未定义。该函数与较前版本的“TYPE( )”函数功能相同，不同的是其中的参数要带引号。各字母代表的类型如表 2.8 所示。

表 2.8　字母代表数据类型

数据类型	返回字母	数据类型	返回字母
字符、备注	C	通用型	G
数值类	N	日期型	D
货币型	Y	日期时间型	T
逻辑型	L	空值 NULL	X
对象型	O	未定义	U

例如：

```
X=10
Y="ABC"
Z=DATE( )
A=$20.3
B=3<4
?VARTYPE(X),VARTYPE(Y),VARTYPE(Z),VARTYPE(A),VARTYPE(B),VARTYPE(C) &&结果为 N、C、D、Y、L、U
```

9. 条件测试函数

命令格式：IIF(L,e1,e2)

参数：L 是一个逻辑表达式，e1 和 e2 是任意型表达式。

功能：对 L 求值，然后判断其值，若为.T.则返回 e1 的值，若为.F.则返回 e2 的值。该函数返回值的类型取决于 e1 和 e2 的类型，而 e1 和 e2 的值可以不相同。该函数在根据条件给某个变量赋值时可以代表一段程序。

例如：

```
A=10
B=80
?IIF(A<B,A,B)                  &&结果为 10，在 A 和 B 中选小的
?IIF(A>B,DATE()，"您好")        &&结果为您好，类型不同
X=30
Y=IIF(X>=0,IIF(X>0,1,0),-1)    &&结果 1，相当于数学中的符号函数
```

10. 测试工作区函数

命令格式：SELECT( )

参数：这是一个无参函数。

功能：测试当前工作区，返回一个数字。函数值的范围是 1～32 767，系统的初始状态是 1 号区。

例如：

```
?SELECT( )  &&结果为 1
SELECT 8
?SELECT( )  &&结果为 8
```

11. 测试工作区别名函数

命令格式：ALIAS([n])

参数：n 是一个数值型表达式，它的值表示指定的工作区号，若省去，表示当前工作区。

功能：返回指定工作区的别名，是一个字符串，若没有别名则返回空。别名可以是该区中的表名，也可以在打开表时指定别名。

例如：

```
UES  JBQK  IN  2  ALIAS  QQ        &&在 2 号区打开表“JBQK”的同时指定
                                   &&区别名为“QQ”
? ALIAS(2)                         &&结果为 QQ
USE  GZ  IN  3                     &&在 3 号区打开“GZ”表
?ALIAS(3)                          &&结果为 GZ，把表名作为区别名
X=ALIAS( )
?VARTYPE(X)                        &&结果为 C，说明返回的是字符型
```

12. 测试表记录个数函数

命令格式：RECCOUNT([n])

参数：n 表示指定工作区号，若省去则为当前区。

功能：测试第 n 个工作区中表的记录数，返回一个数字。

例如：

```
USE JBQK
? RECCOUNT( )     &&结果为 19
```

2.4.5 类型转换型函数

在进行运算时，表达式中数据的类型要符合运算符的要求，若类型不匹配，就需要转换。而类型转换型函数的功能就是将一种类型的数据转换成另一种类型。其中，有些函数两两互为逆运算。

1. 宏替换函数

命令格式：&C[.]

参数：C 是一个字符型变量名，“.”是一个分隔符。

功能：将 C 的内容替换出来，返回 C 值的类型。

例如：

```
X="12"
?&X+88     &&结果为 100，将 X 的内容置换出是一个数字 12，与 88 相加
X="A"
A=80
?&X+20     &&结果为 100，将 X 的内容置换出是一个变量 A，与 80 相加
XY=180
A="X"
```

```
?&A.Y          &&结果为 180，注意“.”分隔符的用法
ACCEPT  “输入表名”  TO  BM        &&通过键盘输入表名
USE  &BM  &&打开名为“JBQK”的表，这样在编程时，对表操作的程序较通用
```

2. 数值转换成字符串

命令格式：STR(X[,n1[,n2]])

参数：X 是一个数值型的表达式，n1 和 n2 均是一个整型数据，n1 表示位数，n2 表示小数位数。

功能：将 X 的值转换成 n1 位字符串，其中小数后保留 n2 位，小数点也占一位。在转换时自动四舍五入，若省去 n1 和 n2，则只对整数部分转换，返回 10 位的一个字符串；若指定 n1 大于实际数据位数，则在左边加空格；若指定 n1 小于实际数据位数，则优先满足 X 的整数部分；若 n1 都小于整数部分则返回 n1 个星号“*”。

例如：

```
X=-234.6789
?LEN(STR(X)),STR(X)                    &&结果为 10、-235
?STR(X,11,2),STR(X,5),STR(X,3)         &&结果为-234.68、-235、***
```

3. 字符串转换成数值函数

命令格式：VAL(C)

参数：C 是一个字符表达式。

功能：将 C 的内容转换成数值型，而 C 的内容中要有数字或前边含数字，否则返回 0。

例如：

```
C="234.567"
?VAL(C),VAL(C+"ABC"),VAL("ABC"+C)    &&结果为 234.57、234.57、0.00
?VAL("ABCD"),VAL("AB23CD")           &&结果为 0.00、0.00
```

注意：STR( )函数和 VAL( )函数互为逆运算。

4. 字符转换成日期或日期时间函数

命令格式：CTOD(C)

　　　　　CTOT(C)

参数：C 是一个日期型或日期时间型的字符串，可以叫 DC 或 TC。

功能：CTOD( )将 C 的内容转换成日期型数据；CTOT( )将 C 的内容转换成日期时间型数据。

返回的日期格式与 SET DATE TO 的设置有关。其中的年份若是两位，则与 SET CENTURY TO 的设置有关。默认状态下，若年份是小于 51 的两位数字，则属于 21 世纪(20 开始)；若年份是大于等于 51 的两位数字，则属于 20 世纪(19 开始)。所以在输入年份时，系统的默认状态下，若年份小于 51，需输入四位年，以免造成不必要的错误。

例如：

```
?DATE( )                  &&结果为 05-12-2006，系统默认的月-日-年
SET  DATE  TO  YMD        &&设置为年-月-日
DC="32/09/12"
```

```
?CTOD(DC)                    &&结果为 2032-09-12
SET  CENTURY  TO  19  ROLLOVER  31        &&设置从 1930 年开始
?CTOD(DC)                    &&结果为 1932-09-12.
?CTOT(DC+' '+TIME( ))        &&结果为 1932-09-12  14:32:48
SET CENTURY  TO              &&从 20 世纪开始
?CTOT(DC+' '+TIME( ))        &&结果为 2032-09-12  14:32:48
```

5. 日期或日期时间转换成字符

命令格式：DTOC(D|T[,1])

TTOC(T[,1])

参数：D 是一个日期型表达式，T 是一个日期时间型表达式，1 是一个常量，它取决于转换后的格式。

功能：DTOC( )将 D 转换成一个字符串；TTOC( )将 T 转换成一个字符串。

在转换时，若有可选项，年份总是四位，对于 DTOC( )，格式为 YYYYMMDD，共 8 位；对于 TTOC( )，格式为 YYYYMMDDHHMMSS，共 14 位。若没有可选项，转换后的格式与 SET CENTURY ON|OFF 有关，OFF 年份为 2 位，ON 年份为 4 位。

例如：

```
D=DATE( )
T=DATETIME( )
SET  CENTURY  OFF
?DTOC(D),TTOC(T)          &&结果为 05-11-06、05-11-06 14:12:09
?DTOC(D,1),TTOC(T,1)      &&结果为 20060511、20060511141209
SET  CENTURY  ON
?DTOC(D),TTOC(T)          &&结果为 05-11-2006、05-11-2006 14:12:09
?DTOC(D,1),TTOC(T,1)      &&结果为 20060511、20060511141209
```

注意：CTOD( )与 DTOC( )互为逆运算函数，CTOT( )与 TTOC( )互为逆运算函数。

6. 字母大小写转换函数

命令格式：LOWER(C)

UPPER(C)

参数：C 是一个字符表达式。

功能：LOWER( )将 C 中原来是大写的字母转换成小写，原来小写或非字母的不变；UPPER( )将 C 中原来是小写的字母转换成大写，原来大写或非字母的不变。

例如：

```
C="ABCdef123"
?LOWER(C) ,UPPER(C)        &&结果为 abcdef123、ABCDEF123
```

7. 字符转换成 ASIIC 码值函数

命令格式：ASC(C)

参数：C 是一个字符表达式。

功能：将 C 的内容的第一个字符转换成对应的 ASIIC 码值。

例如：

```
C="ABCabc"
?ASC(C),ASC(RIGHT(C,3))   &&结果为 65、97
```

8. ASIIC 码值转换成字符函数

命令格式：CHR(N)

参数：N 是一个数值表达式。

功能：将 N 的内容转换成对应的 ASIIC 码值的字符，N 的取值范围为 0～255。

例如：

```
N=65
?N,CHR(N),N+32,CHR(N+32)          &&结果为 65、A、97、a
?CHR(48),CHR(57)                  &&结果为 0、9
```

习 题 二

一、填空题

1. 刚定义的数组每个元素的值是__________________。

2. 一个数组 X 的第一个元素是 80，第二个是 100，第三个是 110，执行 X+20 后的值是____________。

3. RELEASE　ALL　EXCEPT X? 的功能是________________。

4. 对应数学式子 $\frac{30+50}{3\times5}$ 的表达式是__________________。

5. 计算 7.5%-2.3 表达式的值为__________________。

6. 计算“Visual "+"FoxPro "-"程序设计”的结果为____________________。

7. 两个日期只能减，得到一个_______________，不能__________________。

8. 在排序序列默认时，执行? "A">"a"的结果为_____________________。

9. 在 SET EXACT on 时，执行? "ABC"= ="ABC"的结果为______________。

10. 对应数学式子 30≤X≤80 的表达式是__________________。

11. 执行? MOD(10,-3),MOD(-10,3)的值是___________________。

12. 执行? MAX(.T.,.F.)的值是________________。

13. 若打开一个表，执行?BOF( ), EOF( )的值都为逻辑.T.，说明____________，若都为逻辑 .F.，又说明__________________。

14. TIME( )函数返回值的类型是________________。

15. 执行?LEN(STR(789.234))的结果是_______________。

16. 执行?VAL(STR(234.567))后的结果是____________型。

17. 执行?CHRTRAN(256)会出现_________________。

二、判断题

1. 凡是能使用简单内存变量的地方都可以使用数组。

2. 内存变量通过再次赋值，只能改变内容。

3. 在命令窗口执行 QUIT 命令后，再启动数据库，原来的内存变量都被清除了。

4. 一个日期可以加或减一个数字，也可以一个数字加或减一个日期。

5. 若有字段名为“姓名”，在 SET EXACT off 状态，姓名="王"和"王"$姓名的功能相同。

6. 逻辑表达式 性别="男" AND 性别="女"正确。

7. 在 IIF( )函数中几个参数的类型必须一致，而且可以代表一段程序。

三、选择题

1. 表文件中的字段名是一种(　　)。

A) 变量　　B) 常量　　C) 函数　　D) 运算符

2. 设 X="34"，表达式(　　)正确。

A) &"X"　　B) &X+20

C) &23　　D) &(X+20)

3. 在下列表达式中，运算结果一定是逻辑型的是(　　)。

A) 字符运算　　B) 数值运算

C) 日期运算　　D) 关系运算

4. 执行命令 N="20+80"，再执行?N,&N，其结果是(　　)。

A) 100　100　　B) 100　20+80

C) 20+80　100　　D) 20+80　20+80

5. 设当前表有 16 条记录，在当前记录号为 1、EOF( )为真、BOF( )为真时，分别执行?RECN( )的结果是(　　)。

A) 1　16　1　　B) 1　17　1

C) 1　17　0　　D) 1　16　0

6. 在一个表达式中，有算术型运算符、关系型运算符和逻辑型运算符，那么运算的顺序是(　　)。

A) 先算术运算，后关系运算，再逻辑运算

B) 先关系运算，后算术运算，再逻辑运算

C) 先逻辑运算，后算术运算，再关系运算

D) 自左向右按顺序运算

7. 下列对于日期的运算不正确的是(　　)，设 D=DATE( )。

A) D+20　　B) D-20

C) D-{^1987/09/20}　　D) D-{^1989/02/30}

第 3 章　Visual FoxPro 数据库、表的基本操作

本章介绍 Visual FoxPro 项目和项目管理器、数据库以及表的建立和操作，包括建立和管理数据库、建立和使用表以及索引、数据完整性等方面的内容。

3.1　项目和项目管理器

项目是一种文件，用于组织和管理创建应用系统所需要的所有程序、表单、菜单、库、报表、标签、查询和一些其他类型的文件，即项目就是文件、数据、文档和 Visual FoxPro 对象的集合。项目管理器是 Visual FoxPro 中处理数据和对象的主要组织工具，它为系统开发者提供了极为便利的工作平台，提供了简便、可视化的方法来组织和处理项目中的各种对象，在项目管理器中还可以将应用系统编译成一个扩展名为 .app 的应用文件或 .exe 的可执行文件。

项目管理器是 Visual FoxPro 应用程序开发过程中所有对象与数据的控制中心。项目管理器是用来生成项目文件的，其中项目文件的扩展名为 .pjx，项目备注的扩展名为 .pjt。

1. 创建项目文件

创建项目文件常常使用“新建”对话框和命令两种方法。

方法一：用“新建”对话框创建项目文件。

(1) 使用“文件/新建”命令或单击“常用”工具栏上的“新建”按钮，打开如图 3.1 所示的“新建”对话框。

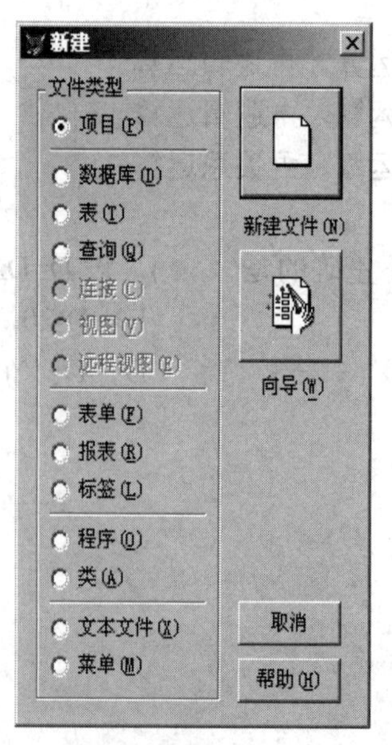

图 3.1　“新建”对话框

(2) 选择文件类型为"项目"，然后单击"新建文件"按钮，打开如图3.2所示的"创建"对话框。

(3) 在"创建"对话框中，输入项目文件名并选择文件存放路径，如图3.2中指明了该项目文件存放在"vfp练习"文件夹中，并命名为"学绩管理"。

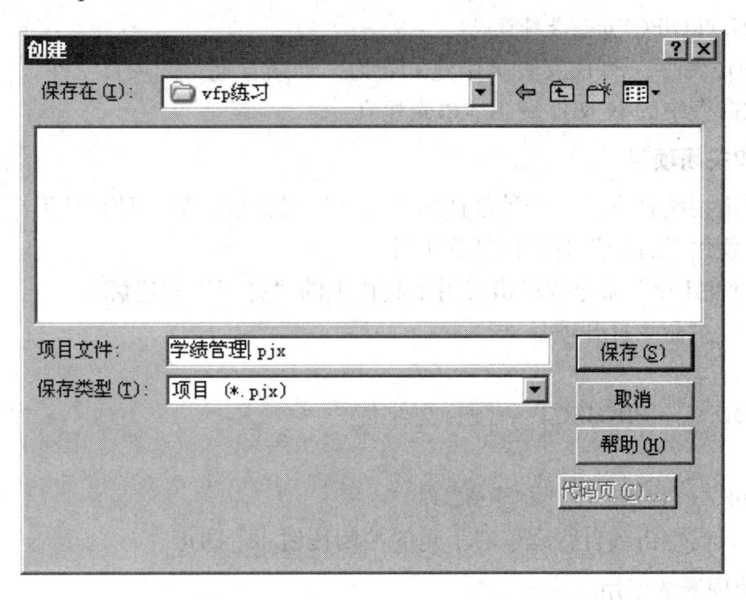

图3.2　"创建"对话框

(4) 单击"保存"按钮，该文件就会按指定的路径和文件名创建一个项目文件。此时就会出现如图3.3所示的项目管理器，主菜单栏上也增加了项目(Project)菜单。

注意：如果在"创建"对话框中不指明存放的路径，则该文件就会保存在Visual FoxPro默认的保存路径中。

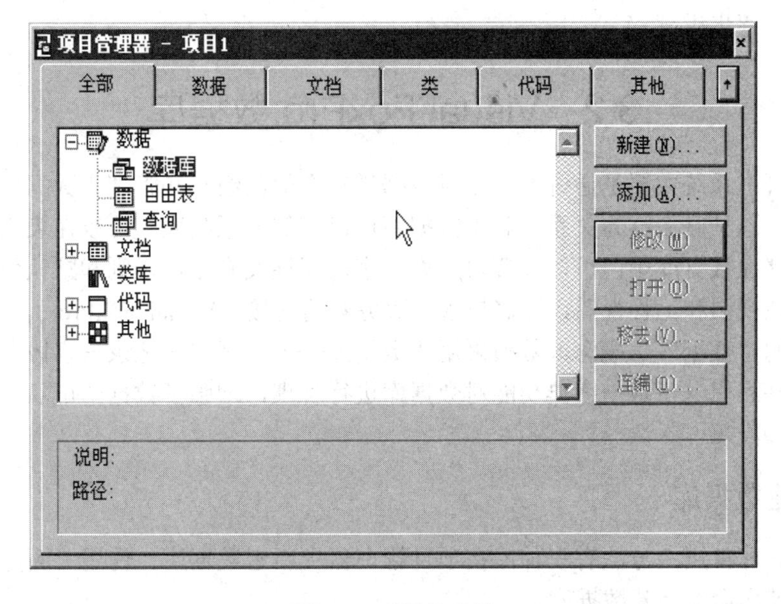

图3.3　项目管理器

方法二：用命令创建项目文件。

命令格式：

CREATE　PROJECT　项目文件名

例如，执行命令：

CREATE PROJECT d:\lx\学绩管理

即可在 D 盘中已经存在的 lx 文件夹中建立名为“学绩管理”的项目文件。

注意：此命令中的 lx 文件夹必须事先建立。

2. 打开和关闭项目

打开项目常用两种方法：一种是使用“打开”对话框，另一种是使用命令。

方法一：使用“打开”对话框打开项目。

使用“文件/打开”命令或单击常用工具栏上的“打开”按钮。

方法二：使用命令打开项目。

命令格式：

MODIFY　PROJECT　项目文件名

例如：

MODIFY　PROJECT　d:\lx\学绩管理

关闭项目只需单击项目管理器右上角的关闭按钮 即可。

3. 项目管理器的使用

可以利用项目管理器来创建、打开、浏览、修改所有 Visual FoxPro 文件并运行其中的表单、报表、标签、菜单、程序等。特别是可以利用它来连编项目(追踪这些文件的变化情况，包括它们之间的相关性、引用、连接等，从而确保引用的完整，并加入自上次连编之后更新了的一些组件)、应用程序(扩展名为 .app，在 Visual FoxPro 环境下执行)和可执行文件(扩展名为 .exe，能脱离 Visual FoxPro 环境执行)。有关项目管理器的具体使用方法将在以后各章节中逐步讲解。

3.2　Visual FoxPro 数据库

数据库管理系统主要是通过数据库对数据进行有效的组织和管理。数据库中各表之间是有联系的，这种联系称为关系。利用数据库可以存储一系列表；可以在表之间建立永久关系，并存储在数据库中；可以设置表属性、字段属性及有效性规则和默认值；还可以建立和存储本地视图和远程视图，存储与远程服务器的连接。Visual FoxPro 引入了大型数据库管理系统的“数据库”概念，数据采用“数据库—表与视图—记录—字段”的逻辑结构进行存储，并且引入了数据字典功能对数据库进行管理，增强了数据的可靠性、一致性和完整性。

3.2.1　新建数据库

新建数据库常用的方法有三种：在项目管理器中新建数据库；使用“新建”对话框新建数据库和使用命令新建数据库。

方法一：在项目管理器中新建数据库。

(1) 在项目管理器中选择“数据”选项卡中的“数据库”，单击“新建”按钮。

(2) 在“新建数据库”对话框中单击“新建数据库”按钮。

(3) 在弹出的“创建”对话框中输入文件的路径和名称，单击“新建”命令按钮，弹出“数据库设计器”窗口，如图 3.4 所示。

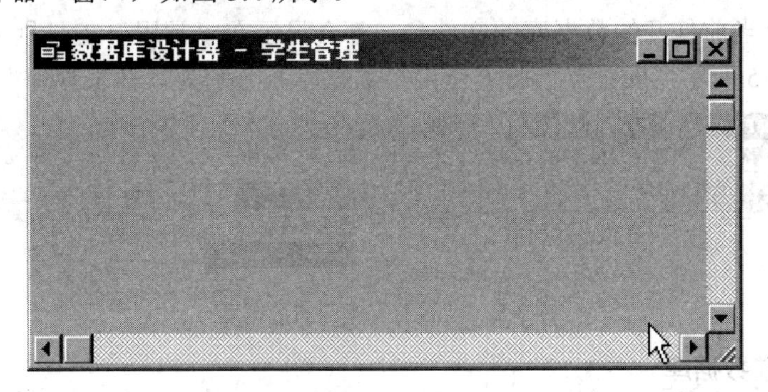

图 3.4　“数据库设计器”窗口

方法二：使用“新建”对话框新建数据库。

(1) 使用“文件/新建”命令或单击常用工具栏上的“新建”命令按钮。

(2) 在“新建”对话框的文件类型选项中选“数据库”，单击“新建”命令按钮。

(3) 系统弹出一个“创建”对话框，在其中选择文件的存放路径和输入文件名称，单击“新建”按钮，就会出现“数据库设计器”窗口。

方法三：使用命令新建数据库。

命令格式：

```
CREATE    DATABASE 数据库名
```

例如：

```
CREATE    DATABASE   d:\lx\学生管理
```

使用命令建立数据库不会打开“数据库设计器”窗口。

数据库一经建立就会在指定的文件夹中生成三个文件，即数据库文件(扩展名为 .dbc)、数据库备注文件(扩展名为 .dct)和数据库索引文件(扩展名为 .dcx)。

3.2.2　打开和关闭数据库

1. 打开数据库文件

在对数据库操作时必须先打开数据库，打开数据库常用的方法有三种：在项目管理中打开数据库；使用“打开”对话框打开数据库和使用命令打开数据库。

方法一：在项目管理器中，单击某个未打开数据库左侧的“+”使其变为“-”，该数据库就会打开。

方法二：使用“打开”对话框打开数据库。

(1) 使用“文件/打开”命令或单击常用工具栏上的“打开”按钮。

(2) 在“打开”对话框中给出库文件名，并指明保存位置。

(3) 单击“确定”按钮。

注意：在“打开”对话框中，Visual FoxPro 的文件类型为“项目”，因此，在打开数据库时需指明文件类型为“数据库”文件。

方法三：使用命令打开数据库。

命令格式：

OPEN　DATABASE 数据库名

注意：凡是当前打开的数据库的文件名，都会显示在“常用”工具栏上的数据库下拉列表中。如图 3.5 所示，表示当前打开了两个数据库，分别为“学生管理”和“数据 2”。

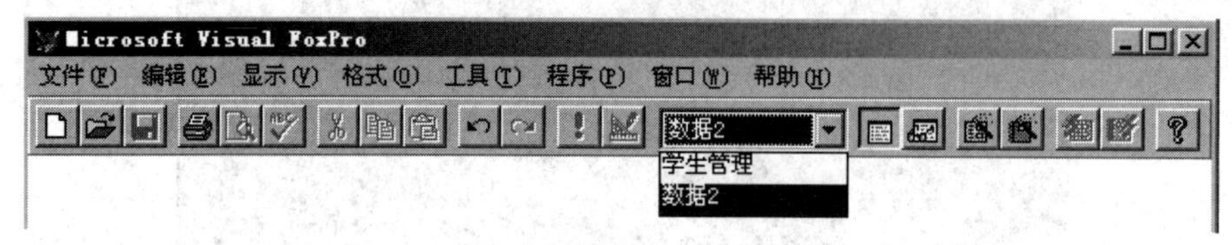

图 3.5　显示当前打开的数据库

2. 设定当前数据库

在同一时刻，Visual FoxPro 允许打开多个数据库，但当前数据库只有一个，也就是说所有作用于数据库的命令或函数都是对当前数据库而言的。将已经打开的数据库设定为当前数据库的常用方法有三种。

方法一：通过“常用”工具栏上的数据库下拉列表选择和指定当前数据库。如图 3.5 表示当前数据库为“数据 2”，若单击“学生管理”，就可以将其指定为当前数据库。

方法二：在 Visual FoxPro 的窗口中单击任何一个数据库设计器，它所代表的数据库就为当前数据库。

方法三：使用命令方式指定当前数据库。

命令格式：

SET　DATABASE　TO　[数据库名]

如要将数据库“学生管理”指定为当前数据库，可以使用下面的命令：

SET　DATABASE　TO　学生管理

注意：当缺省命令参数[数据库名]时，则表示不使任何数据库为当前数据库。

3. 修改数据库

对数据库的建立、修改、删除等操作都是在数据库设计器中完成的，数据库设计器是交互修改数据库对象的界面和工具，其中显示了数据库中包含的全部表、视图及表与表之间的联系。

打开数据设计器常用的方法有两种：一是在项目管理器中打开；二是使用命令打开。

方法一：在项目管理器中打开数据库设计器。

(1) 首先展开数据库分支，如图 3.6 所示。

(2) 选中要修改的数据库，如“学生管理”。

(3) 单击“修改”按钮，就可以打开数据库设计器了。

方法二：使用命令打开数据库设计器。

命令格式：

MODIFY　DATABASE　[数据库文件名]

功能：打开指定数据库的数据库设计器，若缺省此参数，则打开当前数据库的数据库设计器；若没有指定当前数据库时，则会打开“打开”对话框。

打开数据库设计器还有一些其他常用的方法，如当用“打开”对话框打开数据库时，数据库设计器会自动打开；当对数据库中的数据表进行了某些操作后，可以使用“显示/数据库设计器”命令打开数据库设计器。

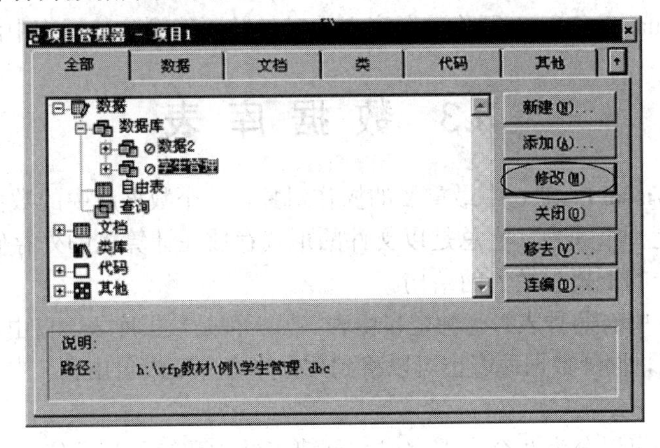

图3.6　展开数据库分支

4. 关闭数据库

关闭数据库一般使用命令方式，命令格式为

```
CLOSE  DATABASE  [ALL]
```

注意：

① 命令中如果使用参数ALL，则表示关闭所有被打开的数据库，缺省此参数时则只关闭当前数据库。

② 用鼠标关闭了数据库设计器窗口并不能代表关闭数据库。

③ 在项目管理器中打开的数据库不能用此命令关闭，它的作用只是不使任何数据库为当前数据库。

5. 删除数据库

数据库不再使用时可以将其删除。删除数据库可以使用以下两种方法。

方法一：在项目管理器中删除数据库。

(1) 在数据选项中，选择要删除的数据库。

(2) 单击“移去”按钮，这时会出现如图3.7所示的对话框。其中“移去”表示从项目管理器中删除数据库，但并不从磁盘上删除相应的数据库文件；“删除”表示从磁盘上删除相应的数据库文件。

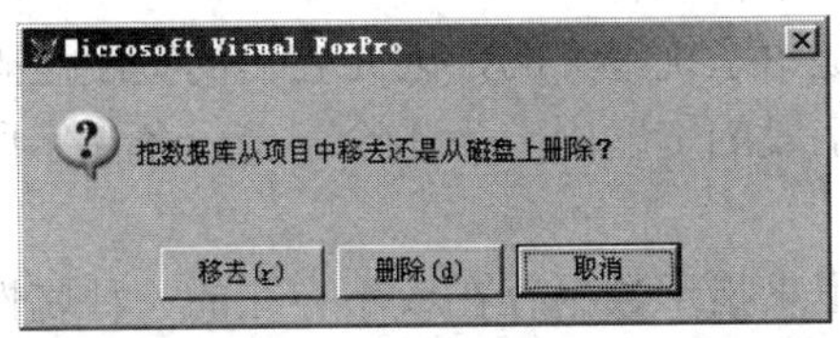

图3.7　移去数据库时产生的对话框

方法二：使用命令删除数据库。

命令格式：

DELETE DATABASE 数据库名

例如：

DELETE DATABASE 学生管理

注意：在 Visual FoxPro 中删除数据库文件时，并不能删除数据库中的数据表文件。

3.3 数据库表

数据库表是 Visual FoxPro 中最重要的操作对象，一个数据库中的数据是由表的集合构成的，一个表就是一个关系，它总是以文件的形式存放在计算机的外存储器中，表文件的扩展名为 .dbf，表的框架叫做表的结构。

Visual FoxPro 中有两种表：一种是自由表，另一种是数据库表。自由表可以添加到数据库中作为数据库表，同样数据库表也可以移到数据库之外变成自由表。本节中主要介绍数据库表。

创建数据库表可以分为两个步骤完成，创建表结构和输入记录值。

1. 建立数据库表的结构

1) 设计数据库表的结构

在建立表结构以前，需按二维表的内容设计表的结构，即明确所要创建的表中应该包含哪些字段，每个字段的名称、类型、宽度及字段的属性。

表结构及其描述如下。

(1) 字段名：即每个字段的名字，也就是二维表中列的名字。

字段名必须以字母开头；可由字母、汉字、数字及下划线组合而成；不许有空格。

自由表的字段名最多由 10 个字符组成，数据库表的字段名支持长名，最多可达 128 个字符。

同一表中不允许有完全相同的字段名。

(2) 字段类型：字段的数据类型由存储在字段中的值的数据类型决定。字段可以选择的数据类型见表 3.1。其中，备注型用于存放不定长的数据，如备注、注意事项等；通用型用于标记电子表格、图片、声音等 OLE 对象，如照片、歌曲等。

(3) 字段宽度：指该字段所能容纳数据的最大字节数。

字符型字段的宽度是指该字段所含的最多字符数，如姓名字段的宽度通常设为 8。

数值型小数宽度的指定：总宽度 = 整数 + 小数位数 + 1，其中 1 代表小数点所占的位数。

还有一些字段的宽度是由系统定义的，因此它们的宽度是固定的。一般日期字段的宽度固定为 8 个字节，逻辑字段的宽度固定为 1 个字节，备注字段和通用字段的宽度固定为 4 个字节。

(4) 空值：.NULL. 是用来指示数据存在或不存在的一种属性，即不是数值 0，也不是空白字符串。空值是数据库中的一个重要概念，在数据库中可能会遇到尚未存储数据的字段，这时的空值与空(或空白)字符串、数值0等具有不同的含义，空值就是还没有确定值，不能把它理解为任何意义的数据。例如，表示学生成绩的字段，空值表示缺考因而没有成绩，而数值0可能表示0分。

表3.1 Visual FoxPro 6.0表中字段的数据类型

字段类型	代号	说 明	字段宽度	使用示例
字符型	C	字母、汉字和数字型文本	每个字符为1个字节，最多可有254个字符	学生的学号或姓名，"8199101" 或 '李立'
货币型	Y	货币单位	8个字节	工资，$1246.89
日期型	D	描述有年、月和日的数据	8个字节	出生日期，{02/25/2000}
日期时间型	T	包含有年、月、日、时、分、秒的数据	8个字节	上班时间，{02/25/2000 9:15:15 AM}
逻辑型	L	“真”或“假”的布尔值	1个字节	课程是否为必修课，.T.或.F.
数值型	N	整数或小数	在内存中占8个字节；在表中占1～20个字节	考试成绩，83.5
双精度型	B	双精度浮点数	8个字节	实验要求的高精度数据
浮点型	F	与数值型一样		
整型	I	不带小数点的数值	4个字节	学生的数量
通用型	G	OLE对象	在表中占4个字节	图片或声音
备注型	M	不定长度的一段文字	在表中占4个字节	学生简历
字符型(二进制)	C	任意不经过代码页修改而维护的字符数据	每个字符用1个字节	最多可有254个字符
备注型(二进制)	M	任意不经过代码页修改而维护的备注数据	在表中占4个字节	

(5) 字段的显示属性：指定字段值显示时的格式，用于决定字段在浏览窗口、表单等界面中的显示风格。

• 输入掩码：用于指定字段值在输入时的格式，使用输入掩码可以防止非法输入，减少人为的数据输入错误，提高工作效率。如将输入掩码设置为“9999”，则表示该字段只能输入四位的数字。

• 显示标题：指定字段名在显示时所用的标题，如果不指定标题则用字段名作为标题。显示标题一般用于当字段名为英文或缩写时，通过指定标题可以使界面更加友好。

(6) 字段有效性：用于指定字段的有效性规则，即使所输入的数据符合设定的条件。例如，在学生成绩数据表中要求学生成绩必须在 0～100 之间，可设置规则为“成绩>=0 and 成绩<=100”。

• 信息：当所输数据违反规则时，系统提示错误的原因。例如，若违反了上述的规则就可以设置系统显示信息为“成绩必须在 0～100 之间”。

• 默认值：当字段的大部分记录的值相同或类似时，为减少输入的工作量可以设置字段的默认值。例如，学生管理数据表中的“入学日期”字段对于同一年入学的学生该字段的值都是相同的，就可以设置该字段的默认值为 { ^ 2006/09/01}，在输入数据记录时该字段的值会自动填写。

例 3.1 表 3.2“教工基本情况登记表”的表结构如表 3.3 所示。(其余各章节中所用到的 jbqk.dbf 均指该表)

表 3.2 教工基本情况登记表

编号	姓名	性别	出生日期	职称	部门	基本工资	婚否	奖金
1106	陈红	女	02/03/1976	助教	电路实验室	370.00	F	50
1602	冯卫东	男	01/24/1960	讲师	培训中心	340.75	T	50
0802	何兵	男	11/23/1972	副教授	软件中心	560.00	F	50
2208	景平	女	07/07/1950	研究员	仿真实验室	600.70	T	60
0805	吕一平	男	03/12/1963	工程师	软件中心	360.00	T	50
1102	王在	男	11/23/1938	高工	电路实验室	920.00	T	50
1107	陶玉蓉	女	07/08/1979	助工	电路实验室	340.00	F	30
1611	王军	男	07/26/1971	高工	培训中心	580.00	F	50
0801	吴刚	男	01/01/1970	研究员	软件中心	560.00	F	50
2212	陈磊	男	11/23/1968	工程师	仿真实验室	340.00	T	60

表 3.3 教工基本情况表的表结构

字段名	类型	宽度	小数位	NULL	备 注
编号	字符型	4		否	只允许输入数字
姓名	字符型	8		否	
性别	字符型	2		否	只允许输入“男”或“女”
出生年月	日期型			否	
职称	字符型	6		否	
部门	字符型	10		否	
基本工资	数值型	7	2	否	
婚否	逻辑型			否	
奖金	数值型	2		是	默认值为 50
简历	备注型				
照片	通用型				

上述表的结构也可以表示为：编号(C，4)，姓名(C，8)，性别(C，2)，出生年月(D)，

职称(C，6)，部门(C，10)，基本工资(N，7，2)，婚否(L)，奖金(N，2)，简历(M)，照片(G)。

2) 创建表结构

创建表结构和修改表结构通常在表设计器中完成，可以用下列方法打开表设计器。

方法一：使用命令“数据库/新建表”或右击数据库设计器窗口，从快捷菜单中选择“新建表”。

方法二：在项目管理器的“数据库”选项中选择“表”，然后单击“新建”按钮。

方法三：单击数据库设计器工具栏(如图 3.8 所示)中的“新建表”按钮。

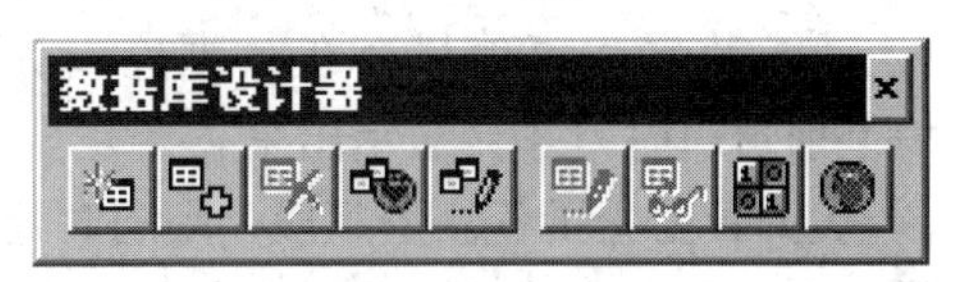

图 3.8　“数据库设计器”工具栏

方法四：使用命令“文件/新建/表”。

方法五：使用命令建立数据表，命令格式为

CREATE　[表文件名]

注意：如果缺省[表文件名]会打开“创建”对话框。

使用上述操作后，将打开如图 3.9 所示的“新建表”对话框，选择“表向导”按钮，就可以使用表向导建立新表。使用表向导建立新表的过程很繁琐，其中有一些不必要的步骤，因此建议在建立新表时使用“新建表”。在图 3.9 所示的界面中单击“新建表”按钮，首先在打开的“创建”对话框中，选择文件存放的路径并输入文件名，然后单击“保存”按钮，即可打开如图 3.10 所示的“表设计器”对话框。

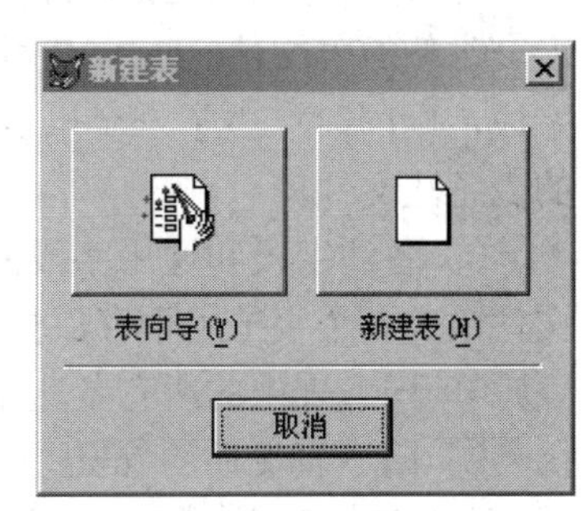

图 3.9　“新建表”对话框

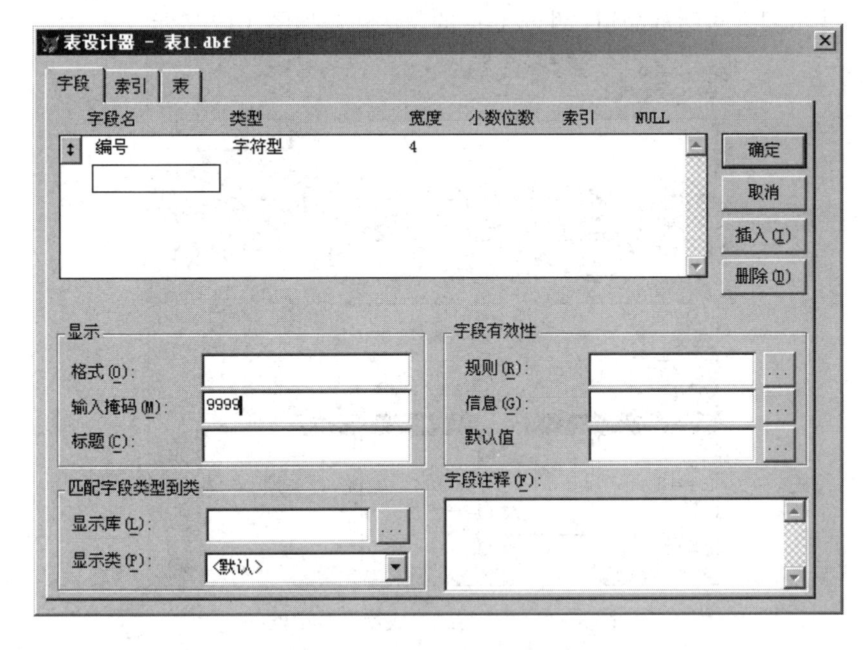

图 3.10　数据库表设计器

依据确定好的表结构，在表设计器中依次输入或选择相应的内容，最后单击“确定”按钮，即可完成表结构文件的建立。

注意：

① 只要指定了当前数据库(无论数据库设计器是否打开)，所建立的表就是数据库表，而且自动放入当前数据库中，如图 3.11 所示，否则建立的表就是自由表。

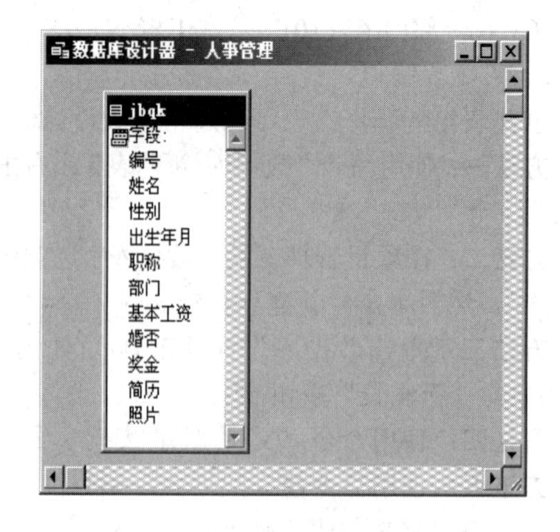

图 3.11　数据库表加入“数据库设计器”中

② 数据库菜单只有在数据库设计器为当前窗口时，才会显示出来。

③ 若定义了备注型字段，则同时建立了一个 .fpt 为扩展名的表备注文件。

④ 建立表结构之后，在指定的路径中会产生新的表文件(.dbf)，若定义了备注型字段，则同时产生了一个以 .fpt 为扩展名的表备注文件。

⑤ 备注字段和通用字段的内容不是存放在 .dbf 文件中，而是存放在 .fpt 文件中。.dbf 文件中的 4 个字节用于存放指针，指向备注文件的相应位置。

⑥ 同一表中的所有备注字段和通用字段存放于同一 .fpt 文件中。

⑦ 同一表文件的 .dbf 文件与 .fpt 文件的主文件名相同，而且必须存放于同一文件夹中，缺省备注文件时表文件就无法打开。如表文件“学生成绩.dbf”的备注文件名一定是“学生成绩.ftp”。

⑧ 字段有效性规则的项目可以直接输入，也可以单击它右侧的表达式生成器按钮，打开“表达式生成器”对话框编辑，生成相应的表达式，如图 3.12 所示。

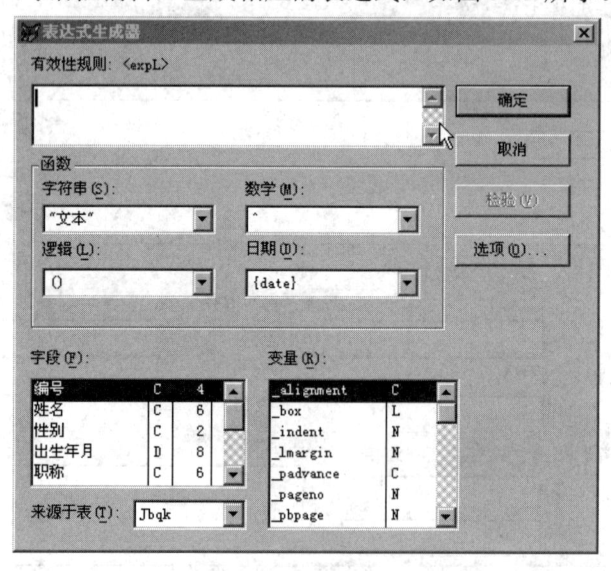

图 3.12　“表达式生成器”对话框

例 3.2　以基本职工表(jbqk.dbf)为例，设基本工资字段的字段有效性规则为：基本工资在 1000～3000 元之间，当输入的职工工资不在此范围时给出出错信息，职工的默认工资值是 1200。

该字段的有效性规则设置如图 3.13 所示。

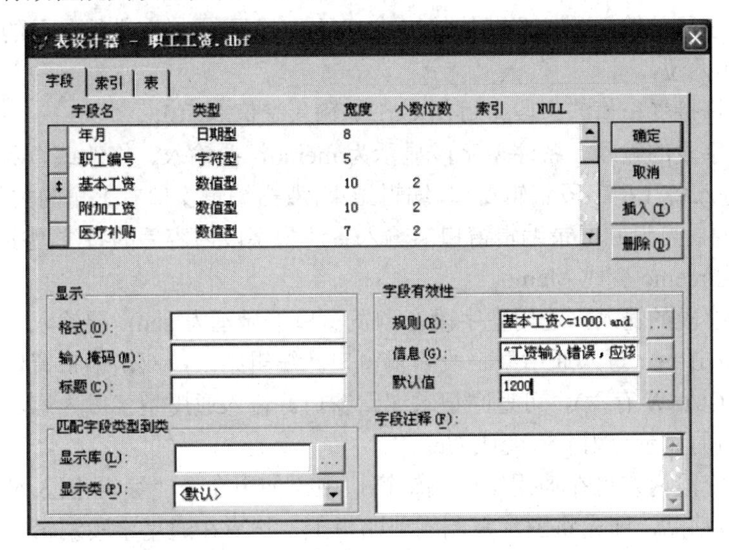

图 3.13　“基本工资”字段的字段有效性设置

在“规则”框中(或表达式生成器)输入表达式：

工资>=1000 .and. 工资<=3000

在“信息”框中(或表达式生成器)输入表达式：

"工资输入错误，应该在 1000～3000 元之间。"

注意：此项的内容必须是字符常量。

在“默认值”框中(或表达式生成器)输入：1200。

注意：“规则”是逻辑表达式，“信息”是字符串表达式，“默认值”的类型则以字段的类型确定。

2. 输入记录值

在表结构建立完成时，单击“确定”按钮，将会出现如图 3.14 所示的对话框。如果选择“否”，则暂时不输入数据，以后可用追加记录的方法输入数据。如果选择“是”，则立刻进入记录的编辑窗口，如图 3.15 所示，可参照表 3.2 的内容输入记录。

图 3.14　输入数据记录的提示对话框

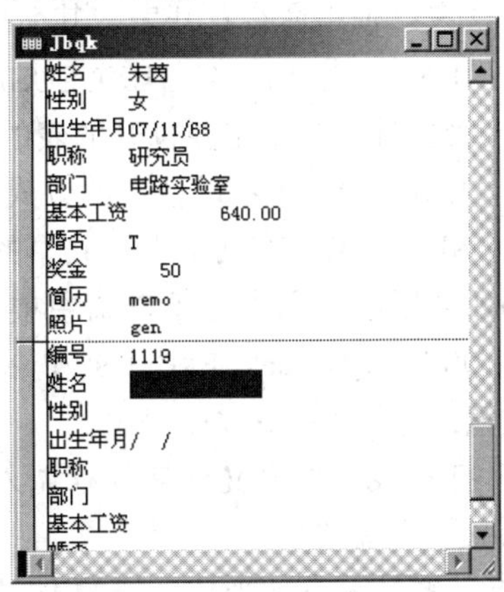

图 3.15　记录的编辑窗口

注意：

① 日期型字段的输入是按照默认的格式“月月/日日/年年”进行输入的，如果输入四位年份也只显示两位。

② 对于允许接受空值的字段，可用 Ctrl+0 输入空值.NULL.。

③ 备注型字段的输入。备注型字段显示为 memo，要输入、修改或查看备注型字段，需双击 memo 进入备注型字段编辑窗口。编辑结束，双击编辑窗口右上角的关闭按钮存盘(或按 Ctrl+W 存盘)，可返回记录编辑窗口。输入备注型字段内容后的备注型字段在记录编辑窗口的显示会由 memo 变成 Memo。

④ 通用型字段的输入。通用型字段在浏览窗口中显示为 gen，要输入、修改或查看通用型字段，需双击 gen 进入通用型字段编辑窗口。编辑结束，双击编辑窗口右上角的关闭按钮存盘(或按 Ctrl+W 存盘)，可返回记录编辑窗口。输入通用型字段内容后的通用型字段在记录编辑窗口的显示会由 gen 变成 Gen。

⑤ 通用型字段内容可在通用字段编辑窗口中，使用命令“编辑/插入对象”来插入；也可通过剪贴板粘贴，即先将图片复制到剪贴板上，然后在通用字段编辑窗口中执行“粘贴”命令即可。

3.4　表的基本操作

表一旦建立好之后，常常需要对表进行相应的操作，如打开或关闭表，修改表结构，显示与修改表中的数据，添加新记录和删除不再使用的记录。

3.4.1　打开和关闭表

一般情况下使用任何一个表以前，都必须先打开表。通常用以下三种方法打开已经建立好的表。

方法一：在数据库设计器中双击要打开的数据库表的标题。

方法二：使用“文件/打开”命令或点击工具栏上的“打开”按钮打开表文件。

注意：用此方法打开表时，在“打开”对话框中一定要选择文件类型为“表”。

方法三：使用命令打开表，其命令格式为

```
USE  表文件名  [EXCLUSIVE] [SHARED]
```

- 表文件名：指定要打开的表的名称；
- EXCLUSIVE：以独占的方式打开表，且只有用独占方式打开的表才能修改；
- SHARED：在网络上以共享的方式打开表。

例如要以独占方式打开 D 盘中根目录下的表文件 jbqk.dbf，可以使用下面的命令：

```
USE  d:\jbqk.dbf  EXCLUSIVE
```

注意：

① 打开表是将表文件从外存调入内存，并不能直接显示出来，要显示表还必须使用“显示/浏览”命令。

② 一般情况下，当打开新的表文件时，系统总是先自动关闭原来打开的表文件。

③ USE 命令还有许多选项，将在以后的章节中介绍。

当对表操作完之后，应将表关闭以防数据丢失。关闭表通常使用命令，其命令格式为

CLOSE 表文件名

注意：关闭数据库之后，其中的数据库表也随之关闭。

3.4.2　查看和修改表记录

1. 用浏览窗口显示表记录

表打开时并不能自动显示，要编辑和显示数据库表中的数据可以在浏览窗口中进行。打开浏览窗口的方法有三种。

方法一：使用命令“显示/浏览”打开。

方法二：在项目管理器中的“数据库”选项中选择要浏览的表，单击“浏览”按钮。

方法三：使用 BROWSE 命令打开。

注意：

① 用方法二查看表记录可以不用事先打开表，此操作同时具有打开表的作用。

② 浏览窗口的显示方式有两种，即浏览方式和编辑方式。编辑方式一屏只显示一个字段，如图 3.16 所示；浏览方式一行只显示一条记录，如图 3.17 所示。可以使用命令“显示/浏览或编辑”任意切换两种显示方式。

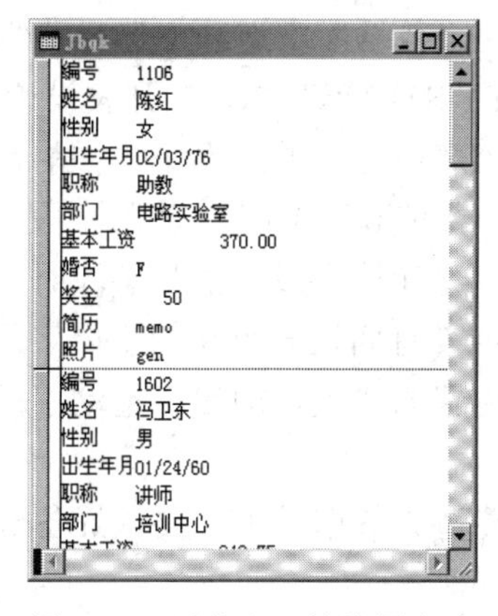

图 3.16　浏览窗口的编辑方式

Jbqk

编号	姓名	性别	出生年月	职称	部门	基本工资	婚否	奖金	简历	照片
1106	陈红	女	02/03/76	助教	电路实验室	370.00	F	50	memo	gen
1602	冯卫东	男	01/24/60	讲师	培训中心	340.75	T	50	memo	gen
0802	何兵	男	11/23/72	副教授	软件中心	560.00	F	50	memo	gen
2208	景平	女	07/07/50	研究员	仿真实验室	600.70	T	60	memo	gen
0805	吕一平	男	03/12/63	工程师	软件中心	360.00	T	50	memo	gen
1102	王在	男	11/23/38	高工	电路实验室	920.00	T	50	memo	gen
1107	陶玉莕	女	07/08/79	助工	电路实验室	340.00	F	30	memo	gen
1611	王军	男	07/26/71	高工	培训中心	580.00	F	50	memo	gen
0801	吴刚	男	01/01/70	研究员	软件中心	560.00	F	50	memo	gen
2212	陈磊	男	11/23/68	工程师	仿真实验室	340.00	T	50	memo	gen
1104	许玉琳	女	05/01/54	研究员	电路实验室	600.00	T	40	memo	gen
1105	赵强	男	06/08/66	工程师	电路实验室	330.00	T	50	memo	gen
0807	杨华	女	05/15/70	工程师	软件中心	400.85	T	50	memo	gen
2216	张山	男	11/11/35	教授	仿真实验室	820.00	T	50	memo	gen
0806	杨华	女	02/12/54	副教授	软件中心	600.00	T	60	memo	gen

图 3.17　浏览窗口的浏览方式

2. 记录的编辑与修改

要编辑和修改一般字段，可以将光标移到相应的字段上，直接修改即可。如果要对备注型字段和通用型字段进行编辑或修改，必须双击 memo 或 gen，进入相应的编辑窗口进行相应操作。

3.4.3 表结构的操作

在这一节中我们所介绍的表结构操作包括修改表结构和复制表结构。

1. 修改表结构

当数据表建立好以后通常会发现有很多不尽如人意之处，如遗漏字段，字段类型或字段宽度不恰当等，要解决这些问题就需要修改表结构。修改表结构包括的操作有增加和删除字段、修改字段名、修改字段的类型和宽度等。

修改表结构是在表设计器中进行的，修改表结构的步骤如下：

(1) 打开表文件。修改表文件结构前必须先打开表文件。

(2) 打开“表设计器”。

打开表设计器的方法有三种。

方法一：使用命令“显示/表设计器”打开表设计器。

方法二：在项目管理器中的“数据库”选项中选择要修改的表，单击“修改”按钮。

方法三：使用命令 MODIFY STRUCTURE 打开表设计器。

修改表结构和建立表结构的表设计器的界面是一样的，可以将光标移至要修改处，直接修改字段名、类型、宽度、小数位和 NULL。删除字段时，将光标移至要删除的字段所在行，单击“删除”按钮就可以删除该字段。添加字段时，将光标移至某一字段所在行，单击“插入”按钮，即可在该字段前插入一个新的空白字段，然后输入字段名、类型、宽度和小数位即可。单击欲调整位置的字段，用鼠标拖动字段左边按钮↕到目标位置，可以调整字段排列顺序。

注意：修改表结构时，可能造成数据丢失，要做好备份工作。

2. 复制表结构

在实际操作中常常需要建立多张表，这些表的结构相同，只是其中的数据不同，这时我们就可以建立一个表，然后复制这个表结构。复制后的表包含此表的结构而没有记录，是一个空表。复制表结构的命令格式为

COPY　STRUCTURE　TO　表文件名　[FIELDS　字段名]

功能：将当前打开的表文件结构的部分或全部复制为“表文件名”所指定的一个表的结构。

- 表文件名：指定生成新表结构的表文件名；
- FIELDS 字段名表：用于指定在新表中包含的字段及顺序，若省略该子句，则按字段原来的顺序复制全部字段。

例 3.3　将图 3.15 所显示表的结构复制到一个新的表中，其中只包括姓名、性别和部门字段，存入 D 盘并起名为“在册人员”。

```
COPY　STRUCTURE　TO　d:\在册人员　FIELDS　姓名，性别，部门字段
```

3.4.4 追加记录

追加记录就是在已有记录的后面添加新的记录。在当前表中追加记录通常有三种方式：追加一条记录，连续追加记录和成批追加记录。

1. 追加一条记录

如果只在表中追加一条记录，可以使用命令“表/追加新记录”，这样会在当前表记录的后面添加新记录的空行，而且光标位于新行首字段。

注意：“表”菜单只有在浏览窗口为当前窗口时，才会显示出来。

2. 连续追加记录

如果需要追加多条记录，可以选择连续追加方式。连续追加记录有两种方法。

方法一：打开浏览窗口后，使用菜单命令“显示/追加方式”即可在表尾输入多条记录。

方法二：使用命令追加记录，其命令格式为

APPEND [BLANK]

该命令执行后，出现记录编辑窗口，如图 3.18 所示，并且窗口内会出现空白的记录位置，等待用户输入数据。

APPEND 命令执行后，在表尾追加一条空白记录，留待以后填入数据，但不出现记录编辑窗口。此命令常常用于程序中，然后用 REPLACE 命令直接填入记录值。

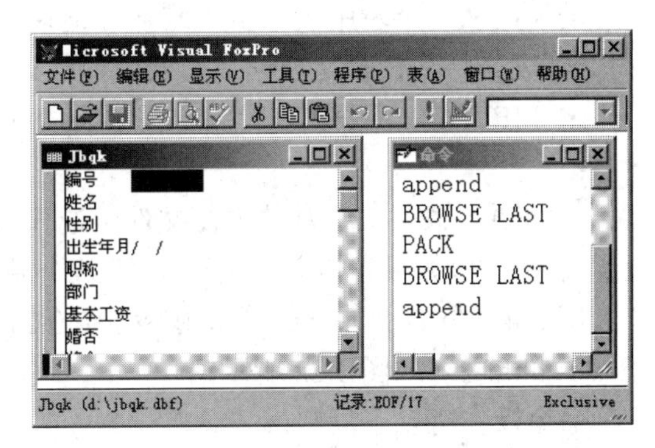

图 3.18 记录编辑窗口

3. 成批追加记录

如果需要将某个数据表文件中的记录追加到当前数据表中，可以使用成批追加记录的功能。成批追加记录有两种方法。

方法一：使用追加记录对话框按步追加。

(1) 打开浏览窗口，单击菜单命令“表/追加记录”。

(2) 如图 3.19 所示，在“追加来源”对话框中，选择数据源的文件类型，默认为 .dbf 表文件。

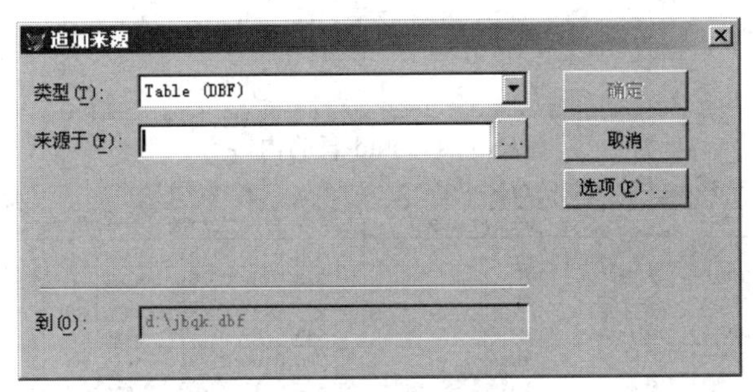

图 3.19 “追加来源”对话框

(3) 在“来源于”文本框中直接输入数据表的文件名，或单击其右侧的按钮 ...，打开“打开”对话框，在其中选择作为数据源的文件。

(4) 如果只需追加数据源文件中的部分记录，应单击“选项”按钮。

(5) 如图 3.20 所示，在“追加来源选项”对话框中，利用 字段(D)... 按钮选择需要追加的字段，利用按钮 For(F)... 设置需要追加记录的条件。如只将数据源表中性别为女的记录追加到当前表中，就可以设置条件为：性别="女"。

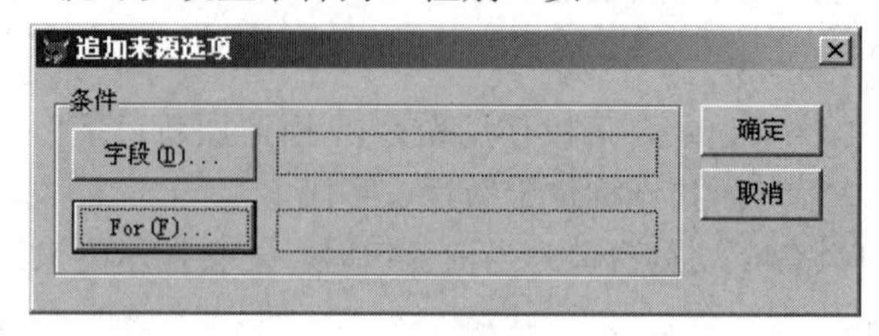

图 3.20　“追加来源选项”对话框

方法二：使用命令进行成批追加，命令格式为

APPEND　FROM　表文件名　[FIELDS　字段列表] [FOR　条件]

功能：从一个表中读入全部或部分记录，追加到当前表的尾部。

- 表文件名：指定要向当前表中追加记录的数据源；
- FIELDS　字段列表：指定需要字段的字段名，字段列表是用“,”分开的若干个字段名；
- FOR 条件：指从数据源文件中选择满足条件的记录追加到当前表末尾，条件通常为逻辑表达式(如果省略 FOR 子句，则整个源文件记录将都追加到当前表中)。

例 3.4　将 D 盘中 stud.dbf(内容如图 3.21 所示)数据表中所有女生的记录，追加到数据表 xsda.dbf(内容如图 3.22 所示)中。

命令操作有以下步骤：

```
USE  xsda                                &&打开 xsda.dbf 表并使其为当前表
APPEND  FROM  d:\stud   FIELDS  学号，姓名，性别  FOR  性别="女"
```

Student

学号	班级	性别	姓名	民族	出生年月	照片
02010001	0205	男	张卫	汉	12/03/83	gen
02010002	0205	女	李历历	汉	04/12/82	gen
02010003	0207	男	王大纲	回	05/13/84	gen
02010004	0206	女	赵娟	汉	11/08/83	gen
02010005	0204	男	田强	维	12/06/82	Gen
02010006	0206	男	侯卫国	汉	03/14/83	gen
02010007	0207	女	刘苗	汉	08/19/84	gen
02010008	0207	男	冯鹏	苗	09/18/82	gen
02010009	0204	男	张大海	汉	04/15/83	gen
02020010	0208	女	李冬梅	汉	10/06/84	gen

图 3.21　stud 表的内容

Xsda

学号	姓名	性别	系别	入学成绩	出生日期	奖惩	照片	代培
970204	刘丽	女		430.0	10/01/82	Memo	gen	T
970206	赵新华	男		396.0	09/30/81	memo	Gen	T
970102	王小康	男		501.0	10/08/81	memo	gen	F
970108	李莫愁	女		444.0	09/01/97	memo	gen	F
970103	周小波	男		390.0	09/01/97	memo	gen	T
970203	张林	女	数学	472.0	11/23/89	memo	Gen	F

图 3.22　xsda 表的内容

如图 3.23 所示，在执行此命令后的追加结果中，可以看出共追加了四条满足条件的记录，每条记录只追加了三个字段：学号、姓名和性别。

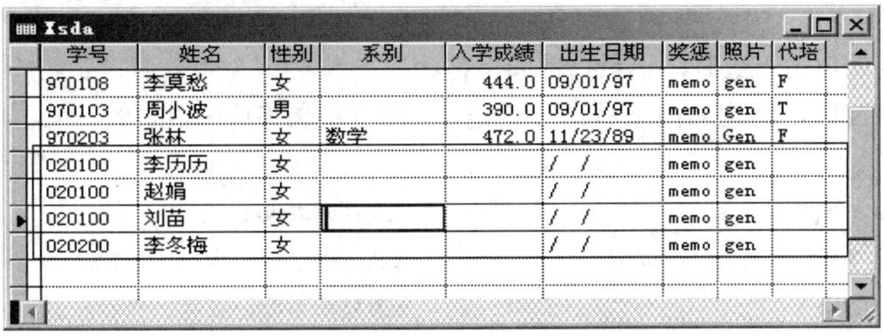

Xsda

学号	姓名	性别	系别	入学成绩	出生日期	奖惩	照片	代培
970108	李真愁	女		444.0	09/01/97	memo	gen	F
970103	周小波	男		390.0	09/01/97	memo	gen	T
970203	张林	女	数学	472.0	11/23/89	memo	Gen	F
020100	李历历	女			/ /	memo	gen	
020100	赵娟	女			/ /	memo	gen	
020100	刘苗	女			/ /	memo	gen	
020200	李冬梅	女			/ /	memo	gen	

图 3.23　追加结果

3.4.5　记录指针的定位

对表文件进行操作往往只是针对某些记录进行，如修改、增删、插入记录等。VFP 为每个表文件设置了一个记录指针，用该指针来指示记录号。记录指针指向的记录称为当前记录。在表对记录操作时，往往先要进行记录定位。记录定位就是将记录指针指向某个记录，使之成为当前记录。

1. 在浏览窗口中定位

在浏览窗口中的左边缘上有一个黑色的三角，这就是记录指针。用鼠标单击某个记录，记录指针就会指向该记录。

2. 用命令定位

1) 绝对定位

命令格式：

```
GOTO   N
```

功能：将记录指针直接定位到指定的记录上。

N 为一个数值表达式，其结果是指定一个物理记录号，使记录指针移至该记录上。N 有两个特殊的取值：

(1) TOP：将记录指针定位在表的第一个记录上，可以使用 GOTO　TOP。

(2) BOTTOM：将记录指针定位在表的最后一个记录上，可以使用 GOTO　BOTTOM。

注意：

① 数值表达式的值必须大于 0，且不大于当前表文件的记录个数。

② 命令动词 GOTO N 可写成 GO　N，也可以省略直接写成 N，如下面三条命令是等效的：

```
GOTO   5
GO   5
5
```

2) 相对定位

命令格式：

```
SKIP   ±N
```

功能：将记录指针从当前记录向前或向后移动 N 条记录。

N 为数值表达式，其结果为指定记录指针作相对移动的记录数据。

注意：

① 当 N 的值为正数时，记录指针向下移动；当 N 的值为负数时，记录指针向上移动。

② 省略 N 时，约定为向下移动一条记录，即 SKIP 等价于 SKIP 1。

例如：

```
USE  jbqk                    &&打开表 jbqk.dbf
GO  5                        &&将指针定位到第 5 条记录
?RECNO( )                    &&显示当前记录号，显示结果为 5
SKIP  3                      &&将指针向下移动 3 条记录
?RECNO( )                    &&显示当前记录号，显示结果为 8
SKIP  -2                     &&将指针向上移动 2 条记录
?RECNO( )                    &&显示当前记录号，显示结果为 6
```

3) 条件定位

当我们希望将记录指针定位在满足某个条件的记录上时可以使用条件定位。其常用的命令格式为

```
LOCATE  [FOR 条件]
```

功能：执行后总是将指针指向第一个满足条件的记录，如果没有记录满足条件，指针指向文件末尾，并显示“已到定位范围末尾”。

LOCATE 命令无论执行多少次都只能将记录指针定位在第一个满足条件的记录上，如果要查找其他满足条件的记录可以使用 CONTINUE 命令。

注意：CONTINUE 命令必须与 LOCATE 命令配合使用，否则不起任何作用。

例 3.5　查找 jbqk.dbf 中姓“王”的记录。

```
USE  jbqk
LOCATE  FOR  姓名="王"
DISPLAY
CONTINUE
DISPLAY
CONTINUE
```

3. 用菜单定位

打开浏览窗口，使用“表/转到记录”命令，在其级联菜单中选择具体要执行操作的相应命令，如图 3.24 所示。使用“表/转到记录/定位”命令，其作用等同于条件定位。

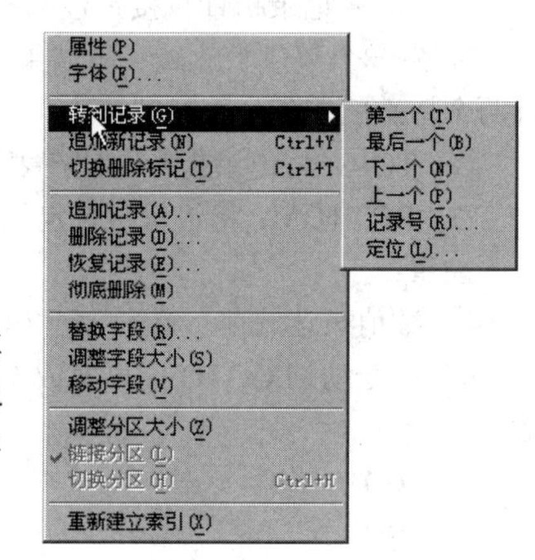

图 3.24　“表”菜单

3.4.6　显示记录命令

前面我们已经介绍过在浏览窗口可以查看数据表中的记录，有时在程序中需要显示记录就必须要用命令显示记录，用于显示记录的命令有 LIST 和 DISPLAY 两个。

1. LIST 命令

命令格式：

LIST [OFF] [范围] [FOR 条件] [FIELDS 字段名] [TO PRINT]

功能：显示当前表中的全部或部分记录和数据。

· 范围：表示表文件记录的范围，操作命令只对范围内的记录起作用。范围有四个取值：ALL、NEXT N、RECORD N 和 REST。其用法分别如下：

① ALL：是指全部记录。

例 3.6 显示当前表中的全部记录。

```
LIST  ALL                    &&显示所有记录
```

② NEXT N：是指包含当前记录在内的后面 N 条记录。

例 3.7 显示当前表中第 3 条至第 6 条记录。

```
GO  3                        &&记录指针移到第 3 条记录
LIST  NEXT  4                &&显示 3、4、5、6 四条记录
```

③ RECORD N：是指第 N 条记录。

例 3.8 显示当前表中第 2 条记录。

```
LIST  RECORD  2
```

④ REST：是指包含当前记录在内的后面所有记录。

例 3.9 显示当前表中第 3 条之后的所有记录。

```
GO  3                        &&记录指针移到第 3 条记录
LIST  REST
```

注意：

缺省时默认为 ALL，即全部记录。

· OFF：选择 OFF 时，不显示记录号；无 OFF 时，显示记录号。

· FOR 条件：用于完成选择的操作，即选出指定范围中满足条件的记录。

例 3.10 显示符合要求的命令。

① 显示当前表中所有女性记录，不显示记录号。

```
LIST  OFF  FOR  性别="女"
```

② 显示当前表中已婚者记录。

```
LIST  FOR  婚否
```

或者：

```
LIST  FOR  婚否=.T.
```

③ 显示当前表中未婚者记录。

```
LIST  FOR .NOT.  婚否
```

或者：

```
LIST  FOR  婚否=.F.
```

④ 显示当前表中 70 年以前出生人的记录。

```
LIST  FOR 工作日期<{^1970/01/01}
```

或者：

```
LIST  FOR 工作日期<CTOD("01/01/70")
```

或者：

```
LIST FOR YEAR(工作日期)<1970
```

• FIELDS 字段名：用于完成投影的操作，即选出字段名表中所列的字段。若省略该子句，则显示当前表中的所有字段。其中字段名是用“，”分开的一组字段名，命令词 FIELDS 可以省略。

例 3.11 显示当前表中姓名、性别、基本工资。

```
LIST FIELDS 姓名，性别，基本工资
```

或者：

```
LIST 姓名，性别，基本工资
```

• TO PRINT：选择该项时，记录在屏幕显示的同时，送往打印机；不选该项时，仅在屏幕显示。

注意：

① 如果要显示备注型字段的内容，可将备注型字段的字段名列入 FIELDS 子句中，它的内容按 50 个字符列宽显示。

② 通用型字段的内容不能用 LIST 命令显示，其显示方法在以后的章节中介绍，如可以用命令“@10,20 SAY 照片”显示。

③ LIST 命令中子句的前后位置是无关的，而且各子句可以同时使用。例如下面的命令：

```
LIST FOR 基本工资>120 FIELDS 姓名，基本工资
LIST FOR 性别="女".AND. YEAR(工作日期)>1980 FIELDS 姓名，性别，工作日期，基本工资
```

2. DISPLAY 命令

在程序中常常使用 DISPLAY 命令来显示记录。

DISPLAY 命令的格式为

```
DISPLAY [OFF] [范围] [FOR 条件] [FIELDS 字段名] [TO PRINT]
```

DISPLAY 命令的格式与 LIST 命令的完全相同，作用略有差异。二者区别有以下两点：

(1) 若不选择记录(即无范围筛选和条件筛选)，LIST 命令显示全体记录，而 DISPLAY 命令仅显示当前记录(若要显示所有记录，应用 DISPLAY ALL)。例如：

```
GO 4
DISPLAY          &&这组命令的执行结果只显示第 4 条记录
GO 4
LIST             &&这组命令的执行结果为显示全部记录
```

(2) 当显示的记录超过一屏时，LIST 命令直到显示完才停下来，即连续显示，而 DISPLAY 显示满一屏会暂停，需按任意键继续显示下一屏，即为分页显示。

3.4.7 删除记录

在 Visual FoxPro 中删除记录分为逻辑删除和物理删除。所谓逻辑删除，是给记录打上删除标记，并不将这些记录从表中删除，必要时还可以去掉删除标记恢复记录。物理删除也称为真正删除，是将记录从表中删除。删除记录常用的方法有两种。

方法一：用命令方式删除记录。

(1) 逻辑删除的命令格式为

DELETE　[范围]　[FOR　条件]

功能：对当前表文件中指定的记录做删除标记。

注意：

① 若没有范围和条件选项，则只对当前记录作删除标记。

② 用 LIST 或 DISPLAY 命令显示记录时，删除标记“*”显示在每条记录左侧。

例 3.12　指定当前记录，并将其删除。

```
GO 7                    &&将第 7 条记录指定为当前记录
DELETE                  &&删除当前记录，即删除第 7 条记录
GO 4                    &&将第 4 条记录指定为当前记录
DELETE   NEXT   2       &&删除第 4 和第 5 条记录
LIST
```

执行上述命令后屏幕显示结果如下：

记录号	编号	姓名	性别	出生年月	职称	部门	基本工资
1	1106	陈红	女	02/03/76	助教	电路实验室	370.00
2	1602	卫东	男	01/24/60	讲师	培训中心	340.75
3	0802	何兵	男	11/23/72	副教授	软件中心	560.00
4	*2208	景平	女	07/07/50	研究员	仿真实验室	600.70
5	*0805	一平	男	03/12/63	工程师	软件中心	360.00
6	1102	王在	男	11/23/38	高工	电路实验室	920.00
7	*1107	玉蓉	女	07/08/79	助工	电路实验室	340.00
8	1611	王军	男	07/26/71	高工	培训中心	580.00
9	0801	吴刚	男	01/01/70	研究员	软件中心	560.00
10	2212	陈磊	男	11/23/68	工程师	仿真实验室	340.00

从上面的显示结果可以看到第 4、第 5 和第 7 条记录前有删除标记“*”，表示这三条记录被逻辑删除。

(2) 恢复带删除标记的记录，其命令格式为

RECALL　[范围]　[FOR　条件]

功能：恢复当前表中带删除标记的指定记录，即去掉删除标记“*”号。

注意：若没有范围和条件选项，仅去除当前记录的删除标记。

例 3.13　恢复在上例中删除的所有记录中的女生记录。

```
RECALL   ALL    FOR   性别="女"
```

执行上面的命令可以恢复第 4 条和第 7 条记录。

(3) 物理删除带有删除标记的记录。物理删除表中的部分记录必须先逻辑删除再物理删除。命令格式如下：

PACK

功能：物理删除所有已作删除标记的记录，而且不可能再恢复。

注意：该命令永久删除已作删除标记的记录，余下记录重新按顺序排列记录号，因此

该命令也称为整理命令。

(4) 物理删除表文件的全部记录。命令格式如下：

```
ZAP
```

功能：一次性物理删除当前表文件的全部记录(不管记录是否打有删除标记)，仅保留表结构。

注意：

① ZAP 命令等价于 DELETE ALL 和 PACK 联用。

② 用 ZAP、PACK 命令删除的记录不可恢复。

方法二：利用菜单删除记录。

当浏览窗口为当前窗口时，使用“表”菜单中的“删除记录”、“恢复记录”和“彻底删除”命令(如图 3.25 所示)可以分别完成逻辑删除记录、恢复记录和物理删除记录(物理删除打有删除标记的记录)。

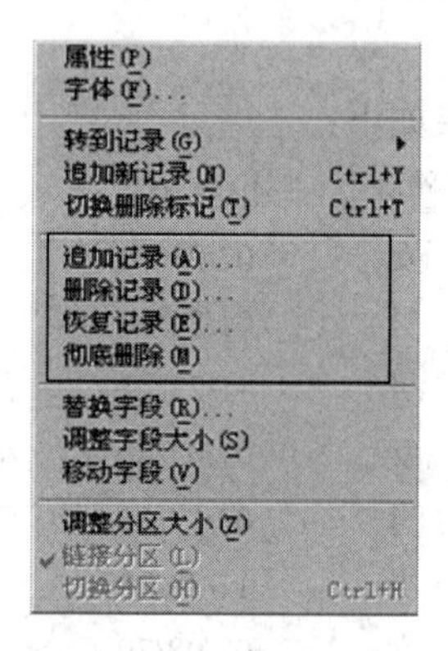

图 3.25　“表”菜单

在浏览窗口中，也可以删除标记和恢复记录，单击记录左侧的矩形区域，该区域就变黑，这一黑色矩形域就是删除标记，如图 3.26 所示。再次单击它，黑色矩形域会变白，这就恢复了记录。

删除标记

Jbqk

编号	姓名	性别	出生年月	职称	部门
1106	陈红	女	02/03/76	助教	电路实验室
1602	冯卫东	男	01/24/60	讲师	培训中心
0802	何兵	男	11/23/72	副教授	软件中心
2208	景平	女	07/07/50	研究员	仿真实验室
0805	吕一平	男	03/12/63	工程师	软件中心
1102	王在	男	11/23/38	高工	电路实验室
1107	陶玉蓉	女	07/08/79	助工	电路实验室
1611	王军	男	07/26/71	高工	培训中心
0801	吴刚	男	01/01/70	研究员	软件中心
2212	陈磊	男	11/23/68	工程师	仿真实验室

图 3.26　浏览窗口中的删除标记

3.4.8　在表中插入记录

追加记录的操作只能将要增加的记录添加在已有记录的后面，如果要想在表的任意位置新增加记录，就需要使用插入记录的命令，其命令格式为

```
INSERT [BLANK] [BEFORE]
```

功能：在当前记录之前或之后插入一条或多条新记录。

· BEFORE：表示在当前记录之前插入新记录，并将当前记录和其后的记录向后顺序移动。缺省时表示新记录插入在当前记录之后。

· BLANK：表示插入一条空记录。

注意：

① 若省略所有可选项，则在当前记录之后插入新记录。

② 在 Visual FoxPro 中，如果数据库具有表缓冲或行缓冲功能，则 INSERT 命令不能用于该数据库的表。另外，对于具有参照完整性规则的表也不能使用 INSERT 命令。

例 3.14　在当前表第 3 条记录前插入一条记录。

```
GO  3
INSERT  BEFORE
```

3.4.9　记录值替换

在浏览窗口中修改数据必须由用户键入修改值，且只能一处处修改。要成批修改数据，可进行记录值替换。记录值替换有以下两种方法。

方法一：用命令进行记录值替换

命令格式：

REPLACE　[范围] [FOR　条件]　字段名 1　WITH　表达式 1[,字段名 2　WITH　表达式 2]…

功能：不进入全屏幕编辑方式，而根据命令中指定的条件和范围，用表达式的值去更新指定字段的内容。

注意：

① 若命令中省略[范围]子句，不省略[FOR　条件]子句时，则范围默认为 ALL，即全部记录。

例 3.15　将当前表中所有基本工资低于 500 元的职工，基本工资增加 100 元。

```
REPLACE  FOR  基本工资<500  基本工资  WITH  基本工资+100
```

② 若命令中同时省略[范围]和[FOR　条件]子句，则范围默认为当前记录。

例 3.16　将当前表中第 3 条记录的性别改为女。

```
GO  3
REPLACE  性别  WITH  "女"
```

③ WITH 后面的表达式的类型必须与 WITH 前面的字段类型一致。

④ 一条 REPLACE 命令可以同时替换多个字段。

⑤ 该命令常用于计算某个字段的值或更新某个字段的值，如计算总分等。

例 3.17　利用当前表中已有的字段(语文、数学和英语)的记录值，计算并填写总分和平均分。

```
REPLACE ALL 总分 WITH 语文+数学+英语
REPLACE ALL 平均分 WITH 总分/3
```

方法二：使用菜单进行记录值替换。

当浏览窗口为当前窗口时，单击菜单命令“表/替换字段”，即弹出“替换字段”对话框，如图 3.27 所示，根据提示进行操作即可。

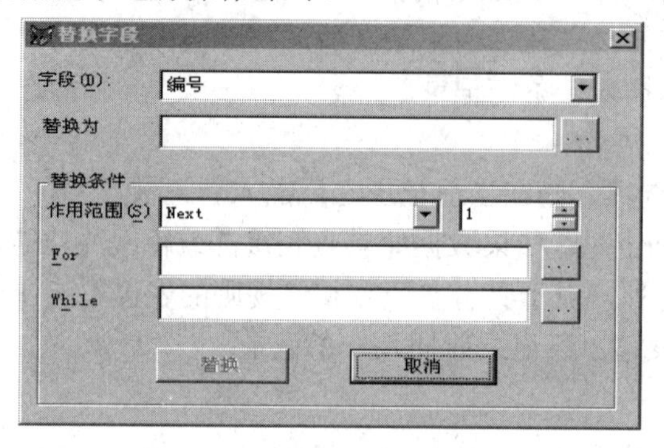

图 3.27　“替换字段”对话框

3.4.10　表的排序

表的排序指对原始表中的数据，按指定的一个字段(列)或多个字段中值的大小，将记录(行)的顺序重新排列。排序分升序和降序两种。

命令格式：

SORT　TO　新表名　ON 字段名[/A|/D][/C] [FOR <条件>]

功能：对已打开的库表或自由表按指定的字段升序或降序排列，生成一个新的表文件。

- ON：后若为多个字段名，各字段名之间用逗号分开。
- /A：升序；/D：降序，若省去，则系统默认为升序排列。
- /C：主要针对指定字段是英文字母的要区分大小写，若省去则不区分大小写。
- [FOR <条件>]：对满足条件的记录排序，若省去，则所有记录均参加排序。

注意：若指定字段值相等，则按后一个字段值大小排列，若后一个也相等则按原来顺序排列。

例 3.18　将 jbqk 表按性别升序、基本工资降序排列生成一个 xbgzpx 表。

```
USE jbqk
SORT TO xbgzpx ON 性别，基本工资/D
USE xbgzpx                              &&再打开新表
LIST
```

3.5　索　　引

一般情况下，数据表记录的排列顺序是由输入的前后次序决定的，并用记录号予以标识，这种顺序称为物理顺序。用户对数据表常常会有不同的需求，为了加快数据的检索、显示、查询和打印速度，就需要对文件中的记录顺序进行重组。重组的方式有排序和索引两种。

排序的作用是按指定字段或字段组中数据值的大小顺序，以递增或递减的方式重新排列全部数据记录，并生成一个新的数据表文件。而索引不建立新的数据表文件，只是按给定字段值的大小，生成一个索引表。通常将作为该排序依据的一个字段或多个字段构成的表达式称为索引关键字。

索引文件由索引序号(逻辑顺序号)、关键字和记录号组成，其中的内容按关键字的大小排列。如图 3.28 所示，数据表如果按年龄字段索引，将产生一个如图中所示的索引文件，当该索引文件为主控索引时，数据表中的记录的操作顺序就会按索引文件中的顺序控制。索引文件中的排列顺序可以控制数据表中的记录按索引的顺序显示，但不改变表中的物理顺序。因此，索引顺序也叫做逻辑排序。

索引文件的内容

序号	年龄	记录号
1	19	4
2	21	2
3	23	1
4	24	3

数据表

记录号	学号	姓名	年龄
1	01	丁二	23
2	02	张三	21
3	03	李四	24
4	04	王五	19

图 3.28　索引文件与数据表文件

在 Visual FoxPro 系统中主要使用结构复合索引文件，它的扩展名是 .cdx.，其主文件名与数据表文件同名。

3.5.1　索引类型

Visual FoxPro 对结构复合索引文件提供了四种类型：主索引、候选索引、唯一索引和普通索引。

主索引　是能够唯一确定数据表中一条记录的索引关键字，即在数据表中索引关键字不允许出现重复值或空值的索引。一个表只能创建一个主索引，而且只有数据库表才能建立主索引。例如，在人事管理表中，人员编号是唯一性的，没有重复值，它可以唯一标识某个职工，因此可以对它建立主索引，姓名字段则不能用于建立主索引，因为会有同名的情况存在。

候选索引　候选索引和主索引具有相同的特性，它像主索引一样要求关键字段值的唯一性。在数据库表和自由表中均可以为每个表建立多个候选索引。

唯一索引　不允许两个记录具有相同的字段值，对于关键字段值相同的记录，索引中只列入其中的第一个记录，一个数据库表或自由表可以有多个唯一索引。例如，按性别字段建立唯一索引则索引的结果中只有两条记录，即取性别男或女的第一条记录。唯一索引是 Visual FoxPro 为保持与低版本软件的兼容性而保留的一种索引类型，一般情况下很少使用。

普通索引　允许字段中出现重复值，索引表中也允许出现重复值，重复值的出现次序以物理顺序为准。普通索引即可以在数据库表中创建，也可以在自由表中创建。

3.5.2　创建复合索引文件

Visual FoxPro 中创建索引文件有两种方式：表设计器方式和命令方式。

1. 用表设计器创建索引

在表设计器的“字段”和“索引”选项卡中，都可以创建索引。

1) 在“索引”选项卡中创建索引

在“索引”选项卡中可以建立各种类型的索引，建立时只需要在“类型”项的下拉列表框中选择需要的类型即可，如图 3.29 所示。

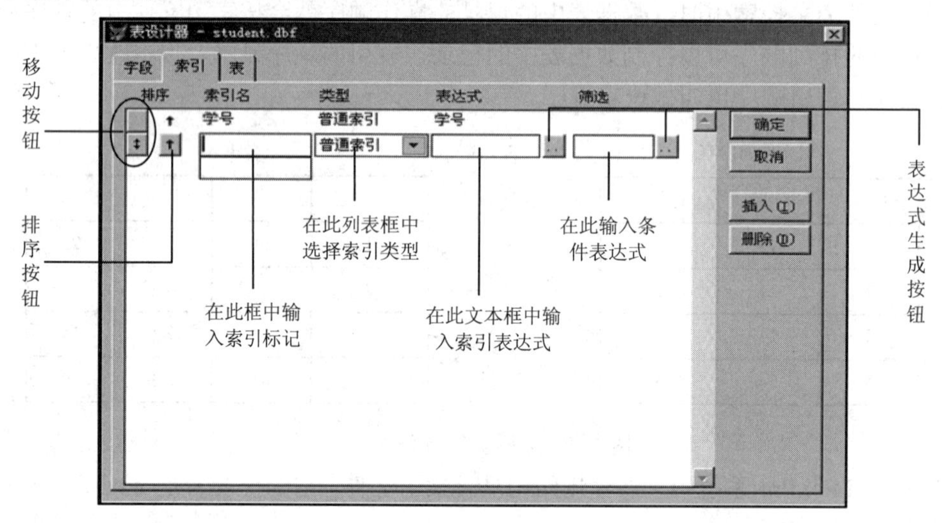

图 3.29　表设计器的“索引”选项卡

排序按钮　是指定该索引是升序↑，还是降序↓。单击此按钮就可以在这两种方式之间切换。

索引名　在一个表文件中可以建立多个索引，为了标识不同的索引需要给每个索引一个索引名。索引名的命名规则和内存变量的命名规则是一样的。例如，一个对“编号”字段的索引可以起名为 bh。

类型　下拉列表框用于选择索引的类型。

表达式　用于指定索引关键字或索引表达式，也可以用..按钮打开表达式生成器。

注意：

① 表达式可以是字段名，也可以是含有当前表中字段的合法表达式。

② 表达式值的数据类型可以是字符型、数值型、日期型和逻辑型。

③ 若在表达式中包含有几种类型的字段名，常常需要使用类型转换函数将其转换为相同类型的数据。

例如：① 在表达式项中输入“性别+职称”，索引结果是先按性别排序，性别相同的再按职称排序。② 在表达式项中输入“基本工资+奖金”，则索引结果的顺序是按基本工资与奖金的和排序。③ 如果要使索引的顺序为先按性别排序，再按基本工资排序，则在表达式项中应输入“性别+str(基本工资)”。

2) 在“字段”选项卡中创建索引

在“字段”选项卡中定义字段时就可以直接指定某些字段是否为索引项，用鼠标单击定义索引的下拉列表框可以看到三个选项：无、升序和降序，如图 3.30 所示。

注意：用此方法建立索引的索引名，索引类型为普通型，索引名与字段名同名，索引表达式就是对应的字段。

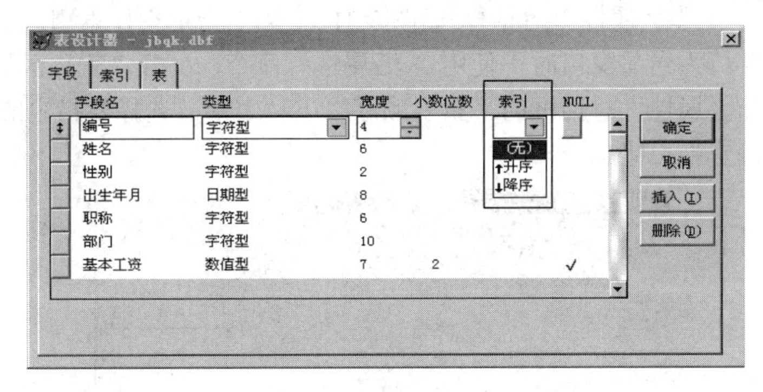

图 3.30　表设计器的“字段”选项卡

2. 用命令创建索引

创建索引的命令格式为

INDEX　ON　索引关键表达式　TAG　索引名　[FOR　条件]
[ASCENDING | DESCENDING] [UNIQUE | CANDIDATE]

- 索引关键表达式：用以指定记录重新排序的字段或表达式。
- TAG　索引名：用于指定所要建立的索引的标识名。
- FOR　条件：指定一个条件，使索引文件中只有满足条件的记录。
- DESCENDING：指定索引顺序为降序。
- ASCENDING：指定索引顺序为升序，注意此选项缺省时约定为升序。
- UNIQUE：指索引类型为唯一索引。
- CANDIDATE：指索引类型为候选索引。

注意：

① 该命令不能用于建立主索引，如果不指定索引类型则默认为普通型。

② 索引文件不能单独使用，它必须同表一起配合使用。

例 3.19　用命令建立关于学号的候选索引。

INDEX　ON　学号　CANDIDATE　TAG　XH

例 3.20　用命令建立关于部门和职称的索引。

INDEX　ON　部门＋职称　TAG　BZ

3.5.3　索引的操作

1. 打开与关闭索引

要使用索引必须先打开索引。结构复合索引文件总是随数据表文件一起打开，一旦数据表文件关闭，相应的索引文件也就自动关闭。

2. 确定主控索引

一个数据表可以建立多个索引，但是在每一时刻只有一个索引起作用(即表中记录只能按一个索引的顺序排列)，这个索引就成为主控索引。只有将某个索引指定为主控索引后，数据表中的记录才能按此索引的顺序排列，也就是说记录的操作和显示顺序由主控索引来控制。常用的确定主控索引的方法有以下两种。

方法一：在“工作区属性”对话框(如图 3.31 所示)中指定主控索引。

(1) 当浏览窗口为当前窗口时，使用“表/属性”命令，打开“工作区属性”对话框。

(2) 在“工作区属性”对话框的“索引顺序”下拉表中，选择要指定的索引名。

(3) 单击“确定”按钮。

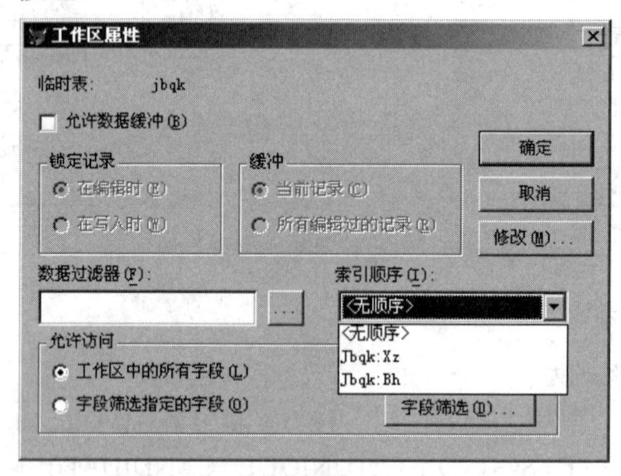

图 3.31　“工作区属性”对话框

注意：选择“无顺序”用于取消主控索引。

方法二：用命令指定主控索引。

命令格式：

SET　ORDER　TO　[TAG]索引标记　[ASCENDING | DSCENDING]

不论索引是按升序还是按降序建立的，在指定主控索引时都可以用 ASCENDING 或 DSCENDYING 重新指定升序或降序。

例 3.21　将当前表中索引名为 xh 的索引指定为主控索引。

```
SET ORDER TO TAG xh
```

或者：

```
SET ORDER TO xh
```

3. 删除索引

对于不再使用的索引，要及时地进行清理。删除索引可以在表设计器中进行，也可以使用命令进行。

删除索引的命令格式为

DELETE　TAG　索引名

如果要删除所有的索引可以使用下面的命令：

```
DELETE TAG ALL
```

在表设计器中删除索引可以使用“字段”选项卡或“索引”选项卡。

4. 使用索引快速定位

打开索引后，就可以使用快速查找命令，以提高查找速度。命令格式为

SEEK　表达式　[ORDER　[TAG]　索引标记　[ASCENDING | DESCENDING]]

功能：在数据表中根据索引关键字的值决定从前向后或从后向前开始查找，这样查找可以提高查找的速度。

- 表达式：用于指定 SEEK 搜索的关键字。
- ORDER [TAG]　索引标记　[ASCENDING | DESCENDING]：指定<表达式>是以哪一个索引定位，其使用方法同设置主控索引。如果缺省该子句则按当前的主控索引查找。

例 3.22　当前表为 jbqk 表，已建立的索引有 bh(关于字符型字段“编号”的索引)和 gz(关于数值字段“基本工资”的索引)。

要查找编号为“1611”的职工，可以使用命令：

```
SEEK  "1611"
```

要查找基本工资为 370 元的职工，可以使用命令：

```
SEEK  370  ORDER  gz
```

3.6　多 表 操 作

在处理一些复杂的问题时，有时需要同时对多个数据表进行操作。一般情况下只能打开一个表，当打开新表时原来已经打开的表就会自动关闭。为了能同时打开多个表，Visual FoxPro 引入了工作区的概念。

3.6.1　工作区

工作区就是内存中的一块区域。打开表文件就是从磁盘将数据表调入内存的某个工作区。在一个工作区中只能打开一个数据表文件，若要同时打开多个表文件，则需指定多个工作区并分别打开不同的数据表文件。

但无论打开多少工作区，任何时刻用户只能选择一个工作区进行操作，这个工作区称为当前工作区。

Visual FoxPro 提供 32 767 个工作区，用工作区号和别名区分不同的工作区，编号从 1 到 32 767。启动 Visual FoxPro 系统时，系统默认编号为 1 的工作区为当前工作区。

3.6.2　选定工作区

当需要同时对多个数据表进行操作时，允许使用多个工作区，但任何时刻当前工作区只能有一个。必须使用选择工作区的命令选择当前工作区，其命令格式为

SELECT　工作区编号|工作区别名

其中，工作区编号的取值范围为 0～32 767。如果取 0，则选择尚未使用的编号最小的一个工作区。别名是指打开表的别名，用来指定包含打开表的工作区。别名有三种使用方法：

方法一：使用系统默认的别名 A～J 表示前 10 个工作区，别名 W11～W32767 表示工作区 11 到工作区 32767。

方法二：用户也可以在一个工作区中打开一个数据表文件的同时为该表定义一个别名，

而该表的别名也可作为所在工作区的别名。为数据表指定别名的命令格式为

USE　数据表文件名　ALIAS　别名

例 3.23　打开职工基本情况(jbqk.dbf)表时，给该表指定别名 QK。

```
USE   jbqk   ALIAS   QK
```

方法三：如果未给该数据表定义别名，则数据表的主名就是别名。

例 3.24　在 1 号工作区打开工资表，在 2 号工作区打开员工表。

```
SELECT 1
USE    工资表
SELECT   2
USE   员工表
```

另外，可以在打开表时，指定表所在的工作区，此时并不改变当前区的位置。命令格式为

USE　表名　IN　工作区号

例 3.25　在 3 号工作区打开表 jbqk.dbf。

```
USE    jbqk   IN    3
```

或者：

```
USE    jbqk   IN     C
```

注意：工作区的切换不影响各工作区数据表记录指针的位置。在工作区未建立关联时，对当前工作区中数据表进行操作，不影响其他工作区中数据表的内容记录指针。

3.6.3　查看工作区使用状况

如果用户想了解工作区的使用情况，可以使用“窗口/数据工作期”命令打开如图 3.32 所示的“数据工作期”窗口。通过该窗口，用户不仅可以直接查看工作区的使用情况，还能够打开、浏览或关闭指定的表。

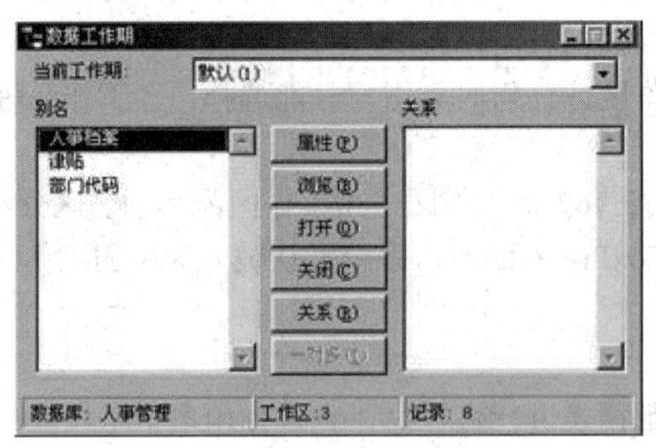

图 3.32　“数据工作期”窗口

3.6.4　使用其他工作区的表

除了对当前表操作外，还允许在当前工作区中对其他工作区中已打开的表进行操作，只需在命令后添加短语：

IN　工作区号|别名

例 3.26　当前使用的是第 3 工作区的人事档案，如果要将第 1 工作区中已打开的表的记录指针定位在第 12 条记录上，则可以使用命令：

```
GO 12 IN 1
```

另外，还可以直接利用表的别名引用另一个表中的数据，只需在引用的字段名前加表别名及分隔符“.”或“->”即可。

例 3.27　如果第 1 工作区中打开的表为学生档案(其中包含的字段有学号和姓名，文件名为 xsda.dbf)，第 3 工作区打开学生成绩表(其中包含的字段有学号、笔试成绩和上机成绩，文件名为 cj.dbf)，要求显示学号为“010301”的学生学号、姓名、笔试成绩和上机成绩。

由于两个表的指针之间不存在任何关系，因此只能分别在两个表中移动指针到学号“010301”的记录上再进行显示。命令如下：

```
SELECT  3
USE  cj
LOCATE  FOR  学号="010301"
SELECT  1
USE  xsda
LOCATE  FOR  学号="010301"
DISPLAY  学号, 姓名，C->笔试成绩，C->上机成绩
```

3.7　表与表之间的联系

在数据库的使用中，更多的是同时需要多个表中的数据，这就要求能将数据库中不同表的数据进行重新组合，并建立各种联系。Visual FoxPro 作为一种关系数据库管理系统，可以方便地实现以上要求。在数据库的使用中，用户可以利用这种关系来查找所需要的有关信息，并能方便地对这些信息进行操作和处理。

数据库表是和关系相对应的，数据库表之间常用的关系有两种：一对一关系和一对多关系。

一对一关系　具有这种关系的两个表 A 与 B 之间的关系较为简单，表 A 和表 B 中的一条记录在彼此的表中都最多只能找到一条记录与其相对应。有时，数据库的设计者可以将这两个表合并成为一个表。如图 3.33 所示的职工基本情况表和工资表之间就是一对一的关系。

员工编号	姓名	…	职称	…
010101	陈胜利		教授	
010201	刘莉莉		助教	
010102	唐家		副教授	
010301	赵高		讲师	
010401	刘敏敏		讲师	
010203	胡卫国		助教	
010502	贺子		助教	

员工编号	基本工资	…	水电费	…
010101	1800.00		180.00	
010201	649.00		80.00	
010102	1400.00		240.00	
010301	1050.00		170.00	
010401	1100.00		105.00	
010203	800.00		60.00	
010502	760.00		30.00	

图 3.33　一对一的关系

一对多关系　这种关系是关系数据库中最常用的关系。表 A 和表 B 建立一对多关系时(假设表 A 是“一方”，表 B 是“多方”)，表 A 的一条记录在表 B 中可以有多条记录与之相对应。如图 3.34 所示的职工基本情况表和部门情况表之间就是一对多的关系。

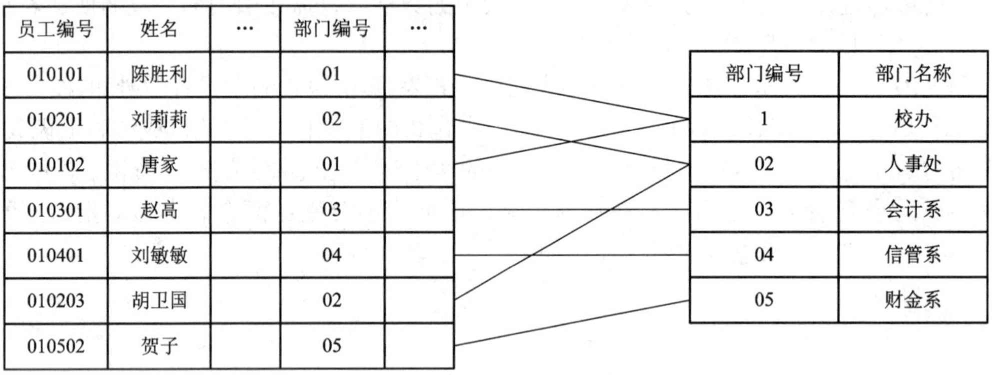

员工编号	姓名	…	部门编号	…
010101	陈胜利		01	
010201	刘莉莉		02	
010102	唐家		01	
010301	赵高		03	
010401	刘敏敏		04	
010203	胡卫国		02	
010502	贺子		05	

部门编号	部门名称
1	校办
02	人事处
03	会计系
04	信管系
05	财金系

图 3..34　一对多的关系

3.7.1　创建数据表之间的关联

在 Visual FoxPro 中，表间的联系有“永久性关联”和“临时性关联”两种。临时性关联只是在使用时临时建立的表间联系，一旦关闭数据表，则临时性关联也就消失了；永久性关联则是被存放在数据库中的数据表间联系，它将随数据库长期保存，并随着数据库的打开而打开，关闭而关闭。建立关联的两个数据表，必须存在同名字段，同时要求每个数据表事先分别对该字段建立索引。当前表叫做父表，要关联的表叫做子表。

1. 表的永久关系

在数据库的两个表间建立永久联系时，必须先选择父表的主索引或候选索引，而子表中的索引类型决定了要建立的永久联系类型。如果子表中的索引类型是主索引或候选索引，则建立一对一关系；如果子表中的索引类型是普通索引，则建立一对多关系。

建立关联时在数据库设计器对话框窗口中，用鼠标左键选中父表中的主索引字段，然后拖至与其建立联系的子表中的对应索引字段处，再松开鼠标左键，两表间就建立了永久关系。永久关系在数据库设计器中表现为表索引之间的连线，若连线的一端为一根线，另一端也为一根线，代表一对一关系；若连线的一端为一根线，另一端为三根线，则代表一对多关系。如图 3.35 所示，学生档案表(xsda.dbf)与学生成绩表(xscj.dbf)之间就是一对一的关系，学生档案表与学生借书表(xsjs.dbf)之间是一对多关系。

删除关联时，在数据库设计器对话框窗口中，用鼠标左键单击关联线，若该连线变粗，则说明它已经被选中，按 Del 键即可删除。也可以单击鼠标右键，在弹出的快捷菜单中，单击“删除关系”命令来删除。

如果需要编辑修改已建立的联系，可以单击表之间的永久关系连线，此时连线变粗，然后从“数据库”菜单项中选择“编辑关系”命令。或者用鼠标右键单击连线，在弹出的快捷菜单中选择“编辑关系”或“删除关系”命令。亦或者双击连线，打开“编辑关系”对话框，如图 3.36 所示，在对话框中进行修改。

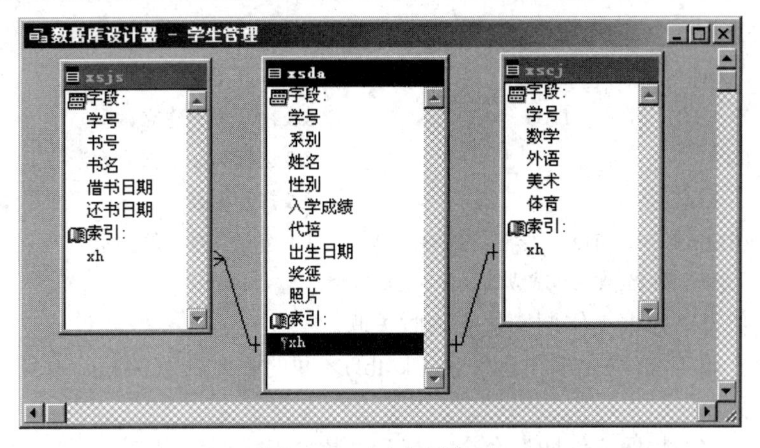

图 3.35　表之间的关系

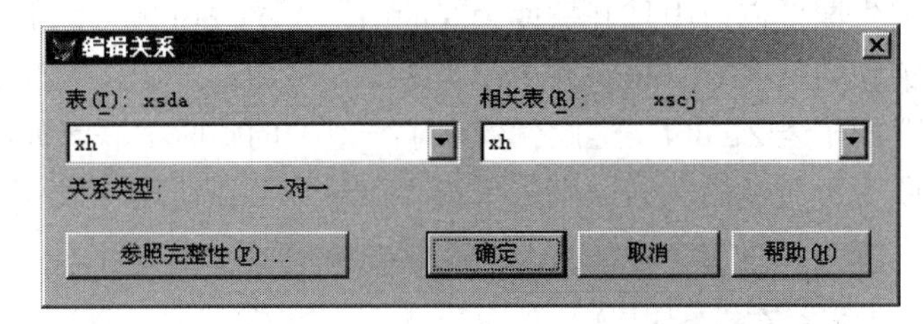

图 3.36　“编辑关系”对话框

2. 表的临时关系

不同的工作区中打开的数据表都有各自的记录指针，用以指向当前记录。建立临时关联，就是在不同工作区的记录指针之间建立临时的联动关系，使得当一个工作区的数据表的记录指针移动时，另一个工作区的数据表的记录指针能随之移动。

方法一：使用窗口命令建立临时关联。

命令格式：

SET RELATION TO [关键字表达式|数值表达式 INTO 工作区|别名[ADDITIVE]]

· 关键字表达式 | 数值表达式：按指定的关键字表达式或数值表达式(结果作为记录号)在当前表与别名区的表之间建立临时关联。

· INTO 工作区 | 别名：指定子表的工作区或别名。

· ADDITIVE：建立新的关联时，默认取消原有的关联，而选择 ADDITIVE 时，则不取消原来的关联。

注意：

① 建立关联前，必须在不同工作区中打开主表和子表，并选择主表所在工作区为当前工作区。

② 如果使用关键字表达式建立关联，则必须按此关键字表达式索引并打开被关联表。

③ 使用 SET RELATION OFF 命令将取消临时关联。

例 3.28　在学生档案表(其中包含的字段有学号和姓名，文件名为 xsda.dbf)与学生成绩表(其中包含的字段有学号、字段笔试成绩和上机成绩，文件名为 cj.dbf)之间建立一对一的临时关系。显示所有学生的学号、姓名、笔试成绩和上机成绩。

```
SELECT  1                                  &&选择第 1 工作区为当前工作区
USE    xscj                                &&打开子表
INDEX   ON  学号  TAG  xh                  &&在子表中建立索引
SELECT   2                                 &&选择第 2 工作区为当前工作区
USE      xsda                              &&打开主表
SET  RELATION  TO   学号  INTO  A          &&建立一对一的关系
LIST  学号, 姓名, A->笔试成绩，A->上机成绩
```

方法二：使用“数据工作期”建立临时关联。

下面以建立职工表(Zg.dbf)和仓库表(Ck.dbf)之间的临时关联关系，介绍建立临时关联关系的操作步骤。

(1) 使用“窗口/数据工作期”命令，打开“数据工作期”窗口。

(2) 在“数据工作期”窗口中打开需要关联的两个表 Zg.dbf 和 Ck.dbf。

(3) 选择进行关联的父表 Ck.dbf，并单击“关系”按钮。

(4) 选择被关联的子表 Zg.dbf，至此就建立了一对一的临时关联，如图 3.37 所示。

(5) 如果此关联为一对多的关联，则需单击“一对多”按钮进行设置。

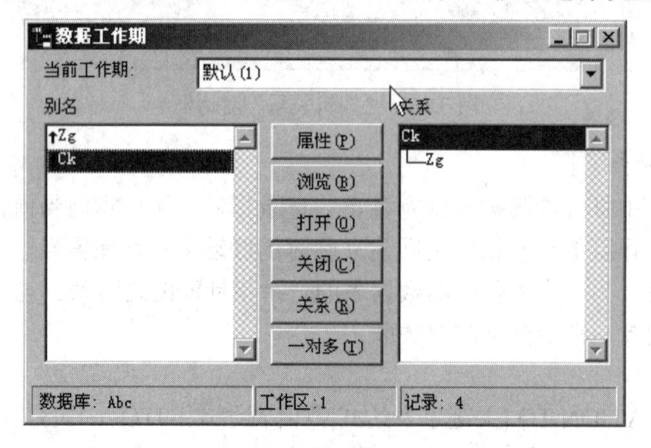

图 3.37 使用“数据工作期”建立关联

3.7.2 数据库的数据完整性

所谓数据完整性，就是指数据库中数据的正确性和一致性。利用数据的完整性约束，可以保证数据库中数据的质量。因此，在进行表的设计时，一定要注意到对数据完整性的设计。

在关系数据库中，一般有以下三类完整性：

实体完整性 保证表中所有的行都是唯一的，以确保所有的记录都是可以区分的。

域完整性 对具体一列上的数据的有效性限制。

参照完整性 这是对涉及两个或两个以上表的数据的一致性维护。

1. 实体完整性

实体完整性是保证表中记录唯一的特性，即在一个表中不允许有重复的记录。在 Visual FoxPro 中利用主关键字或候选关键字来保证表中的记录唯一，即保证实体唯一性。

如果一个字段的值或几个字段的值能够唯一标识表中的一条记录，则这样的字段称为候选关键字。在一个表上可能会有几个具有这种特性的字段或字段的组合，这时从中选择一个作为主关键字。

2. 域完整性

我们所熟知的数据类型的定义属于域完整性的范畴。比如对数值型字段，通过指定不同的宽度说明不同范围的数值数据类型，从而可以限定字段的取值类型和取值范围。

在 Visual FoxPro 中域约束规则就是字段有效性规则，在插入或修改字段值时被激活，主要用于数据输入正确性的检验。建立字段有效性规则可以在表设计器中建立，在表设计器的“字段”选项卡中，字段属性的“规则”(字段有效性规则)、“信息”(违背字段有效性规则时的提示信息)和“默认值”(字段的默认值)三项，就是用于设置域完整性的(设置方法参见 3.3 节)。

3. 参照完整性

对于具有永久关系的两个数据库表，当对一个表更新、删除或插入记录时，另一个表并未作相应变化，这就破坏了数据的完整性。Visual FoxPro 中提供参照完整性生成器供用户指出保证数据完整性的要求。例如，已经建立了教师开课表和课程表，当用户要在教师开课表中插入一条教师开课新记录时，如果设置了参照完整性后，系统会自动在课程表中查找该教师所开设课程的编号，如果找不到这个课程号，说明学校还没有同意开设该课程，则不允许插入该教师的开课记录。这样就可以避免教师所开课程与学校规定开设课程之间的不匹配。

为了建立参照完整性，必须首先建立表之间的联系。建立了表间联系后，并没有任何参照完整性约束，然后通过参照完整性设置方可进行完整性检查。设置步骤如下：

(1) 在建立参照完整性之前必须首先清理数据库，即物理删除数据库各个表中所有带有删除标记的记录。清理数据库可以使用“数据库/清理数据库”命令。

(2) 在“参照完整性生成器”对话框(如图 3.38 所示)中设置参照完整性。

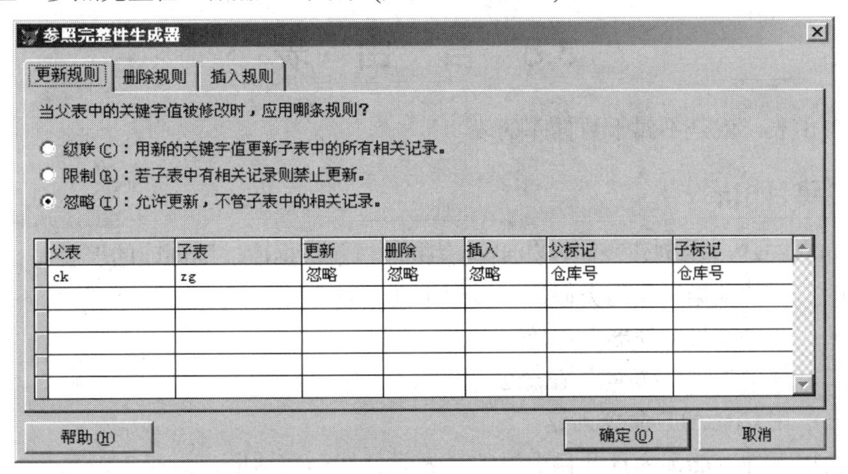

图 3.38 “参照完整性生成器”对话框

打开“参照完整性生成器”窗口有两种方法。

方法一：选择数据库菜单中的“编辑参照完整性”命令，或从数据库设计器快捷菜单中选择“编辑参照完整性”命令。

方法二：在数据库设计器中双击两个表之间的连线，在“编辑关系”对话框中选择“参照完整性”按钮。

注意：不管单击的是哪个联系，所有联系都将出现在参照完整性生成器中。

(3) 在“参照完整性生成器”对话框中分别对更新规则、删除规则和插入规则进行设置。

(4) 单击“确定”按钮完成参照完整性设置。

参照完整性规则包括更新规则、删除规则和插入规则。

更新规则　规定了当更新父表的连接字段(主关键字)值时，如何处理子表中的记录。

- 级联：用新的连接字段值自动修改子表中的所有相关记录。
- 限制：若子表中有相关的记录，则禁止修改父表中的连接字段值。
- 忽略：不做参照完整性检查，可以随意更新父表记录的连接字段值。

删除规则　规定了当删除父表中的记录时，如何处理子表中的相关记录。

- 级联：自动删除子表中的所有相关记录。
- 限制：若子表中有相关的记录，则禁止删除父表中的记录。
- 忽略：不做参照完整性检查，删除父表记录时与子表无关。

插入规则　规定了当插入子表中的记录时，是否进行参照完整性检查。

- 限制：若父表中没有相匹配的连接字段值则禁止插入子记录。
- 忽略：不做参照完整性检查，可随意插入子记录。

例如，在人事管理数据库中，可将表间的插入规则设为“限制”，即插入人事档案记录时，检查相关的部门和职称是否存在，如果不存在，则禁止插入人事档案记录；更新规则设为“级联”，即在修改部门代码和职称级别时，也自动修改相关的人事档案记录；删除规则设为“忽略”，即删除部门代码记录或津贴记录时，不改变人事档案的记录内容。

3.8 自　由　表

所谓自由表，就是不属于数据库的表。

3.8.1 创建自由表

在 Visual FoxPro 中创建表时，如果没有指定当前数据库，则创建的表就是自由表。建立自由表的方法与数据库表的类似，可以用下面三种方法：

方法一：在“项目管理器”创建。

方法二：使用“文件/新建”命令创建。

方法三：用 CREATE 命令创建。

无论使用哪种方法都会打开自由表的“表设计器”对话框，如图 3.39 所示。可以看出自由表设计器与数据库表设计器相比，对话框的下部没有显示、字段有效性、匹配字段类型到类和字段注释 4 个输入区域。

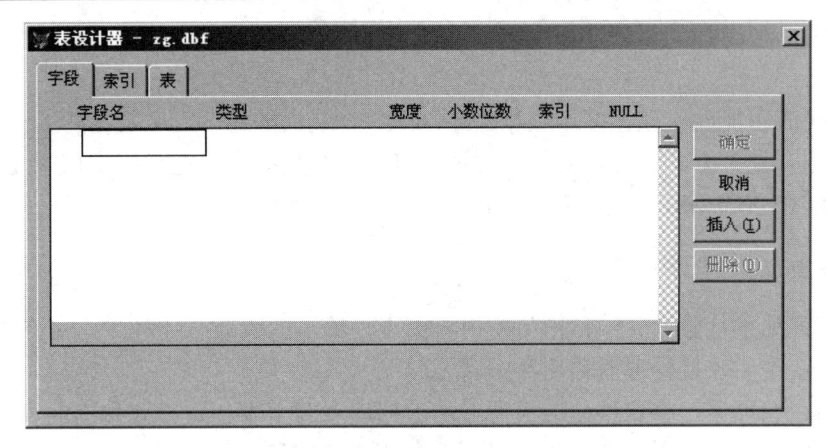

图 3.39 自由表的“表设计器”

数据库表与自由表相比有以下几个特点：

(1) 数据库表可以使用长表名和长字段名。

(2) 可为数据库表中的字段指定标题和添加注释。

(3) 可为数据库表的字段指定默认值和输入掩码。

(4) 数据库表的字段有默认的控件类。

(5) 可为数据库表规定字段级规则和记录级规则。

(6) 数据库表支持参照完整性。

(7) 数据库表支持 INSERT、UPDATE 和 DELETE 事件的触发器。

3.8.2 将自由表添加到数据库

自由表可以添加到数据库中，成为数据库表。要将一个或多个表加入到数据库中，可以使用三种方法。

方法一：在“项目管理器”中添加自由表。

在项目管理器的“数据”选项卡中，从列表中选择要添加到的“数据库”，再单击“添加”按钮。

方法二：在数据库设计器中添加自由表。

打开数据库设计器，使用“数据库/添加表”命令或者在数据库设计器空白处单击鼠标右键并选择“添加表”。

方法三：使用命令添加自由表。

将自由表加入到数据库中的命令格式为

ADD TABLE <表名> | [<长表名>]

功能：将给定表名的自由表添加到当前打开的数据库中，并可命名长表名。长表名最多可以用 128 个字符，这是数据库表特有的属性。

自由表被添加到当前打开的数据库后，就不是一个自由表了，且具有数据库表的所有属性。

注意：

① 所加入的表是一个有效的 .dbf 文件。

② 除非为要添加的表指定一个唯一的长文件名，否则表不允许与打开的数据库中已有的表同名。

③ 一个表不能同时放在多个数据库中，即一个表只能属于一个数据库。

④ 必须以独占方式打开。要想不独占地打开一个数据库，在使用 OPEN DATABASE 命令时需加入 EXCLUSIVE 子句。

3.8.3 将表从数据库移出

数据库表如果从数据库中移出就变为自由表，移出的方法有三种。

方法一：使用项目管理器移出数据库表。

打开项目管理器，将要移出的表所在的数据库展开至表，选择要移出的表，单击“移去”按钮调出删除确认框，如图 3.40 所示。如果选择“移去”按钮，则该表从数据库中移出变为自由表；如果选择“删除”按钮，则该表从磁盘上删除。

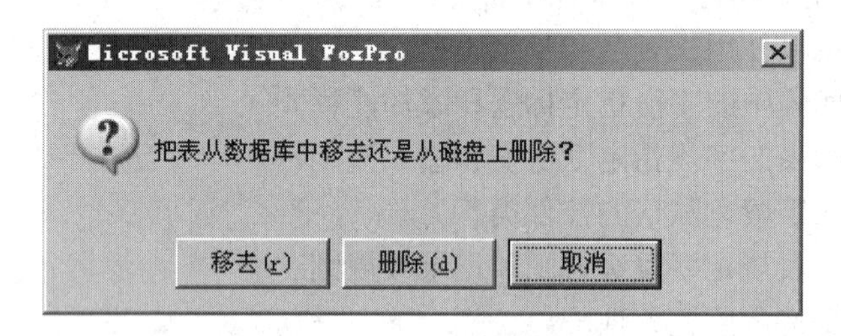

图 3.40　移出表时的删除确认框

方法二：使用数据库设计器移出表。

在数据库设计器中，使用“数据库/移去”命令或者在数据库设计器空白处单击鼠标右键并选择“删除”命令。

方法三：使用命令移出表。

移出表的命令格式为

REMOVE TABLE　表文件名　[DELETE] | [RECYCLE]

功能：将给定表名的表从当前打开的数据库中移出(不选 DELETE)或删除(选 DELETE)，若选 RECYCLE 则将把表文件送入回收站。

3.9　数据的统计计算

有时我们对一个表还可以进行一些具体的算术运算，例如统计记录个数、按列求和、按列求平均等。

3.9.1 统计记录个数

统计记录个数就是统计二维表中的行。

命令格式：

COUNT [<范围>] [FOR <条件>] [WHILE <条件>]　TO <内存变量名>

功能：统计表中满足指定条件的记录个数并将之放到指定的内存变量中。

注意：

① 对自由表或数据库表都可以使用该命令。

② 范围条件的含义同前，若省去范围条件，该命令表示统计表的记录个数。

注意： COUNT命令与RECCOUNT()函数均可统计记录个数。

例3.29 统计jbqk.dbf中男职工的人数，并放入内存变量nan中。

```
USE jbqk
COUNT   TO  Nan   FOR  性别= "男"
? Nan
```

3.9.2 数值型字段纵向求和

数值型字段纵向求和，就是按指定的列求和。

命令格式：

SUM [<字段名表>] [<范围>] [TO <内存变量名表>|TO ARRAY <数组名>] [FOR <条件>] [WHILE <条件>]

功能：对满足某一条件的字段的字段值求和并放到指定的内存变量或数组中。

注意：

① 对自由表或数据库表都可以使用该命令。

② 范围条件的含义同前，若省去范围条件，则对指定的字段按列求和。

③ 若字段名都省去，则对当前表中所有数值型字段求和。

④ 若指定的是数组，则事先不用定义。

⑤ 若不指定内存变量或数组则只在屏幕上显示。

例3.30 统计jbqk.dbf文件中工程师的基本工资总和，并放入内存变量gz中。

```
USE jbqk
SUM  基本工资 TO  gz  FOR 职称="工程师"
? gz
```

例3.31 统计jbqk表中基本工资和奖金的和并放到数组gzjj中。

```
USE jbqk
SUM TO ARRAY gzjj
? gzjj(1),gzjj(2)
```

注意： SUM命令与SUM()函数有区别。

3.9.3 数值型字段纵向求平均值

数值型字段纵向求平均值就是按列求平均。

命令格式：

AVERAGE [<字段表达式表>] [<范围>] [TO <内存变量名表>|TO ARRAY <数组名>] [FOR <条件>] [WHILE <条件>]

功能：对记录中在一定范围内满足一定条件的字段的字段值求平均值，并放到指定的内存变量或数组中。

注意： 各选项的含义与SUM命令相同。

例 3.32　计算 jbqk.dbf 文件中工程师的平均工资，并放入内存变量 agz 中。

```
USE jbqk
AVERAGE  基本工资  TO  agz  FOR  职称 = "工程师"
? agz
```

习　题　三

一、选择题

1. 独立于任何数据库的表称为(　　)。

A) 数据库表　　B) 报表

C) 自由表　　D) 表单

2. 在数据输入过程中，当输入备注型字段和通用型字段时，只要在该字段处双击鼠标或直接按(　　)键，即可弹出一数据编辑对话框。

A) Ctrl+Insert　　B) Ctrl+End

C) Ctrl+Delete　　D) Ctrl+Home

3. 有关参照完整性的删除规定，正确的描述是(　　)。

A) 如果删除规则选择的是“限制”，则当用户删除父表中的记录时，系统将自动删除子表中的所有相关记录

B) 如果删除规则选择的是“级联”，则当用户删除父表中的记录时，系统将禁止删除与子表相关的父表中的记录

C) 如果删除规则选择的是“忽略”，当用户删除父表中的记录时，系统不负责做任何工作

D) 上面三种说法都不对

4. 索引的种类包括：主索引、候选索引、普通索引和(　　)。

A) 副索引　　B) 唯一索引

C) 子索引　　D) 多重索引

5. 表结构中空值(.NULL.)的含义是(　　)。

A) 空格　　B) 0

C) 默认值　　D) 尚未输入

6. 数据库表字段名最长可达(　　)字符。

A) 10　　B) 64

C) 128　　D) 256

7. 在 Visual FoxPro 命令窗口中，要修改表的结构，应该键入命令(　　)。

A) MODIFY STRUCTURE　　B) MODIFY COMM TEST

C) EDIT STRUCTURE　　D) TYPE TEST

8. Visual FoxPro 表之间可建立永久联系和(　　)联系。

A) 终身　　B) 临时

C) 短期　　D) 永无

9. 关于数据库和表的说法，正确的是(　　)。

A) 表包含数据库

B) 数据库只包含表

C) 数据库不仅包含表，而且包含表间的关系和相关的操作

D) 表和数据库无关

10. 在1号工作区打开的stud.dbf文件中含有“姓名(C,6)”等字段，在3号工作区打开的score.dbf文件中含有“姓名(C,6)”等字段，当前为1号工作区，要显示3号工作区内当前记录中“姓名”字段的值，正确的操作是(　　)。

A) DISPLAY C->姓名　　B) LIST score.姓名

C) DISPLAY 姓名　　D) DISPLAY stud.姓名

11. 从数据库中删除表可以在数据库设计器中单击(　　)按钮。

A) 浏览　　B) 添加

C) 移去　　D) 删除

12. 在多工作区操作中，如果选择了1、3、5、6号工作区并打开了相应的表，在命令窗口执行命令 SELECT 0，其功能是(　　)。

A) 选择 0 号工作区为当前工作区　　B) 选择 2 号工作区为当前工作区

C) 选择 7 号工作区为当前工作区　　D) 错误的

13. 要从磁盘上彻底删除记录，可以使用(　　)命令。

A) DELETE　　B) APPEND

C) BROWSE　　D) ZAP

14. 建立表间临时关联的命令是(　　)。

A) JOIN 命令　　B) SET RELATION TO 命令

C) SET RELATION 命令　　D) 以上都不是

15. 对于只有两种取值的字段，通常使用(　　)类型。

A) 数值类型　　B) 字符类型

C) 日期类型　　D) 逻辑类型

16. 在Visual FoxPro中，当数据库建立时，自动建立并且打开的索引称为(　　)文件。

A) 普通索引　　B) 复合索引

C) 结构复合索引　　D) 单索引

17. Visual FoxPro中，扩展名为.dbf的文件为(　　)。

A) 表　　B) 表单

C) 数据库　　D) 索引

18. 利用(　　)命令，可以在Visual FoxPro主窗口中显示数据库中的表。

A) LIST　　B) BROWSE

C) MODIFY　　D) USE

19. 对于需要参加算术运算的数据，最好按(　　)类型存储。

A) 备注　　B) 货币

C) 数值　　D) 浮点

20. 表文件中有语文、物理、化学、计算机和总分字段，都是数值型。要将所有学生

的各门成绩汇总后存入总分字段中，需使用命令(　　)。

A) REPLACE 总分 WITH 语文+物理+化学+计算机

B) REPLACE 总分 WITH 语文，物理，化学，计算机

C) REPLACE 总分 WITH 语文+物理+化学+计算机 FOR REST

D) REPLACE ALL 总分 WITH 语文+物理+化学+计算机

21. jbqk 表中有男 11 女 8。若执行如下命令新表中有(　　)。

SORT TO XBPX ON 基本工资 FOR 性别="男"FIEDS 姓名，性别，基本工资

A) 11 行 3 列　　B) 3 行 11 列　　C) 8 行 3 列　　D) 3 行 8 列

二、填空题

1. Visual FoxPro 有两种类型的表：数据库表和______。
2. 从数据库中移去表可以在命令窗口中键入______TABLE。
3. 在表设计器的字段验证中有______、信息和默认值三项内容需要设定。
4. 要从磁盘上彻底删除记录，可以使用______菜单。
5. 数据库表的索引共有______种。
6. Visual FoxPro 的数据库表之间有一对一、一对多和______关系。
7. 将一个自由表添加到一个数据库中，可以使用数据库设计器的______按钮。
8. 在数据输入过程中，当输入备注型字段和通用型字段时，鼠标操作为______。
9. 参照完整性的规则有插入、更新和______规则。
10. 自由表的结构定义比数据库表的结构定义中缺少字段的______规则设定。
11. 在 Visual FoxPro 中，设置字段有效性规则在表设计器的______选项卡上进行。
12. 索引的种类包括主索引、候选索引、普通索引和______。
13. 逻辑删除数据库表中的记录命令字为______。
14. 在 Visual FoxPro 命令窗口中，打开数据库设计器的命令格式为______。
15. 一个表的候选索引可以有______个。
16. 具有互不相同数据字段索引方式，有主索引和______索引。
17. 命令 LOCATE 所对应的菜单操作是“表”菜单的______命令。
18. 在当前记录前面插入记录的命令为______。
19. 在 Visual FoxPro 系统命令结构中，[范围]有以下四种情况，其各自的意义是：

All________；

NEXT n_________；

RECORD n_____________；

REST_____________。

三、简答题

1. 简述项目管理器的功能。
2. 简述项目、库、表的含义及关系。
3. 什么是字段、字段值、记录和表？
4. 简述索引的分类及含义。

四、操作题

1. 建立一个表 zgqk.dbf，结构和记录如下：

结构信息为编号/C/4、姓名/C/6、出生年月/D/8、基本工资/N/6/2、婚否/L/1 和奖金/I/4。

编号	姓名	出生年月	基本工资	婚否	奖金
1103	陈红	1976-2-3	370.00	.F.	300
1602	冯卫东	1960-1-24	340.75	.T.	500
0802	何兵	1972-11-23	560.00	.F.	350
2208	景平	1950-7-7	600.70	.T.	600
0805	吕一平	1963-3-12	360.00	.T.	700
1102	王军	1938-11-23	720.00	.T.	300
1107	陶玉蓉	1979-7-8	340.00	.F.	300
1611	王军	1971-7-26	380.00	.F.	400

2. 浏览 zgqk.dbf 的结构信息，浏览 zgqk.dbf 的记录信息。

3. 以独占方式打开素材表 zgqk.dbf，修改字段“基本工资”为 F/7/2，并添加字段“备注/M”。

4. 在 zgqk.dbf 末尾追加一条新记录。

5. 显示 6、7、8、9、10 五条记录。

6. 显示所有“男”职工信息。

7. 给女工程师的基本工资增加 100 元。

8. 逻辑删除 zgqk.dbf 表中的 5、6、7 三条记录。

9. 恢复 zgqk.dbf 表中所有逻辑删除的记录。

10. 按编号建立主索引，索引名为 bh。

11. 显示每个部门的部门名称等信息。

12. 建立数据库，命名为“练习”。

13. 建立两个数据库表“仓库”和“职工”(具体内容参看表 4.3 和表 4.2)。

14. 建立这两个表的永久联系。

15. 设置参照完整性。

16. 将表 zgqk.dbf 添加到数据库“练习”中。

第 4 章　关系数据库标准语言 SQL

结构化查询语言 SQL(Structured Query Language)是一种介于关系代数与关系演算之间的语言，其功能包括查询、操纵、定义和控制四个方面，是一个通用的、功能极强的关系数据库语言。目前，SQL 已成为关系数据库的标准语言。

4.1　SQL 概述

20 世纪 80 年代，SQL 由 ANSI 进行了标准化，它包括了定义和操作数据的指令。随后，由于它具有功能丰富，使用方式灵活，语言简洁易学等突出特点，在计算机界深受广大用户欢迎，许多数据库生产厂家都相继推出各自支持的 SQL 标准。1998 年 4 月，ISO 提出了具有完整性特征的 SQL，并将其定为国际标准，推荐它为标准关系数据库语言。1990 年，我国也颁布了《信息处理系统数据库语言 SQL》，并将其定为中国国家标准。其特点如下：

(1) SQL 语言是一种一体化的语言。尽管设计 SQL 的最初目的是查询，并且数据查询也是其最重要的功能之一，但 SQL 决不仅仅是一个查询工具，它集数据定义、数据查询、数据操纵和数据控制功能于一体，可以独立完成数据库的全部操作。

(2) SQL 语言是一种高度非过程化的语言。SQL 语言不必一步步地告诉计算机“如何”去做，而只需要描述清楚用户要“做什么”，SQL 语言就可以将要求交给系统，自动完成全部工作。

(3) SQL 语言非常简洁。虽然 SQL 语言功能很强，但它只有为数不多的 9 种命令：CREATE、DROP、ALTER、SELECT、INSERT、UPDATE、DELETE、GRANT 和 REVOKE。另外 SQL 的语法也非常简单，它很接近英语自然语言，因此容易学习和掌握。

(4) SQL 语言可以直接以命令方式交互使用，也可以嵌入到程序设计语言中以程序方式使用。现在很多数据库应用开发工具都将 SQL 语言直接融入到自身的语言之中，使用起来更方便，Visual FoxPro 就是如此。这些使用方式为用户提供了灵活的选择余地。

Visual FoxPro 在 SQL 方面支持数据定义、数据查询和数据操纵功能，但在具体实现方面仍存在一些差异。另外，由于 Visual FoxPro 自身在安全控制方面的缺陷，因此它没有提供数据控制功能。

SQL 虽然在各种数据库产品中得到了广泛的支持，但迄今为止，它只是一种建议标准，各种数据库产品中所实现的 SQL 在语法、功能等方面均略有差异。本章主要讲述在 Visual FoxPro 中 SQL 的语法、功能与应用。

4.2 查询功能

数据库中最常见的操作是数据查询，这也是 SQL 的核心。SQL 的查询命令称作 SELECT 命令，它的基本形式由 SELECT—FROM—WHERE 查询模块组成，多个查询可以嵌套执行。

4.2.1 基本查询

基本查询的命令格式为

SELECT　[ALL | DISTINCT]　字段表达式列表　[AS　列名] FROM　表文件名

功能：将指定表中查询出的信息显示在浏览窗口中。

- ALL：表示选出的记录中包括重复记录。
- DISTINCT：表示选出的记录中不包括重复记录，将重复记录只保留一条。缺省时默认为 ALL。
- 字段表达式列表：可以是一组用“，”分开的字段名，也可以是函数或表达式。
- AS　列名：为查询结果重新指定一个列标题。

注意：

① 如果将表中所有字段都选择输出，则用“*”代替。

② 在函数或表达式中还可以用一些专用统计函数。SQL 命令中常用的统计函数有：

AVG(字段名)，求所有满足条件的记录在该字段上的平均值；

MIN(字段名)，求所有满足条件的记录在该字段上的最小值；

MAX(字段名)，求所有满足条件的记录在该字段上的最大值；

SUM(字段名)，求所有满足条件的记录在该字段的和；

COUNT(*或字段名)，求所有满足条件的记录总数，字段名可以不写。

③ 除 COUNT 函数外，能进行统计的字段必须是表示数值的数据类型。而且用了统计函数后，视情况会将统计的记录压缩成一条或多条。

- FROM　表文件名：设定查询的数据来源。

注意：

① 书写应注意各个子句之间以空格分隔，子句内部各个项目之间使用逗号分隔。

② 通常每个子句写一行，每行后要用“；”续行。

下列用一些例子说明 SELECT 命令的使用，例子中所用到的数据表——职工基本情况表(jbqk.dbf)具体内容如表 4.1 所示。

表 4.1　职工基本情况表

编号	姓名	性别	出生日期	职称	部门	基本工资	婚否	奖金
1106	陈红	女	02/03/1976	助教	电路实验室	370.00	.F.	50
1602	冯卫东	男	01/24/1960	讲师	培训中心	340.75	.T.	50
0802	何兵	男	11/23/1972	副教授	软件中心	560.00	.F.	50
2208	景平	女	07/07/1950	研究员	仿真实验室	600.70	.T.	60
0805	吕一平	男	03/12/1963	工程师	软件中心	360.00	.T.	50
1102	王在	男	11/23/1938	高工	电路实验室	920.00	.T.	50
1107	陶玉蓉	女	07/08/1979	助工	电路实验室	340.00	.F.	30
1611	王军	男	07/26/1971	高工	培训中心	580.00	.F.	50
0801	吴刚	男	01/01/1970	研究员	软件中心	560.00	.F.	50
2212	陈磊	男	11/23/1968	工程师	仿真实验室	340.00	.T.	60

例 4.1　在 jbqk 表中，检索所有记录的所有字段。

```
SELECT  *  FROM  jbqk
```

命令中的*表示显示所有的字段，数据来源是 jbqk 表，结果如图 4.1 所示。

查询

编号	姓名	性别	出生年月	职称	部门	基本工资	婚否	奖金	简历	照片
1106	陈红	女	02/03/76	助教	电路实验室	370.00	F	50	Memo	Gen
1602	冯卫东	男	01/24/60	讲师	培训中心	340.75	T	50	memo	gen
0802	何兵	男	11/23/72	副教授	软件中心	560.00	F	50	memo	gen
2208	景平	女	07/07/50	研究员	仿真实验室	600.70	T	60	memo	gen
0805	吕一平	男	03/12/63	工程师	软件中心	360.00	T	50	memo	gen
1102	王在	男	11/23/38	高工	电路实验室	920.00	T	50	memo	gen
1107	陶玉春	女	07/08/79	助工	电路实验室	340.00	F	30	memo	gen
1611	王军	男	07/26/71	高工	培训中心	580.00	F	50	memo	gen
0801	吴刚	男	01/01/70	研究员	软件中心	560.00	F	50	memo	gen
2212	陈磊	男	11/23/68	工程师	仿真实验室	340.00	T	60	memo	gen

图 4.1　例 4.1 查询结果

例 4.2　在 jbqk 表中，检索所有职称名称。

```
SELECT  DISTINCT  职称  FROM  jbqk
```

查询结果如图 4.2 所示。

例 4.3　检索出每个人的姓名和实发工资(实发工资=基本工资+奖金)。

```
SELECT  姓名，基本工资+奖金  AS  实发工资  FROM  jbqk
```

数据库表中没有实发工资字段，所以使用子句 AS，实发工资为实发工资列添加一个列标题，查询结果如图 4.3 所示。

查询

职称
副教授
高工
工程师
讲师
研究员
助工
助教

图 4.2　例 4.2 查询结果

查询

姓名	实发工资
陈红	420.00
冯卫东	390.75
何兵	610.00
景平	660.70
吕一平	410.00
王在	970.00
陶玉春	370.00
王军	630.00
吴刚	610.00
陈磊	400.00

图 4.3　例 4.3 查询结果

例 4.4　统计表中的职工人数，并计算支付的基本工资总数和奖金总数。

```
SELECT COUNT(*), SUM(基本工资), SUM(奖金) FROM jbqk
```

查询结果如图 4.4 所示。

查询

Cnt	Sum_基本工资	Avg_奖金
10	4971.45	50.00

图 4.4　例 4.4 查询结果

注意：除非对表中的记录个数进行计数，一般应用 COUNT 函数时应该使用 DISTINCT。

例如命令：

```
SELECT COUNT(*) FROM jbqk
```

将给出 jbqk 表中共有的 10 个记录数，而命令：

```
SELECT COUNT(DISTINCT  职称) FROM jbqk
```

将给出 jbqk 表中共有的 7 种职称值。

4.2.2　条件(WHERE)查询

条件查询的命令格式为

SELECT　[ALL | DISTINC]　字段列表　FROM　表文件名　WHERE　条件

功能：检索出满足条件的指定信息。

从命令格式可以看出此命令的格式比基本查询命令增加了 WHERE 条件子句。其中的条件除了可以使用 Visual FoxPro 语言中的关系表达式以及逻辑表达外，还可以使用几个特殊运算符：

(1) [NOT]IN：表示[不]在……之中。

(2) [NOT]BETWEEN...AND...：表示[不]在……之间。

(3) [NOT]LIKE：表示[不]与……匹配。匹配符“%”表示 0 个或多个任意字符；匹配符“_”表示一个任意字符或一个任意汉字。

例 4.5　在 jbqk 表中，检索性别是女的记录。

```
SELECT 编号, 姓名, 性别 FROM  jbqk  WHERE 性别="女"
```

查询结果如图 4.5 所示。

例 4.6　在 jbqk 表中，检索编号前两位是“11”的记录。

```
SELECT 编号，姓名，性别 FROM  jbqk  WHERE 编号 LIKE  "11%"
```

在命令中，“11%”表示头两个字符是 11，其后可以为任意个字符，查询结果如图 4.6 所示。

编号	姓名	性别
1106	陈红	女
2208	景平	女
1107	陶玉蓉	女

图 4.5　例 4.5 查询结果

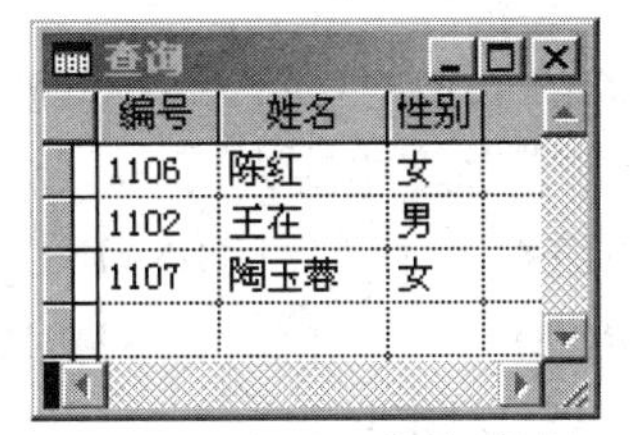

编号	姓名	性别
1106	陈红	女
1102	王在	男
1107	陶玉蓉	女

图 4.6　例 4.6 查询结果

例 4.7　在 jbqk 表中，检索职称中第二个字是“工”的记录。

```
SELECT 姓名，职称  FROM  jbqk  WHERE 职称 LIKE  "_工"
```

命令中“_”表示“工”前有一个汉字或一个字符，查询结果如图 4.7 所示。

姓名	职称
王在	高工
陶玉蓉	助工
王军	高工

图 4.7　例 4.7 查询结果

例 4.8　在 jbqk 表中，检索基本工资在 350 元和 600 元之间的职工信息。

```
SELECT　姓名，基本工资　FROM　jbqk　WHERE 基本工资　BETWEEN 350 AND 600
```

这里 BETWEEN…AND 表示在……之间，该命令等效于：

```
SELECT　姓名, 基本工资　FROM　jbqk;
WHERE　基本工资>=350 AND　基本工资<=600
```

查询结果如图 4.8 所示。

姓名	基本工资
陈红	370.00
何兵	560.00
吕一平	360.00
王军	580.00
吴刚	560.00

图 4.8　例 4.8 查询结果

在 BETWEEN...AND 之前也可以使用 NOT，如要检索基本工资不在 350 元和 600 元之间的职工信息，可以使用命令：

```
SELECT　姓名，基本工资　FROM　jbqk;
WHERE　基本工资　NOT BETWEEN　350　AND　600
```

例 4.9　在 jbqk 表中，检索所有姓陈和吕的记录。

```
SELECT 编号, 姓名 FROM　jbqk　WHERE　姓名　IN("陈","吕")
```

该命令等效于：

```
SELECT 编号，姓名 FROM　jbqk　WHERE 姓名="陈" OR 姓名="吕"
```

IN(...)的运算对象还可以是一个 SELECT 的查询结果，将这种查询称为嵌套查询(参见 4.2.6 节)。查询结果如图 4.9 所示。

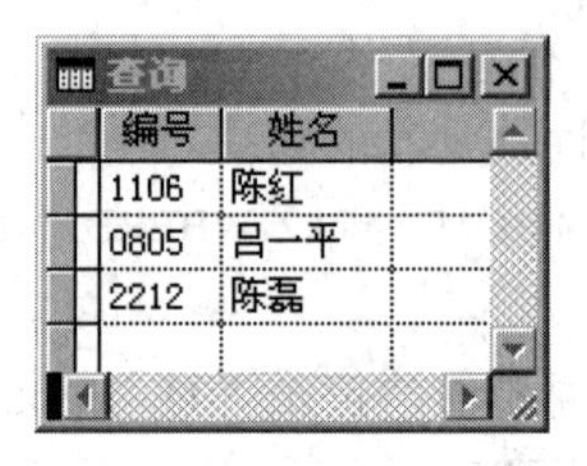

编号	姓名
1106	陈红
0805	吕一平
2212	陈磊

图 4.9　例 4.9 查询结果

4.2.3　排序查询

使用 SQL SELECT 可以将查询结果排序，而且可以通过 TOP 子句选出排列在最前面的若干条记录。命令格式为

```
SELECT　[ALL | DISTINC]　字段列表[TOP　数值表达式[PERCENT]]
FROM　表文件名　ORDER BY　关键字表达式 1　[ASC | DESC][,　关键字表达式 2　[ASC | DESC]...]
```

其中，TOP 要与 ORDER BY 同时使用才有效。

- TOP 数值表达式：表示在符合条件的记录中，选取排在最前的指定数量的记录。这里的数值表达式指要查询的记录的条数。
- TOP　数值表达式　[PERCENT]：这里的数值表达式[PERCENT]表示的是百分比，是指选取指定百分比的记录。
- ASC | DESC：升序(默认为升序)或降序。允许按一列或多列排序。

在排序查询中主要使用了 TOP　数值表达式[PERCENT]子句和 ORDER BY　关键字表达式 1　[ASC | DESC][,　关键字表达式 2　[ASC | DESC]...]子句。

例 4.10　在 jbqk 表中，检索出工资最高的三位职工记录。

SELECT　TOP 3 姓名　FROM　jbqk　ORDER　BY　基本工资 DESC

命令中 DESC 表示降序排列，即按基本工资的值由高到低排列。TOP 3 表示选取排列在最前面的 3 条记录，即工资最高的 3 条记录。查询结果如图 4.10 所示。

姓名	基本工资
王在	920.00
景平	600.70
王军	580.00

图 4.10　例 4.10 查询结果

姓名	基本工资
王在	920.00
景平	600.70

图 4.11　例 4.11 查询结果

例 4.11　在 jbqk 表中，按基本工资从高到低的顺序检索出 20%的职工记录。

SELECT TOP 20 PERC 姓名，基本工资 FROM jbqk ORDER BY 基本工资 DESC

其中，TOP 20 PERC 表示从最前面选取 20%的记录，表中共有 10 条记录，所以查询结果中有 2 条记录。查询结果如图 4.11 所示。

排序查询可以与条件查询一起使用，而且 WHERE 子句与 ORDER BY 子句书写的先后顺序是任意的。

例 4.12　对 jbqk 表中 1970 年以后出生的职工，按基本工资从高到低的顺序，检索 20%的职工记录。

SELECT　TOP 20 PERC 姓名，基本工资　FROM　jbqk;

ORDER　BY　基本工资 DESC;

WHERE 出生年月>={^1970-01-01}

该命令等效于：

SELECT　TOP 20 PERC 姓名，基本工资　FROM　jbqk;

WHERE 出生年月>={^1970-01-01};

ORDER　BY　基本工资 DESC

由于满足查询条件 1970 年以后出生的职工只有 5 条记录，所以选取 20%只有 1 条记录。查询结果如图 4.12 所示。

例 4.13　先按性别排序，再按基本工资排序，并输出全部职工的编号、姓名、性别和基本工资。

SELECT　编号，姓名，基本工资　FROM　jbqk　ORDER BY 性别，基本工资

这是一个按多列排序的例子，查询结果如图 4.13 所示。

姓名	基本工资
王军	580.00

图 4.12　例 4.12 查询结果

编号	姓名	性别	基本工资
1602	冯卫东	男	340.75
0802	何兵	男	560.00
0805	吕一平	男	360.00
1102	王在	男	920.00
1611	王军	男	580.00
0801	吴刚	男	560.00
2212	陈磊	男	340.00
1106	陈红	女	370.00
2208	景平	女	600.70
1107	陶玉蓉	女	340.00

图 4.13　例 4.13 查询结果

4.2.4　分组计算查询

分组就是将一组类似(根据分组字段的值)的记录压缩成一个结果记录，这样就可以完成基于一组记录的计算。命令格式为

SELECT [ALL | DISTINCT]　字段列表　FROM　表文件名　[GROUP BY　分组字段列表...][HAVING　过滤条件]

分组计算查询就是在基本查询的基础上增加了 GROUP BY...HAVING 过滤条件子句。在此命令格式中也可以使用条件子句和排序子句。

• 过滤条件：对分组的结果根据条件(可以是来自于字段列表项中的选项，也可以是一个统计函数)进行记录组的过滤。

例 4.14　在 jbqk 表中，检索出每个部门的职工人数。

```
SELECT 部门，COUNT(*) AS 总人数 FROM jbqk  GROUP  BY  部门
```

在该查询中，先按部门进行分组再按组进行记录的个数计数，查询结果如图 4.14 所示。

例 4.15　在 jbqk 表中，检索出至少有三个职工的部门的平均工资。

```
SELECT 部门，COUNT(*), AVG(工资)  FROM  jbqk;
GROUP BY 仓库号 HAVING COUNT(*)>2
```

查询结果如图 4.15 所示。

部门	总人数
电路实验室	3
仿真实验室	2
培训中心	2
软件中心	3

图 4.14　例 4.14 查询结果

部门	Cnt	Avg_基本工资
电路实验室	3	543.33
软件中心	3	493.33

图 4.15　例 4.15 查询结果

注意：

① GROUP BY 子句一般跟在 WHERE 子句之后，没有 WHERE 子句时，跟在 FROM 子句之后。

② HAVING 子句总是跟在 GROUP BY 子句之后，不可以单独使用。

③ HAVING 子句和 WHERE 子句不矛盾，在查询中是先用 WHERE 子句限定记录，然后再进行分组，最后再用 HAVING 子句限定分组。

④ HAVING 子句和 WHERE 子句的区别：WHERE 子句是用来指定表中各行所应满足的条件，而 HAVING 子句是用来指定每一分组所满足的条件，只有满足 HAVING 条件的那些组才能在结果中被显示出来。

4.2.5　联接查询

在一个数据库中的多个表之间一般都存在着某些联系，当一个查询语句中同时涉及到两个或两个以上的表时，这种查询称之为联接查询(也称为多表查询)。在多表之间查询必须处理表与表之间的联接关系。

在多表查询中引用的例表如表 4.2(职工表 zg.dbf)、表 4.3(仓库表 ck.dbf)、表 4.4(供应

商 gys.dbf)和表 4.5(订购单 dgd.dbf)所示。

表 4.2　职　工　表

仓库号	职工号	工资
WH2	E1	1220
WH1	E3	1210
WH2	E4	1250
WH3	E6	1230
WH1	E7	1250
WH5	E8	1200

表 4.3　仓　库　表

仓库号	城市	面积
WH1	北京	370
WH2	上海	500
WH3	广州	200
WH4	武汉	400

表 4.4　供 应 商 表

供应商号	供应商名	地址
S3	振华电子厂	西安
S4	华通电子公司	北京
S6	新世纪公司	郑州
S7	爱华电子厂	北京

表 4.5　订 购 单 表

职工号	供应商号	订购单号	订购日期	总金额
E3	S7	or67	06/23/01	35 000
E1	S4	or73	07/28/01	12 000
E7	S4	or76	05/25/01	7250
E6	.NULL.	or77	.NULL.	6000
E3	S4	or79	06/13/01	30 050
E1	.NULL.	or80	.NULL.	25 600
E3	.NULL.	or90	.NULL.	7690
E3	S3	or91	07/13/01	12 560

1. 简单联接

例 4.16　找出工资多于 1230 元的职工号和他们所在的城市。

```
SELECT 职工号，城市 FROM zg，ck WHERE (工资>1230) AND (zg.仓库号=ck.仓库号)
```

仓库表和职工表之间存在一种一对多的联系，查询的结果如图 4.16 所示。

查询结果中的职工号和城市分别出自职工表和仓库表，这两个表之间是依据“职工.仓库号=仓库.仓库号”作为联接条件的。

例 4.17　找出工作在面积大于 400 的仓库的职工号以及这些职工所在的城市。

```
SELECT 职工号,城市 FROM zg,ck   WHERE (面积>400) AND(zg.仓库号=ck.仓库号)
```

查询的结果如图 4.17 所示。

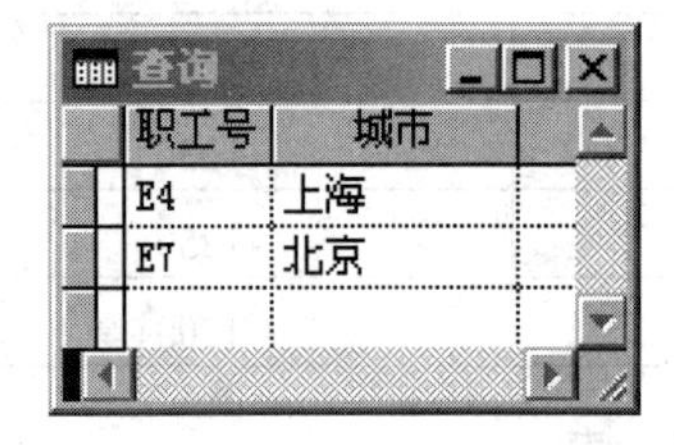

图 4.16　例 4.16 查询结果

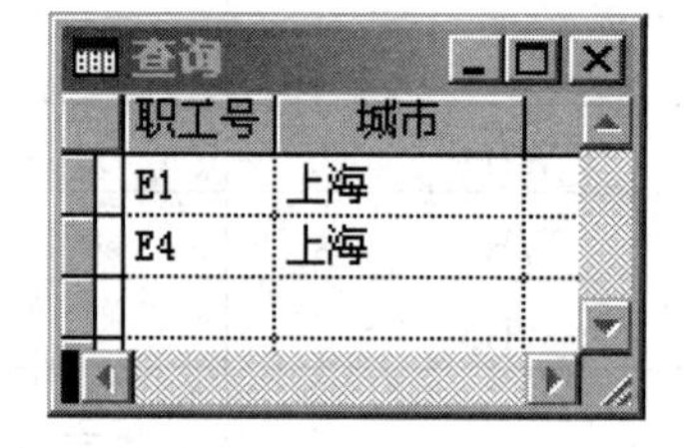

图 4.17　例 4.17 查询结果

2. 别名的使用

在联接操作中，经常需要使用关系名作前缀，有时这样显得很麻烦。因此，SQL 允许在 FROM 短语中为关系名定义别名。格式：

关系名　别名

如果使用别名，例 4.17 的 SELECT 命令就可以写成：

```
SELECT 职工号，城市 FROM zga，ckb;
WHERE (面积>400) AND (a.仓库号=b.仓库号)
```

在 FROM 子句中设定了表 zg 的别名为 a，表 ck 的别名为 b。有了这样的定义，在命令的其他部分引用该表时，就可以直接使用别名。

3. 自然联接

SQL 不仅可以对多个表实行联接操作，也可以将同一个表与其自身进行联接，这种联接就称为自然联接或自联接。在可以进行这种自然联接的表中，实际存在着一种特殊的递归关系，即表中的一些记录，根据出自同一值域的两个不同的字段，可以与另外的一些记录有一种对应关系(一对多联系)。

例如，雇员和对应上级领导的关系如表 4.6 所示。

表 4.6　雇员和对应上级领导表

雇员号	雇员姓名	经理
E3	赵涌	
E4	钱潮	E3
E6	孙洁	E3
E8	李咏	E6

此表中雇员号和经理字段的值使用的都是员工编号，即出自同一个值域，同一个记录中的两个员工编号，反映的是上下级关系，雇员号和经理是一种一对多的关系。下面例子说明了自然联接的使用。

例 4.18　根据雇员和上级领导的关系表，列出上一级经理及其所领导的职员清单。

```
SELECT S.雇员姓名，"领导"，E.雇员姓名 FROM 雇员 S, 雇员 E;
```

```
WHERE S.雇员号=E.经理
```

查询结果如图 4.18 所示。

雇员姓名_a	Exp_2	雇员姓名_b
赵涌	领导	钱潮
赵涌	领导	孙洁
孙洁	领导	李咏

图 4.18　例 4.18 查询结果

这个查询中通过别名定义了两个逻辑表，一个是经理表 S，一个是雇员表 E，它们中的内容是相同的，如表 4.7 和表 4.8 所示。查询是在这两个虚表之间建立联接并进行的。

表 4.7　虚　表　S

雇员号	雇员姓名	经理
E3	赵涌	
E4	钱潮	E3
E6	孙洁	E3
E8	李咏	E6

表 4.8　虚　表　E

雇员号	雇员姓名	经理
E3	赵涌	
E4	钱潮	E3
E6	孙洁	E3
E8	李咏	E6

注意：别名并不是必需的，但是在自然联接操作中，别名是必不可少的。

4. 超联接查询

在新的 SQL 标准中还支持两个新的关系联接运算符，它们与我们原来所了解的简单联接和自然联接不同。原来的联接是只有满足联接条件，相应的结果才会出现在结果表中，这种联接也称为内联接。两种新的联接是指 SQL 中的“*=”和“=*”的联接运算，它们不满足内联接这种特性。

“*=”称为左联接，左联接操作是在结果集中，除了包含有满足联接条件的记录外，还保留联接表达式左表中的非匹配记录，没有匹配的字段用 .NULL. 表示。

例如，职工表和仓库表依据仓库号进行左联接的结果如表 4.9 所示(职工表为左表，仓库表为右表)。

两个表中共有的仓库号 WH1、WH2 和 WH3，所对应的记录进行联接，而只有左表中才有的仓库号 WH5 也会出现在结果中，但是由于右表中没有该字段，则对应的该字段的值为 .NULL.。右表中有而左表中没有的仓库号 WH4 则不出现在结果中。

表 4.9　左联接的查询结果

仓库号	职工号	工资	城市	面积
WH2	E1	1220	上海	500
WH1	E3	1210	北京	370
WH2	E4	1250	上海	500
WH3	E6	1230	广州	200
WH1	E7	1250	北京	370
WH5	E8	1200	.NULL.	.NULL.

“=*”称为右联接，右联接的操作是在结果集中，除了包含有满足联接条件的记录外，还保留联接表达式右表中的非匹配记录，没有匹配的字段用 .NULL. 表示。

在结果表中，包含了第二个表中满足条件的所有记录；如果有在联接条件上匹配的元组，则第一个表返回相应值，否则返回空值。

上例中的右联接结果如表 4.10 所示。

表 4.10　右联接的查询结果

仓库号	城市	面积	职工号	工资
WH1	北京	370	E3	1210
WH1	北京	370	E7	1250
WH2	上海	500	E1	1220
WH2	上海	500	E4	1250
WH3	广州	200	E6	1230
WH4	武汉	400	.NULL.	.NULL.

除了上述的联接外，还有一种联接就是全联接。全联接除将满足联接条件的记录写入结果中外，还将两个表中不满足联接条件的记录也写入结果中，不满足联接条件的记录对应部分为 .NULL.。

Visual FoxPro 不支持超联接运算符“*=”和“=*”，但 Visual FoxPro 可以在 SELECT 命令中，使用专门的联接运算语法格式来支持超联接查询，其语法如下：

SELECT...

FROM 表文件名 [INNER | LEFT | RIGHT | FULL] JOIN 表文件名 ON 联接条件

- INNER JOIN：等价于 JOIN，为内部联接。
- LEFT JOIN：为左联接。
- RIGHT JOIN：为右联接。
- FULL JOIN：为全联接。

下面通过实例说明在 Visual FoxPro 中如何实现各种联接。

例 4.19　内部联接。

```
SELECT ck.仓库号，城市，面积，职工号，工资;
FROM ck JOIN zg ON ck.仓库号=zg.仓库号
```

如下两种命令格式也是等价的：

```
SELECT ck.仓库号，城市，面积，职工号，工资;
FROM 仓库 INNER JOIN zg ON ck.仓库号=zg.仓库号
```

和

```
SELECT ck.仓库号，城市，面积，职工号，工资;
FROM ck，zg WHERE ck.仓库号=zg.仓库号
```

查询结果如图 4.19 所示。

查询

仓库号	城市	面积	职工号	工资
WH2	上海	500	E1	1220
WH1	北京	370	E3	1210
WH2	上海	500	E4	1250
WH3	广州	200	E6	1230
WH1	北京	370	E7	1250

图 4.19　例 4.19 查询结果

例 4.20　左联接。

```
SELECT zg.仓库号，城市，面积，职工号，工资;
FROM zg LEFT JOIN ck ON ck.仓库号=zg.仓库号
```

查询结果参看表 4.9。

例 4.21　右联接。

```
SELECT zg.仓库号，城市，面积，职工号，工资 ;
FROM zg RIGHT JOIN ck ON ck.仓库号=zg.仓库号
```

查询结果参看表 4.10。

例 4.22　全联接。

```
SELECT ck.仓库号，城市，面积，职工号，工资;
FROM ck FULL JOIN zg ON ck.仓库号=zg.仓库号
```

查询结果如图 4.20 所示。

查询

仓库号	城市	面积	职工号	工资
WH1	北京	370	E3	1210
WH1	北京	370	E7	1250
WH2	上海	500	E1	1220
WH2	上海	500	E4	1250
WH3	广州	200	E6	1230
WH4	武汉	400	.NULL.	.NULL.
.NULL.	.NULL.	.NULL.	E8	1200

图 4.20　例 4.22 查询结果

注意：Visual FoxPro 的 SQL SELECT 语句的联接格式只能实现两个表的联接。

4.2.6　嵌套查询

嵌套查询是基于多个关系的查询，这类查询所要求的结果出自一个关系，但相关条件

却涉及多个关系，这时就需要使用 SQL 的嵌套查询功能。

所谓嵌套查询，就是在条件筛选，即 WHERE 子句中又包括了 SELECT 查询。嵌套查询常用的 WHERE 格式为

WHERE　条件　关系运算符　[ANY | ALL | SOME](子查询)　[NOT]EXISTS (子查询)

· 关系运算符：除了可以使用在第二章介绍的关系运算符之外，还有本章介绍到的特殊运算符。

· ANY，ALL，SOME：量词。其中 ANY 和 SOME 是同义词，在进行比较运算时，只要子查询中有一条记录能使结果为真，结果就为真；ALL 则要求子查询中的所有行都为真，结果才为真。

· EXISTS：谓词。EXISTS 或 NOT EXISTS 是用来检查子查询中是否有结果返回，即子查询的结果中存在记录或不存在记录。

1. 使用 IN 操作符的嵌套查询

例 4.23　查询哪些城市至少有一个仓库的职工工资为 1250 元。

SELECT 城市 FROM 仓库　WHERE 仓库号 IN　(SELECT 仓库号 FROM 职工　WHERE 工资=1250)

此例查询结果中的城市信息属于仓库表，而查询条件是职工表中的工资字段值。查询中用到了仓库和职工两个表，查询时先是子查询在职工表中查询工资为 1250 元职工所在仓库的仓库号，然后在仓库表中用 IN 判断出仓库号包含在子查询的结果中的仓库所在的城市。我们把子查询称为内层查询块，查询结果如图 4.21 所示。

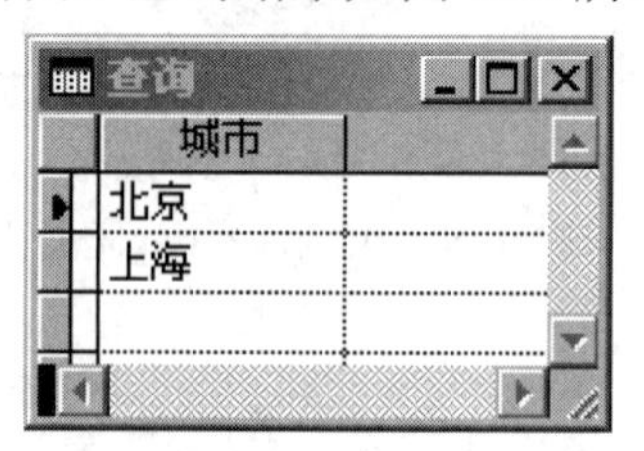

图 4.21　例 4.23 查询结果

例 4.24　查询所有的职工工资都多于 1210 元的仓库的信息。

此要求也可描述为没有一个职工的工资少于或等于 1210 元的仓库的信息。依据此描述通常会把查询命令写为

```
SELECT * FROM ck WHERE 仓库号 NOT IN;
(SELECT 仓库号 FROM zg WHERE 工资<=1210)
```

查询结果如图 4.22 所示。观察查询的结果不难看出："武汉"的"WH4"仓库还没有职工(查看表 4.2 职工表)，但该仓库的信息也被检索出来了。排除那些还没有职工的仓库，检索要求描述为查询所有的职工工资都多于 1210 元的仓库的信息，并且该仓库至少要有一名职工。正确的查询命令应是：

```
SELECT * FROM ck WHERE 仓库号 NOT IN;
(SELECT 仓库号 FROM zg WHERE 工资<=1210) AND 仓库号 IN;
(SELECT 仓库号 FROM zg)
```

正确的查询结果如图 4.23 所示。

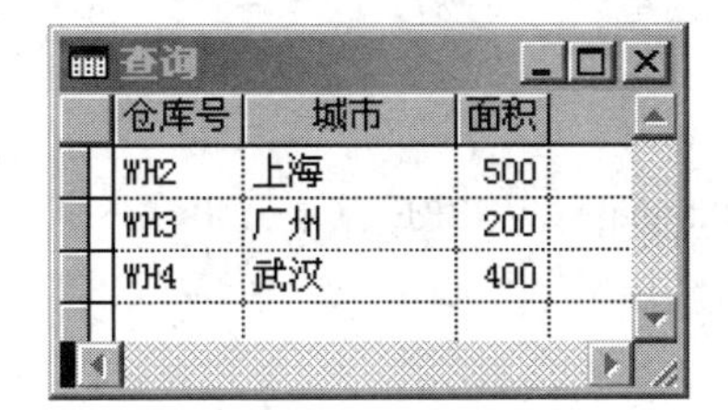

仓库号	城市	面积
WH2	上海	500
WH3	广州	200
WH4	武汉	400

图 4.22　例 4.24 错误的查询结果

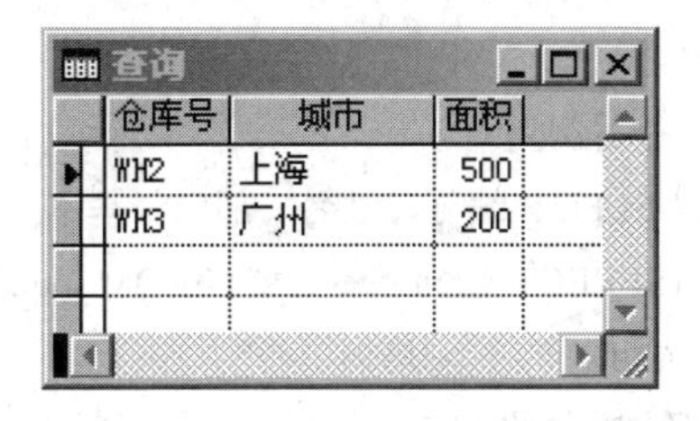

仓库号	城市	面积
WH2	上海	500
WH3	广州	200

图 4.23　例 4.24 正确的查询结果

2. 使用比较符的嵌套查询

例 4.25　查询出和职工 E4 挣同样工资的所有职工。

```
SELECT 职工号 FROM  zg  WHERE 工资=;
(SELECT 工资 FROM  zg  WHERE 职工号="E4")
```

查询结果如图 4.24 所示。用此方式查询时，子查询的结果只能有一个结果。

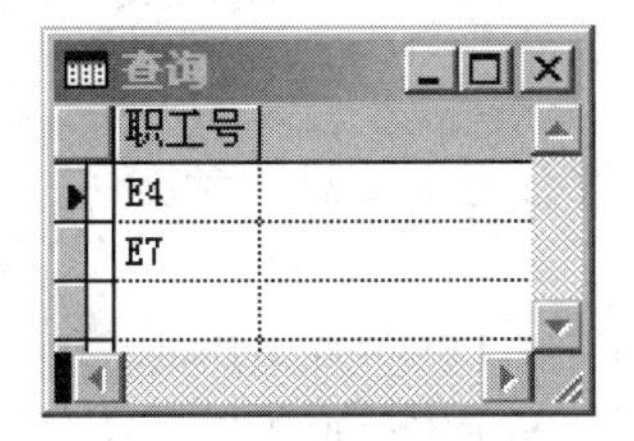

职工号
E4
E7

图 4.24　例 4.25 查询结果

3. 使用量词的嵌套查询

例 4.26　在 jbqk 表中，检索其他部门中比培训中心某一职工基本工资少的职工信息。

```
SELECT 编号，姓名，部门，基本工资 FROM d:\jbqk  WHERE 基本工资<ANY;
(SELECT 基本工资 FROM jbqk WHERE 部门="培训中心") AND 部门<>"培训中心"
```

此命令等效于

```
SELECT 编号，姓名，部门，基本工资 FROM d:\jbqk  WHERE 基本工资<=;
(SELECT MAX(基本工资) FROM jbqk WHERE 部门="培训中心") ;
AND 部门<>"培训中心"
```

该命令中的量词可以用 ANY，也可以用 SOME，查询结果如图 4.25 所示。

编号	姓名	部门	基本工资
1106	陈红	电路实验室	370.00
0802	何兵	软件中心	560.00
0805	吕一平	软件中心	360.00
1107	陶玉蓉	电路实验室	340.00
0801	吴刚	软件中心	560.00
2212	陈磊	仿真实验室	340.00

图 4.25　例 4.26 查询结果

例 4.27　在 jbqk 表中，检索其他部门中比培训中心所有职工基本工资都少的职工信息。

```
SELECT 编号, 姓名, 部门, 基本工资 FROM d:\jbqk  WHERE 基本工资<ALL;
(SELECT 基本工资 FROM jbqk WHERE 部门="培训中心") AND 部门<>"培训
```

中心"

此命令等效于

```
SELECT 编号，姓名，部门，基本工资 FROM d:\jbqk  WHERE 基本工资<=;
(SELECT MIN(基本工资) FROM jbqk WHERE 部门="培训中心");
AND 部门<>"培训中心"
```

查询结果如图 4.26 所示。

编号	姓名	部门	基本工资
1107	陶玉蓉	电路实验室	340.00
2212	陈磊	仿真实验室	340.00

图 4.26　例 4.27 查询结果

4. 使用谓词的嵌套查询

例 4.28　检索那些仓库中还没有职工信息的仓库。

```
SELECT * FROM  ck;
WHERE NOT EXISTS (SELECT * FROM zg WHERE 仓库号=ck.仓库号)
```

注意：这里的内层查询引用了外层查询的表，只有这样使用谓词 EXISTS 或 NOT EXISTS 才有意义。所以这类查询都是内外层相关的嵌套查询。以上查询等价于

```
SELECT * FROM ck WHERE 仓库号 NOT IN (SELECT 仓库号 FROM zg)
```

查询结果如图 4.27 所示。

例 4.29　检索那些至少已经有一个职工的仓库的信息。

```
SELECT *FROM ck WHERE EXISTS;
(SELECT * FROM zg WHERE 仓库号=ck.仓库号)
```

以上查询等价于

```
SELECT * FROM ck WHERE 仓库号 IN (SELECT 仓库号 FROM zg)
```

查询结果如图 4.28 所示。

仓库号	城市	面积
WH4	武汉	400

图 4.27　例 4.28 查询结果

仓库号	城市	面积
WH1	北京	370
WH2	上海	500
WH3	广州	200

图 4.28　例 4.29 查询结果

5. 内外层相关的嵌套查询

前面所讨论的嵌套查询(使用谓词 EXISTS 查询除外)都是外层查询依赖于内层查询的结果，而内外层查询无关。有时内层查询的条件需要外层查询提供值，而外层查询的条件需要内层查询的结果，这样的嵌套查询称为内外层相关的嵌套查询。

例 4.30　列出每个职工经手的具有最高总金额的订购单信息。

SELECT out. 职工号，out.供应商号，out.订购单号，out.订购日期，out.总金额;

FROM d:\dgd out WHERE 总金额=;

(SELECT MAX(总金额) FROM dgd inner1 WHERE out.职工号=inner1.职工号)

查询结果如图 4.29 所示。

职工号	供应商号	订购单号	订购日期	总金额
E3	S7	or67	06/23/01	35000
E7	S4	or76	05/25/01	7250
E6	.NULL.	or77	.NULL.	6000
E1	.NULL.	or80	.NULL.	25600

图 4.29　例 4.30 查询结果

外层查询提供 out 关系中每个记录的职工号值给内层查询使用，内层查询利用这个职工号值确定该职工经手的具有最高总金额的订购单的总金额，随后外层查询再根据 out 关系的同一记录的总金额值与该总金额值进行比较，如果相等，则该记录被选择。

例 4.31　在订购单表中，检索只与供应商 S4 有订单而与供应商 S3 无订单的职工。

SELECT 职工号 FROM d:\dgd q WHERE 供应商号='S4' AND NOT EXISTS;

(SELECT 职工号 FROM d:\dgd w WHERE q.职工号=w.职工号 AND w.供应商号='S3')

查询结果如图 4.30 所示。

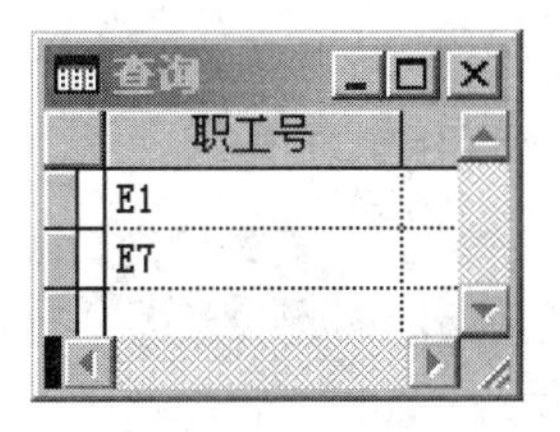

职工号
E1
E7

图 4.30　例 4.31 查询结果

4.2.7　利用空值查询

例 4.32　查询出尚未确定供应商的订购单。

在订购单表中，还没有确定的供应商订购单的供应商号和订购日期字段为空值 .NULL.。

SELECT * FROM dgd WHERE 供应商号 IS NULL

查询结果如图 4.31 所示。

职工号	供应商号	订购单号	订购日期	总金额
E6	.NULL.	or77	.NULL.	6000
E1	.NULL.	or80	.NULL.	25600
E3	.NULL.	or90	.NULL.	7690

图 4.31　例 4.32 查询结果

注意：查询空值时要使用 IS NULL，而=.NULL.是无效的，因为空值不是一个确定的值，所以不能用“=”这样的运算符进行比较。

例 4.33　列出已经确定了供应商的订购单信息。

```
SELECT *  FROM 订购单 WHERE 供应商号 IS NOT NULL
```

查询结果如图 4.32 所示。

职工号	供应商号	订购单号	订购日期	总金额
E3	S7	or67	06/23/01	35000
E1	S4	or73	07/28/01	12000
E7	S4	or76	05/25/01	7250
E3	S4	or79	06/13/01	30050
E3	S3	or91	07/13/01	12560

图 4.32　例 4.33 查询结果

4.2.8　集合的并运算

SQL 支持集合的并(UNION)运算，即可以将两个 SELECT 语句的查询结果合并成一个查询结果。当然，要求进行并运算的两个查询结果需具有相同的字段个数，并且对应字段的值要具有相同的数据类型和取值范围。

命令格式：

```
SELECT  命令 1  UNION  [ALL]  SELCCT 命令 2
```

例 4.34　在 jbqk 表中查询在培训中心和软件中心工作员工的信息。

```
SELECT * FROM ck WHERE 部门="培训中心" UNION;
SELECT * FROM ck WHERE 部门="软件中心"
```

查询结果如图 4.33 所示。

姓名	职称	部门
冯卫东	讲师	培训中心
何兵	副教授	软件中心
吕一平	工程师	软件中心
王军	高工	培训中心
吴刚	研究员	软件中心

图 4.33　例 4.34 查询结果

注意：

① 可以使用多个 UNION 子句，用 ALL 选项防止删除合并结果中重复的行(记录)。

② 不能使用 UNION 来组合子查询。

4.2.9　查询输出去向

在 Visual FoxPro 中查询的结果默认在浏览窗口中输出，在实际应用中我们通常需要将查询的结果从其他途径输出。Visual FoxPro 提供了多种查询结果的输出方式，指定输出方式可在 SELECT 命令中使用子句 INTO，格式如下：

```
[INTO  查询去向 | TO FILE  文件名  [ADDITIVE] | TO PRINTER [PROMPT] |
TO SCREEN]
```

• 查询去向可以是：

① ARRAY 数组名：将查询结果放在数组中。

② INTO CURSOR 文件名：将查询结果放在临时表文件中，该表为只读 .dbf 文件，当关闭文件时该文件将自动删除。

③ INTO DBF | TABLE 表文件名：将查询结果放在永久表中。

• TO FILE 文件名[ADDITIVE]：将查询结果放在文本文件中，ADDITIVE 选项使结果追加到原文件的尾部，否则将覆盖原有文件。

• TO PRINTER [PROMPT]：将查询结果直接输出到打印机，PROMPT 选项将打开打印机设置对话框。

• TO SCREEN：将结果在浏览窗口输出。

注意：如果 TO 短语和 INTO 短语同时使用，则 TO 短语将会被忽略。

下面通过实例说明如何指定查询去向。

1. 将查询结果存放在数组中

一般将存放查询结果的数组作为二维数组使用，每一行对应一条记录，每列对应查询结果的一列。查询结果放在数组中，可以很方便地在程序中使用。

例 4.35 将下面的查询结果存放到数组 aa 中。

```
SELECT *  FROM  zg  INTO ARRAY   aa
```

2. 将查询结果存放在临时文件中

临时文件是一个只读的 .dbf 表文件，当查询结束后该临时文件为当前文件，可以像一般的 .dbf 文件一样使用但仅是只读，关闭该文件将自动删除。一般的临时文件通常用于存放中间结果，使用完毕后这些临时文件会自动删除。如一些比较复杂的汇总可能需要分阶段完成，需要根据几个中间结果再汇总，利用此去向就非常合适。

例 4.36 将下面的查询结果存放到临时文件 ls 中。

```
SELECT  *  FROM 职工 INTO  CURSOR  ls
```

3. 将查询结果存放在永久表中

利用此去向可以创建一个新表，其内容就是查询的结果。

例 4.37 将下面查询结果存放到临时文件 ls 中。

```
SELECT  *  TOP  3  FROM  zg;
INTO  CURSOR  ls   ORDER BY 工资 DESC
```

在此命令中同时使用了 ORDER BY 短语。

4. 将查询结果存放在文本文件中

使用命令：

```
SELECT  *  FROM  zg  TO  FILE  wb
```

可以将查询的结果写入文本文件 wb 中。

5. 将查询结果直接输出到打印机

使用命令：

```
SELECT * FROM  zg  TO  PRINTER
```

可以将查询结果直接输出到打印机。

6. SELECT 查询小结

在前面各节中介绍了 SELECT 命令各子句的使用，下面是 SELECT 命令的完整格式：

```
SELECT [ALL | DISTINCT][ TOP   表达式]
            [别名   ]   SELECT 表达式   [AS   列名], [别名]
             SELECT 表达式   [AS   列名]…]
            FORM[数据库名!]表文件名[[AS]Local_Alias]
            [[INNER | LEFT [OUTER] | RIGHT [OUTER] | FULL [OUTER]
                 JOIN[数据库名！ ]表名   [[AS]Local_Alias][ON   联接条件]]
            [INTO   查询去向  | TO FILE   文件名[ADDITIVE]
                 | TO PRINTER [PROMPT] | TO SCREEN]
            [HERE  条件]
            [GROUP BY   组表达式][，组表达式…]][HAVING 筛选条件]
            [UNION [ALL]   SELECT 命令]
            [ORDER BY   关键字表达式   [ASC |DESC]
            [, 关键字表达式[ASC |DESC]. . . ]]
```

SELECT 命令的格式包括三个基本子句：SELECT 子句、FROM 子句和 WHERE 子句，还包括操作子句：ORDER 子句、GROUP 子句、UNION 子句及其他一些选项，各子句的含义如表 4.11 所示。

表 4.11　SELECT 命令中各子句的含义

定义数据源	指定数据源表	FROM 子句
	确定源表间的联接	INNER JOIN … ON … 子句
	筛选源表记录	WHERE 子句
定义结果	指定输出字段	字段、函数和表达式的列表或 *
	指定输出类型	INTO 子句和 TO 子句
	定义记录的分组	GROUP BY 子句
	指定结果顺序	ORDER BY 子句
	筛选结果记录	HAVING 子句
	指定有无重复记录	ALL/DISTINCT
	指定结果的范围	TOP NEXPR[PERCENT]

4.3 定义功能

标准 SQL 的数据定义功能非常广泛，一般包括数据库的定义、表的定义、视图的定义、存储过程的定义、规则的定义和索引的定义等若干部分。在本节将主要介绍 Visual FoxPro 支持的表定义功能和视图定义功能。

1. 表结构的定义

在第 3 章中已介绍了多种方法建立表，在 Visual FoxPro 中也可以通过 SQL 的 CREATE

TABLE 命令建立表。命令格式如下：

```
CREATE  TABLE | DBF  表文件名 1  [NAME  长表名][FREE]
    [字段名 1  类型[(字段宽度[，小数位数]) ]
     NULL | NOT NULL]
    [CHECK  逻辑表达式 1  [ERROR  字符型文本信息 1]]
    [DEFAULT  表达式 1]
    [PRIMARY  KEY | UNIQUE]
    [REFERENCES  表文件名 2  [TAG  标识名 1]]
    [NOCPTRANS]
    [，字段名 2]
    [, PRIMARY  KEY  表达式 2  TAG  标识名 2 | ,UNIQUE  表达式 3  TAG
     标识名 3]
    [，FOREIGN  KEY  表达式 4  TAG  标识名 4  [NODUP]
REFERENCES  表文件名 3  [TAG  标识名 5]]
    [,CHECK  逻辑表达式 2  [ERROR  字符型文本信息 2]]
    |FROM ARRAY  数组名
```

· TABLE、DBF：两个选项等价，都是建立表文件。

· 表名：为新建表指定表名。

· NAME 长表名：为新建表指定一个长表名。

· FREE：建立的表是自由表，不加入到打开的数据库中。当没有打开数据库时，建立的表都是自由表。

· 字段名 1　类型　[(字段宽度[，小数位数])]：指定表中所含的字段名、字段类型、字段宽度及小数位数。字段类型可以用一个字符表示。

· NULL：允许该字段值为空。

· NOT NULL：该字段值不能为空。缺省值为 NOT　NULL。

· CHECK 逻辑表达式 1：指定该字段的字段有效性的规则。

· ERROR 字符型文本信息 1：指定在浏览或编辑窗口中该字段输入的值不符合 CHECK 子句的合法值时，Visual FoxPro 显示的错误信息。

· DEFAULT　表达式 1：为该字段指定一个缺省值，表达式的数据类型与该字段的数据类型要一致。

· PRIMARY　KEY：为该字段创建一个主索引，索引标识名与字段名相同。

· UNIQUE：为该字段创建一个候选索引，索引标识名与字段名相同。注意这里的候选索引不是唯一索引。

· REFERENCES　表文件名 2　[TAG　标识名 1]：指定建立永久关系的父表，同时以该字段为索引关键字建立外索引，用该字段名作为索引标识名。表名为父表表名，标识名为父表中的索引标识名。如果省略索引标识名，则用父表的主控索引关键字建立关系，否则不能省略。如果指定了索引标识名，则在父表中存在索引标识字段上建立关系。父表不能是自由表。

· CHECK　逻辑表达式 2　[ERROR　字符型文本信息 2]：由逻辑表达式指定表的合

法值。不合法时，显示由字符型文本信息指定的错误信息。该信息只有在浏览或编辑窗口中修改数据时显示。

• FROM　ARRAY　数组名：由数组创建表结构。数组名指定数组包含表的每一个字段的字段名、字段类型、字段宽度及小数位数。

例 4.38　在学生管理数据库中建立表学生(学号，姓名，年龄，性别，入学时间)。

```
OPEN  DATABASE  学生管理
CREATE  TABLE  学生(学号 C (5)  UNIQUE，姓名 C (8)  NULL，年龄 N(2)  CHECK；
(年龄>10  AND  年龄<25) ERROR"年龄应大于 10，小于 25"，性别 C (2)，；
入学时间  D  DEFAULT  ｛^2006-09-01｝)
                              &&时间型字段的宽度系统设定为 8，因此可以省略
```

该命令在建表的同时还设定了建立关于学号的候选索引，即设定学号的唯一性。姓名字段可以为空。年龄字段的有效性规则为年龄大于 10 而小于 25，若出错，则提示信息“年龄应大于 10，小于 25”。

注意：

① 如果没有指定当前数据库，则建立的表为自由表。

② 系统默认宽度，在定义表结构时可以省略。

例 4.39　建立数据库表成绩(学号，英语，法律，计算机基础)，并建立其与例 4.38 中学生表的关联。

```
CREATE TABLE 成绩(;
学号 C(5), 英语 N(6，2), 法律 N(6，2)，计算机基础(N6，2);
FOREIGN  KEY  学号  TAG  学号  REFERENCES 学生)
```

2. 表的删除

删除表的 SQL 命令格式为

```
DROP  TABLE  表名
```

该命令直接从磁盘上删除指定的 .dbf 文件。如果要删除的是数据库表，只有其相应的数据库是当前数据库时，才能从数据库中删除该表。否则即使从磁盘上删除了 .dbf 文件，但是记录在数据库中的 .dbf 文件信息却没有删除，此后会出现错误提示。所以要删除数据库中的表，应使数据库是当前打开的数据库，并在数据库中进行操作。

3. 表结构的修改

用户使用数据时，随着应用要求的改变，往往需要对原来的表格结构进行修改，修改表结构的 SQL 命令是 ALTER　TABLE，有三种不同的格式。

第一种格式的 ALTER　TABLE 命令可以为指定的表添加字段或修改已有的字段。具体格式为

```
ALTER  TABLE  表文件名  ADD | ALTER  [COLUMN]
字段名 1  字段类型[(长度[，小数位数])][NULL | NOT NULL]
[CHECK  逻辑表达式 1  [ERROR 字符型文本信息]][DEFAULT  表达式 1]
[PRIMARY KEY | UNIQUE][REFERENCES  表文件名 1  [TAG 标识名 1]]
```

• 表文件名：指明被修改表的表名。

- ADD [COLUMN]：该子句指出新增加列的字段名及它们的数据类型等信息。
- ALTER [COLUMN]：该子句指出要修改列的字段名以及它们的数据类型等信息。在 ALTER 子句中，使用 CHECK 任选项时，需要被修改字段的已有数据满足 CHECK 规则；使用 PRIMARY KEY、UNIQUE 任选项时，需要被修改字段的已有数据满足唯一性，不能有重复值。

例 4.40　为学生表增加一个数值型类型的"入学成绩"字段。

```
ALTER TABLE 学生;
ADD 入学成绩 CHECK 入学成绩>500 ERROR "入学成绩应在 500 分以上"
```

例 4.41　将学生表的学号字段的宽度由原来的 5 改为 6。

```
ALTER TABLE 学生 ALTER 学号 C(6)
```

从以上可以看出，第一种格式可以修改字段的类型、宽度、有效性规则、错误性信息、默认值，也可以定义主关键字、联系等，但是不能修改字段名，不能删除字段，也不能删除已经定义的规则等。

第二种格式的 ALTER TABLE 命令主要用于修改指定表中指定字段的 DEFAULT 和 CHECK 约束规则，不影响原有表的数据。具体命令格式为

```
ALTER TABLE 表文件名 ALTER [COLUMN] 字段名 [NULL | NOT NULL]
[SET DEFAULT 表达式]
[SET CHECK 逻辑表达式 [ERROR 字符型文本信息]]
[DROP DEFAULT] [DROP CHECK]
```

- 表文件名：指明被修改表的表名。
- ALTER [COLUMN]字段名：指出要修改列的字段名。
- SET DEFAULT 表达式：重新设置字段的缺省值。
- SET CHECK 逻辑表达式 [ERROR 字符型文本信息]：重新设置该字段的有效性规则，要求该字段的原有数据满足合法值。
- DROP DEFAULT：删除缺省值。
- DROP CHECK：删除该字段的合法限定。

例 4.42　将学生表的入学成绩字段的有效性规则修改成：入学成绩高于 450。

```
ALTER TABLE 成绩;
ALTER 入学成绩 SET CHECK 入学成绩>=450 ERROR "应该大于 450"
```

例 4.43　删除学生表中入学成绩字段的默认值。

```
ALTER TABLE 学生 ALTER 入学成绩 DROP DEFAULT
```

第三种格式的 ALTER TABLE 命令可以删除指定表中的指定字段，修改字段名，修改指定表完整性规则，包括添加或删除主索引、候选索引及表的合法值限定。具体命令格式为

```
ALTER TABLE 表文件名
[DROP [COLUMN] 字段名 1]
[SET CHECK 逻辑表达式 1 [ERROR 字符型文本信息]]
[DROP CHECK]
[ADD PRIMARY KEY 表达式 1 TAG 标识名 1 [FOR 逻辑表达式 2]]
[DROP PRIMARY KEY]
```

```
[ADD  UNIQUE  表达式 2  [TAG  标识名 2  [FOR  逻辑表达式 3]]]
[DROP  UNIQUE  TAG  标识名 3]
[ADD  FOREIGN KEY [表达式 3][TAG  标识名 4][FOR  逻辑表达式 4]
    REFERENCES  表文件名 2 [TAG  标识名 4]]
 [DROP  FOREIGN  KEY  TAG  标识名 5  [SAVE]]
 [RENAME  COLUMN  原字段名  TO  新字段名]
 [NOVALIDATE]
```

· DROP[COLUMN]　字段名：从指定表中删除指定的字段。

· SET　CHECK　逻辑表达式　[ERROR　字符型文本信息]：为该表指定合法值及错误提示信息。

· DROP CHECK：删除该表的合法值限定。

· ADD　PRIMARY　KEY　表达式　TAG　标识名：为该表建立主索引。

· DROP　PRIMARY　KEY：删除该表的主索引。

· ADD　UNIQUE　表达式　[TAG　标识名]：为该表建立候选索引。

· DROP　UIQUE　TAG　标识名：删除该表的候选索引。

· ADD　FOREIGN　KEY：为该表建立非主索引，与指定的父表建立关系。

· DROP　FOREIGN　KEY TAG　标识名：删除外索引，取消与父表的关系，SAVE 子句将保存该索引。

· RENAME　COLUMN　原字段名　TO　新字段名：修改字段名。

· NOVALIDATE：修改表结构时，允许违反该表的数据完整性规则，默认值为禁止违反数据完整性规则。

注意：修改自由表时，不能使用 DEFAULT、FOREIGN KEY、PRIMARY KEY、REFERENCES 或 SET 子句。

例 4.44　将学生表中的学号字段的字段名改为“编号”。

```
ALTER  TABLE  学生  RENAME  COLUMN 学号  TO 编号
```

例 4.45　删除学生表中的年龄字段。

```
ALTER  TABLE 学生 DROP  COLUMN 年龄
```

例 4.46　删除学生中的候选索引 xh。

```
ALTER  TABLE  学生  DROP  UNIQUE  TAG  xh
```

4. 视图的定义及操作

在 Visual FoxPro 中视图是一个定制的虚拟表，可以是本地的、远程的或带参数的。视图可以引用一个或多个表，也可以引用其他视图。视图是可更新的，它可以引用远程表。

在关系数据库中，视图也称作窗口，即视图是操作表的窗口，可以把它看作是从表中派生出来的虚表。它依赖于表，但不独立存在。本节将介绍如何利用 SQL 语言创建视图。

视图是根据表定义或派生出来的，所以在涉及到视图的时候，通常把表称作基本表。视图一经定义，就可以和基本表一样进行各种查询，可以用浏览窗口查看字段，也可以进行一些修改操作。对于最终用户来说，有时并不需要知道操作的是基本表还是视图。

视图是根据对表的查询定义的，其命令格式为

CREATE　VIEW　视图名　[(字段名 1[,字段名 2]...)]AS　查询语句

其中，查询语句可以是任意的 SELECT 查询语句，它说明和限定了视图中的数据。如果没有为视图指定字段名，视图中的字段名将与查询语句中指定的字段名相同。

注意：视图必须建立在数据库中，即在执行此命令之前必须要先打开一个数据库。

1) 从单个表派生出视图

例 4.47　在职工表中定义视图，使视图中包含职工号和所工作的仓库号字段。

```
OPEN  DATABASE  仓库管理;
CREATE  VIEW  W1 AS  SELECT 职工号, 仓库号 FROM  zg
```

例 4.48　在仓库表中，查询北京仓库的信息，并定义视图。

```
CREATE  VIEW  W2  AS;
SELECT  *  FROM  zk  WHERE 城市="北京"
```

执行上面两条命令后的结果如图 4.34 所示。从该图可以看出，视图一方面可以限定对数据的访问，另一方面又可以简化对数据的访问。

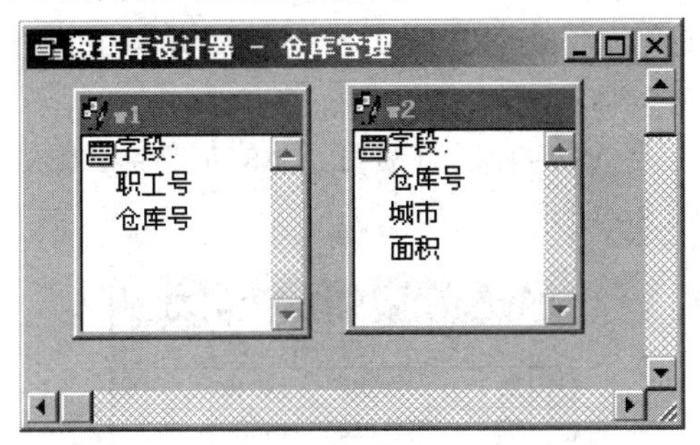

图 4.34　视图 W1 和 W2

2) 从多表派生出视图

顾名思义，从多表派生视图即所产生的视图中的数据来自多个表。

例 4.49　定义视图，使视图向用户提供职工号、职工的工资和职工工作所在城市等信息。

```
CREATE VIEW W3 AS;
SELECT 职工号, 工资, 城市 FROM zg, ck;
WHERE zg.仓库号=ck.仓库号
```

结果对用户就好像有一个包含字段职工号、工资和所在城市的表。在数据设计器中打开视图 W3 的浏览窗口，可以从图 4.35 中看到此视图的内容。

W3

职工号	工资	城市
E1	1220	上海
E3	1210	北京
E4	1250	上海
E6	1230	广州
E7	1250	北京

图 4.35　视图 W3 的内容

视图中也可以使用复杂的查询。

例 4.50　在订购单表中，列出每个职工经手的具有最高总金额的订购单信息，定义视图。

```
CREATE VIEW W4 AS;
SELECT out.职工号, out.供应商号, out.订购单号, out.订购日期, out.总金额;
FROM d:\dgd out WHERE 总金额=;
(SELECT MAX(总金额)FROM d:\dgd inner1;
WHERE out.职工号=inner1.职工号)
```

建立了视图后可以对其进行查询，如：

```
SELECT * FROM W3
```

3) 视图中的虚字段

用一个查询来建立一个视图的 SELECT 子句可以包含算术表达式或函数，这些表达式或函数与视图的其他字段一样，由于它们是计算得来的，并不存储在表内，所以称为虚字段。

例 4.51　定义一个视图，使它包含职工号、月工资和年工资三个字段。

```
CREATE VIEW  W5  AS;
SELECT 职工号, 工资 AS 月工资, 工资*12  AS 年工资 FROM  zg
```

W5 的显示结果如图 4.36 所示。

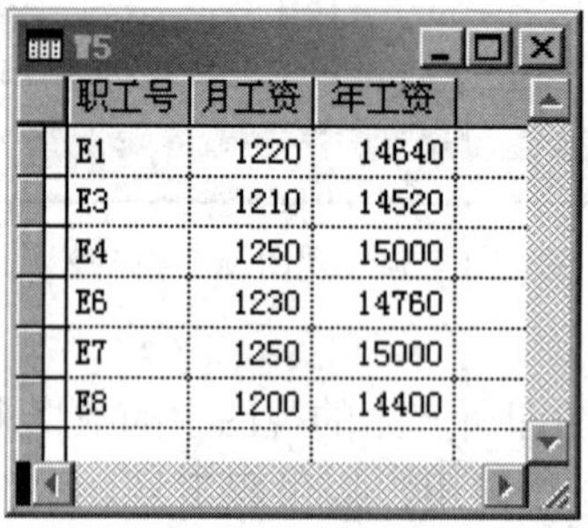

职工号	月工资	年工资
E1	1220	14640
E3	1210	14520
E4	1250	15000
E6	1230	14760
E7	1250	15000
E8	1200	14400

图 4.36　W5 显示结果

这里在 SELECT 短语中利用 AS 重新定义了视图的字段名。由于其中一字段是计算得来的，所以必须给出字段名，这里年工资是虚字段，它是由职工表的工资字段乘以 12 得到的，而月工资就是职工表中的工资字段。由此可见，在视图中还可以重新命名字段名。

4) 视图的删除

由于视图是从表中派生出来的，所以不存在修改结构的问题，但是可以删除视图。其命令格式为

```
DROP  VIEW  视图名
```

注意：上述命令与 Visual FoxPro 中删除视图的命令 DELETE　VIEW 视图名等价，比如要删除视图 W5，只要键入命令 DROP　VIEW　W5 即可。

5) 视图的说明

在 Visual FoxPro 中视图是可更新的，但是这种更新是否反映在基本表中则取决于视图更新属性的设置。在 Visual FoxPro 中，视图有它特殊的概念和用途，在关系数据库中，视

图始终不真正含有数据，它总是原来表的一个窗口。所以，虽然视图可以像表一样进行各种查询，但是插入、更新和删除操作在视图上却有一定的限制。在一般情况下，当一个视图是由单个表导出时可以进行插入和更新操作，但不能进行删除操作；当视图是从多个表导出时，插入、更新和删除操作都不允许进行。这种限制是很有必要的，它可以避免一些潜在错误的发生。

4.4 操 作 功 能

SQL 语言的操作功能包括对表中数据的增加、删除和更新操作。

4.4.1 插入

在一个表的尾部追加数据时，要用到插入功能，SQL 的插入命令包括以下三种格式。

格式一：

```
INSERT INTO  表文件名  [(字段名 1[，字段名 2，...])]
VALUES (表达式 1[,表达式 2，...])
```

这种格式中 VALUES 后面的表达式的值就是要插入的记录值。当缺省表文件名后面的字段名时，插入所有字段的数据，但插入数据的格式和类型必须与表的结构完全吻合。若只需要插入表中某些字段的数据，则需要列出插入数据的字段，当然相应表达式的数据位置会与之对应。

例 4.52 在订购单表中，插入记录，具体内容为("E7","S4","OR01",09/25/03)。

```
INSERT INTO dgd(职工号, 供应商号, 订购单号, 订购日期, 总金额);
VALUES ("E7","S4","OR01",{^2003-09-25},1200)
```

其中，“{^2003-09-25}”是日期型字段订购日期的值，此处必须用日期常量。

例 4.53 假设供应商尚未确定，那么只能先插入职工号和订购单号两个字段的值，这时可用如下命令：

```
INSERT INTO  dgd  (职工号，订购单号) VALUES("E7","OR01")
```

此时另外三个属性的值为空。

格式二：

```
INSERT INTO  表文件名  FROM  ARRAY  数组名
```

这种格式从指定的数组中插入记录值。数组中各元素与表中各字段顺序对应。如果数组中元素的数据类型与其对应的字段类型不一致，则新记录对应的字段为空值；如果表中字段个数大于数组元素的个数，则多的字段为空值。

下面用一组命令来说明 INSERT INTO...FROM ARRAY 的使用方式：

```
USE  dgd                          &&打开订购单
SCATTER  TO  A1                   &&将当前记录读到数组 A1
COPY STRUCTURE TO A2              &&拷贝订购单表的结构到 A2
INSERT INTO A2 FROM ARRAY A1      &&从数组 A1 插入一条记录到 A2
SELECT A2                         &&切换到 A2 的工作区
```

```
BROWSE                              &&用 BROWSE 命令验证插入的结果
```

格式三：

INSERT INTO 表文件名 FROM MEMVAR

这种格式要求新记录值需要根据同名的内存变量来插入记录值。添加的新记录的值是与指定表各字段名同名的内存变量的值，如果同名的内存变量不存在，则相应的字段为空。

用下面一组命令来说明 INSERT INTO…FROM MEMVAR 的使用方式：

```
USE   dgd                           &&打开订购单
SCATTER   MEMVAR                    &&将当前记录读到内存变量 M1 中
COPY STRUCTURE TO A2                &&拷贝订购单表的结构到 A2
INSETR INTO A2 FROM   MEMVAR        &&从内存变量插入一条记录到 A2
SELECT A2                           &&切换到 A2 的工作区
BROWSE                              &&用 BROWSE 命令验证插入的结果
```

4.4.2 更新

更新是指对存储在表中的记录进行修改。SQL 的数据更新命令如下：

UPDATE [数据库!]表文件名

SET　字段名 1=表达式 1[, 字段名 2=表达式 2 …]

[WHERE　条件]

· UPDATE[数据库!]表文件名：指定要更新数据的记录所在的表名及该表所在的数据库名。

· SET　字段名 1=表达式 1[, 字段名 2=表达式 2 ...]：指定被更新的字段及该字段的新值。

· [WHERE 条件]：指明将要更新数据的记录，即更新表中符合条件表达式的记录。并且一次可以更新多个字段，如果不使用 WHERE 子句，则更新全部记录，且每一条记录该字段都用同样的值更新。

例 4.54　给 WH1 仓库的职工提高 10%的工资。

```
UPDATE  zg  SET 工资=工资*1.10  WHERE 仓库号="WH1"
```

4.4.3 删除

用 SQL 语言可以删除数据表中的记录。其命令格式为

DELETE　FROM　[数据库!]表文件名　[WHERE　条件]

· FROM　[数据库!]表文件名：指定要加删除标记的表名。

· WHERE　条件：指明只对满足条件的记录加删除标记。如果不使用 WHERE 子句，则逻辑删除该表中的全部记录。

注意：此命令删除只是加删除标记，并没有从物理上删除。要真正从表中删除这些记录还必须再使用 PACK 命令。

例 4.55　删除仓库表中仓库号值是 WH2 的记录。

```
DELETE   FROM  zk  WHERE 仓库号="WH2"
```

习 题 四

一、选择题

1. SQL 的数据操作语句不包括(　　)。

A) INSERT　　B) UPDATE

C) DELETE　　D) CHANGE

2. SQL 语句中条件短语的关键字是(　　)。

A) WHERE　　B) FOR

C) WHILE　　D) CONDITION

3. SQL 语句中修改表结构的命令是(　　)。

A) MODIFY TABLE　　B) MODIFY STRUCTURE

C) ALTER TABLE　　D) ALTER STRUCTURE

4. SQL 语句中删除表的命令是(　　)。

A) DROP TABLE　　B) DELETE TABLE

C) ERASE TABLE　　D) DELETE DBF

5. 下列说法正确的是(　　)。

A) SQL 的删除操作是从表中删除元组

B) SQL 的删除操作是从表中删除属性

C) SQL 的删除操作是从表文件中删除元组

D) SQL 的删除操作是从表文件中删除属性

6. 为“学院”表增加一个字段“教师人数”的 SQL 语句是(　　)。

A) CHANGE TABLE 学院 ADD 教师人数 I

B) ALTER STRU CTURE 学院 ADD 教师人数 I

C) ALTER TABLE 学院 ADD 教师人数 I

D) CHANGE TABLE 学院 INSERT 教师人数 I

7. 将“欧阳秀”的工资增加 200 元的 SQL 语句是(　　)。

A) REPLACE 教师 WITH 工资=工资+200 WHERE 姓名="欧阳秀"

B) UPDATE 教师 SET 工资=工资+200 WHEN 姓名="欧阳秀"

C) UPDATE 教师 工资 WITH 工资+200 WHERE 姓名="欧阳秀"

D) UPDATE 教师 SET 工资=工资+200 WHERE 姓名="欧阳秀"

8. 有 SQL 语句：

SELECT * FROM 教师 WHERE NOT(工资>3000 OR 工资<2000)

与如上语句等价的 SQL 语句是(　　)。

A) SELECT*FROM 教师 WHERE 工资 BETWEEN 2000 AND 3000

B) SELECT*FROM 教师 WHERE 工资 >2000 AND 工资<3000

C) SELECT*FROM 教师 WHERE 工资>2000 OR 工资<3000

D) SELECT*FROM 教师 WHERE 工资<=2000 AND 工资>=3000

9. 为“教师”表的职工号字段添加有效性规则：职工号的最左边三位字符是 110，正确的 SQL 语句是(　　)。

A) CHANGE TABLE 教师 ALTER 职工号 SET CHECK LEFT(职工号, 3)="110"

B) ALTER TABLE 教师 ALTER 职工号 SET CHECK LEFT(职工号, 3)="110"

C) ALTER TABLE 教师 ALTER 职工号 CHECK LEFT(职工号, 3)="110"

D) CHANGE TABLE 教师 ALTER 职工号 SET CHECK OCCURS(职工号, 3)="110"

10. 建立一个视图 salary，该视图包括了系号和(该系的)平均工资两个字段，正确的 SQL 语句是(　　)。

A) CREATE VIEW salary AS 系号，SVG(工资)AS 平均工资 FROM 教师 GROUP BY 系号

B) CREATE VIEW salary AS SELECT 系号，AVG(工资) AS 平均工资 FROM 教师；
GROUP BY 系名

C) CREATE VIEW salary SELECT 系号，AVG(工资) AS 平均工资 FROM 教师；
GROUP BY 系号

D) CREATE VIEW salary AS SELECT 系号，AVG(工资)AS 平均工资 FROM 教师
GROUP；BY 系号

11. 删除视图 salary 的命令是(　　)。

A) DROP salary VIEW　　B) DROP VIEW salary

C) DELETE salary VIEW　　D) DELETE salary

12. 有 SQL 语句：

SELECT 学院，系名，COUNT(*) AS 教师人数 FROM 教师，学院；
WHERE 教师.系号=学院.系号 GROUP BY 学院.系名

与如上语句等价的 SQL 语句是(　　)。

A) SELECT 学院.系名，COUNT(*)AS 教师人数；
FROM 教师 INNER JOIN 学院；
教师.系号= 学院.系号 GROUP BY 学院. 系名

B) SELECT 学院.系名，COUNT(*)AS 教师人数；
FROM 教师 INNER JOIN 学院；
ON 系号 GROUP BY 学院.系名

C) SELECT 学院.系名，COUNT(*) AS 教师人数；
FROM 教师 INNER JOIN 学院 ON 教师.系号=学院.系号 GROUP BY 学院，系名

D) SELECT 学院. 系名，COUNT(*)AS 教师人数 ON 教师.系号=学院.系号

13. 有 SQL 语句：

SELECT DISTINCT 系号 FROM 教师 WHERE 工资>=；
ALL (SELECT 工资 FROM 教师 WHERE 系号="02")

与如上语句等价的 SQL 语句是(　　)。

A) SELECT DISTINCT 系号 FROM 教师 WHERE 工资>=；
(SELECT MAX(工资)FROM 教师 WHERE 系号="02")

B) SELECT DISTINCT 系号 FROM 教师 WHERE 工资>=；
(SELECT MIN(工资)FROM 教师 WHERE 系号="02")

C) SELECT DISTINCT 系号 FROM 教师 WHERE 工资>=;
ANY(SELECT(工资)FROM 教师 WHERE 系号="02")

D) SELECT DISTINCT 系号 FROM 教师 WHERE 工资>=;
SOME (SELECT(工资)FROM 教师 WHERE 系号="02")

14. (　　)是默认情况下的联接类型。

A) 内部联接　　B) 左联接　　C) 右联接　　D) 全联接

15. 外部联接分为(　　)。

A) 左联接、右联接和全联接　　B) 左联接、右联接

C) 左联接、全联接　　D) 右联接、全联接

二、填空题

1. SQL 支持集合的并运算，运算符是________________。

2. 在 SQL 语句中，空值用________________表示。

3. 在 Visual FoxPro 中，SQL DELETE 命令是________________删除记录。

4. 在 SQL SELECT 中用于计算检索的函数有 COUNT、__________、____________、MAX 和 MIN。

5. SQL SELECT 语句为了将查询结果存放到临时表中应该使用____________短语。

6. 在 SQL 中，实现数据检索的语句命令是________ 。

7. SQL 语言除了具有数据查询和数据操纵功能之外，还具有_______和_______的功能，它是一个综合性的功能强大的语言。

8. 数据库中，可以取用不同表数据并能更新表数据的一种逻辑表称为__________。

三、上机题

在表 jbqk.dbf 中(表 4.1)完成下列查询：

1. 查询按基本工资排序时，前 10%记录的职工情况。
2. 查询培训中心的职工信息。
3. 查询不是“培训中心”或“软件中心”的职工姓名与部门。
4. 查询所有女讲师的姓名、部门及职称。
5. 查询 1960 年以前(不含 1960 年)出生的职工姓名、部门名称及出生日期。
6. 查询所有姓“何”的副教授的姓名、部门名称和基本工资。
7. 查询职工中基本工资的最大值。
8. 计算各个部门的平均工资。
9. 计算每个职工的实发工资，并以实发工资的高低排序。
10. 计算实发工资的总和。
11. 查询基本工资最高的人的信息。

针对 zg.dbf、ck.dbf、dgd.dbf 和 gys.dbf 四个表(具体内容参看表 4.2、4.3、4.4 和 4.5)，完成下列操作。

1. 找出工资多于 1230 元的职工号和他们所在的城市。
2. 找出至少有一个仓库的职工工资为 1250 元的城市。
3. 查询所有职工的工资都多于 1210 元的仓库的信息。

4. 检索出工资在 1220 元到 1240 元范围内的职工信息。
5. 找出不在北京的全部供应商信息。
6. 检索出向供应商 S3 发过订购单的职工号和仓库号。
7. 检索出和职工 E1、E3 都有联系的北京的供应商信息。
8. 检索出向 S4 供应商发出订购单的仓库所在的城市。
9. 先按仓库号排序，再按工资排序并显示全部职工信息。
10. 求至少有两个职工的仓库的平均工资。
11. 检索出每个仓库中职工的工资信息。
12. 找出尚未确定供应商的订购单。
13. 列出每个职工经手的具有最高总金额的订购单信息。
14. 检索哪些仓库中还没有职工的仓库的信息。
15. 检索哪些仓库中至少已经有一个职工的仓库的信息。
16. 检索有职工的工资大于或等于 WH1 仓库中任何一名职工工资的仓库号。
17. 检索有职工的工资大于或等于 WH1 仓库中所有职工工资的仓库号。
18. 建立数据库“订货管理 1”。
19. 建立供应商 1 表(供应商号 C(5)、供应商名 C(20)、地址 C(20))。
20. 建立订购单 1 表(职工号 C(5)、供应商号 C(5)、订购单号 C(5)、订购日期 D)。
21. 为订购单 1 表增加一个货币类型的总金额字段。
22. 将订购单 1 表的订购单号字段的宽度由原来的 5 改为 6。
23. 修改或定义总金额字段的有效性规则(总金额>100，信息为“总金额应该大于 100”)。
24. 删除总金额字段的有效性规则。
25. 将订购单 1 表的总金额字段名改为金额。
26. 利用职工 1 表定义一个视图，使它包含职工号、月工资和年工资三个字段。
27. 插入一个新的供应商记录(S9，智通公司，沈阳)。
28. 删除目前没有任何订购单的供应商。
29. 删除由在上海仓库工作的职工发出的所有订购单。
30. 北京的所有仓库增加 100 m^2 的面积。
31. 给低于所有职工平均工资的职工提高 5%的工资。

四、简答题

1. 简述查询和查找的含义和区别。
2. 简述查询结果的几种去向。

第 5 章　查询与视图设计

数据查询是数据处理中最常用的操作之一。在 Visual FoxPro 中，可以方便地从一个或多个表中提取数据，可以通过设计查询程序文件或者视图程序文件来完成。查询程序文件是指扩展名为 .qpr 的文件，其内容的主体是 SQL SELECT 语句。视图则兼有表和查询的特点，是在数据库表的基础上建立的一个虚拟表，它不能独立存在，而是被保存在数据库中。查询与视图设计可以采用相应的设计器来完成，也可以采用 SQL 语言编程实现，也可以通过表单设计实现查询功能(详见第 7 章)。本章将介绍如何利用查询向导和查询设计器来设计查询与视图。

5.1　应用查询向导创建查询

如果要快速创建查询，可使用 Visual FoxPro 的查询向导。查询向导可以建立一般用途的查询文件和特殊用途的查询文件。在创建时，向导按交互方式询问用户希望在哪些表或视图中搜索信息，并根据用户对一系列问题的交互式回答来设置查询文件的功能。用查询向导生成查询文件的步骤如下：

(1) 选择“文件”菜单，下拉菜单的“新建”命令项，弹出“新建”对话框，如图 5.1 所示。在新建对话框中选中“查询(Q)”选项，并单击“向导(W)”按钮。

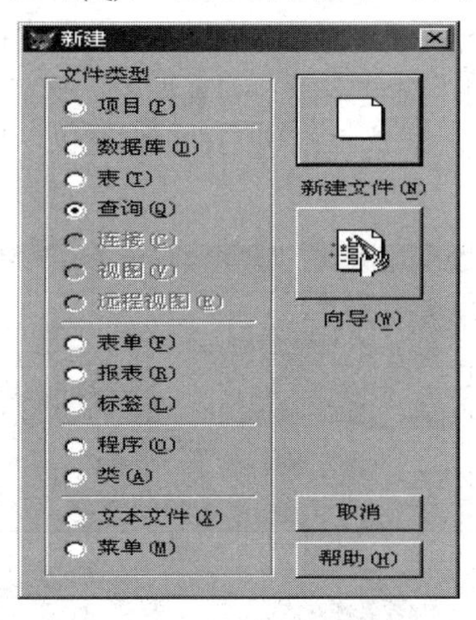

图 5.1　“新建”对话框

(2) 在如图 5.2 所示的“向导选取”对话框中，选择所需生成的查询文件类型，然后选择“查询向导”类型，并单击“确定”按钮。弹出的“查询向导”步骤 1 对话框如图 5.3 所示。

图 5.2　“向导选取”对话框

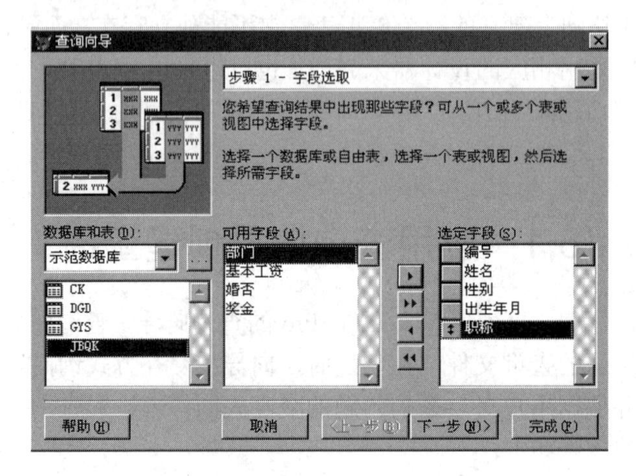

图 5.3　“查询向导”步骤 1

(3) 如图 5.3 所示，单击“数据库和表”列表框后面的“...”按钮，选择查询文件的数据源(数据库表、自由表或视图)，在“可用字段”列表框中选中需要输出的字段，并单击“”按钮把所选字段移动到“选定字段”列表框中，然后单击“下一步”按钮。

(4) 在图 5.4 所示的对话框中，选择筛选条件，也可以不设置筛选条件，单击“下一步”按钮。

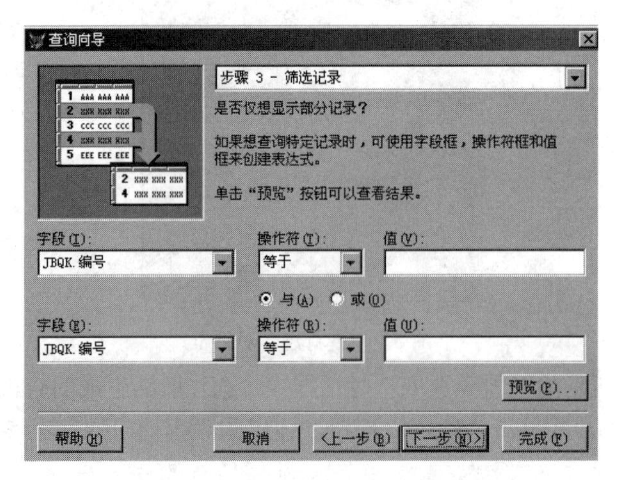

图 5.4　“查询向导”步骤 3

(5) 在图5.5所示的对话框中，选取“编号”作为排序字段，然后单击“添加”按钮，使之添加到右侧的“选定字段”列表框中，继续单击“下一步”按钮。

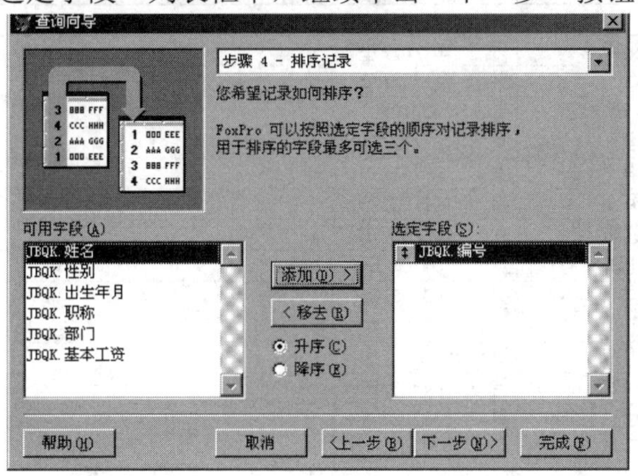

图5.5　“查询向导”步骤4

(6) 在图5.6所示的对话框中，设置限制记录的数量和百分比，也可以不设置，取默认值，单击“下一步”按钮。

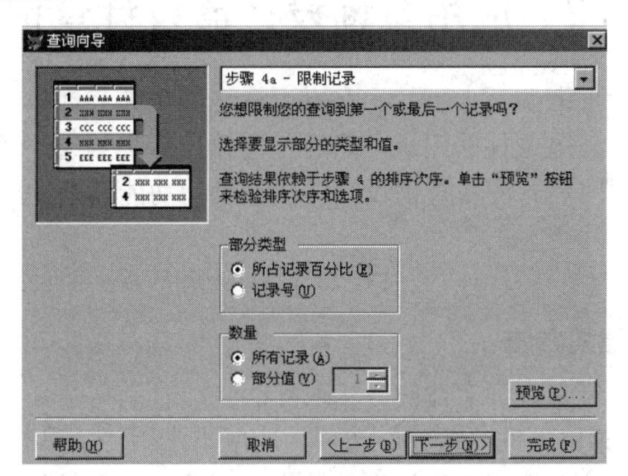

图5.6　“查询向导”步骤4a

(7) 在图5.7所示的对话框中，选择“保存并运行查询”选项，然后单击“完成”按钮，这时查询文件立即运行，如图5.8所示。

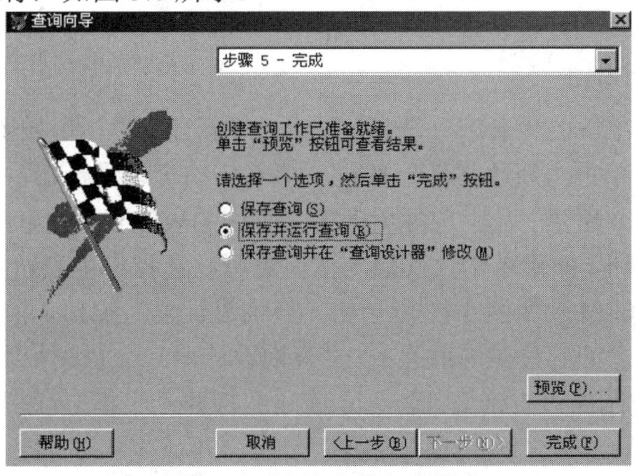

图5.7　“查询向导”步骤5

查询

编号	姓名	性别	出生年月
			/ /
0801	吴刚华	男	01/01/70
0802	何兵	男	11/23/72
0805	吕一平	男	03/12/63
0805	杨华	女	02/12/54
0807	杨华	女	05/15/70
1102	王军	男	11/23/38
1103	陈红妍	女	02/03/76
1104	许玉琳	女	05/01/54
1105	赵强	男	06/08/66
1107	陶玉蓉	女	07/08/79
1602	冯卫东	男	01/24/60
1609	杨华宾	男	04/25/75
1610	张武	男	08/08/55

图 5.8　查询文件运行结果

5.2　应用查询设计器设计查询

查询设计器是设计查询的有力工具，它以可视化的操作界面，交互式的操作方式，从指定的表或视图中提取满足条件的记录，然后定向输出查询结果，查询结果输出类型有浏览型、报表型、表、视图等。应用查询设计器能够设计功能复杂的查询文件。

5.2.1　查询设计器

1. 启动查询设计器的方法

启动查询设计器，建立查询文件的方法很多：

(1) 选择“文件”菜单下的“新建”选项，或单击常用“工具栏”上的“新建”按钮，打开“新建”对话框，然后选择“查询”并单击“新建文件”按钮，这样就可以打开查询设计器了。

(2) 用 CREATE QUERY 命令打开查询设计器并建立查询文件。

(3) 利用 SQL SELECT 命令直接编辑 .qpr 文件建立查询文件。

2. 查询设计器的窗口

选择“文件”菜单下的“新建”选项，弹出的“新建”对话框如图 5.9 所示，选择“查询”单选按钮，然后单击“新建文件”按钮。接着启动查询设计器，并显示“添加表或视图”对话框，如图 5.10 所示。从中选择用于建立查询的表或视图，单击要选择的表或视图，然后单击“添加”按钮。如果单击“其他”按钮还可以选择自由表。当选择完表或视图后，单击“关闭”按钮正式进入如图 5.11 所示的“查询设计器”窗口。注意，当一个查询是基于多个表时，这些表之间必须是有联系的。“查询设计器”会自动根据联系提取联接条件，否则在打开图 5.11 所示的“查询设计器”之前还会打开一个指定联接条件的对话框，由用户来设计联接条件。

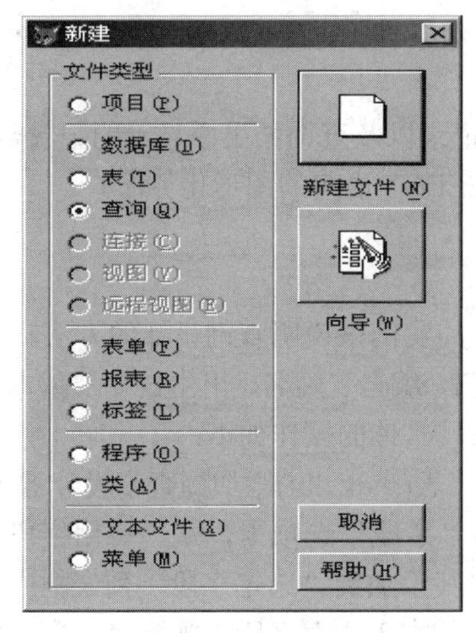

图 5.9　“新建”对话框

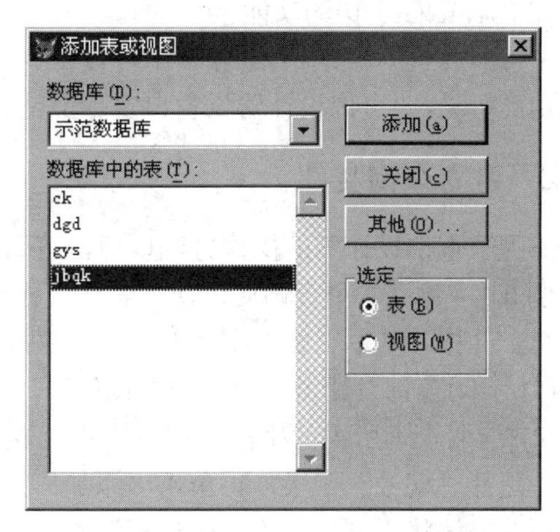

图 5.10　“添加表或视图”对话框

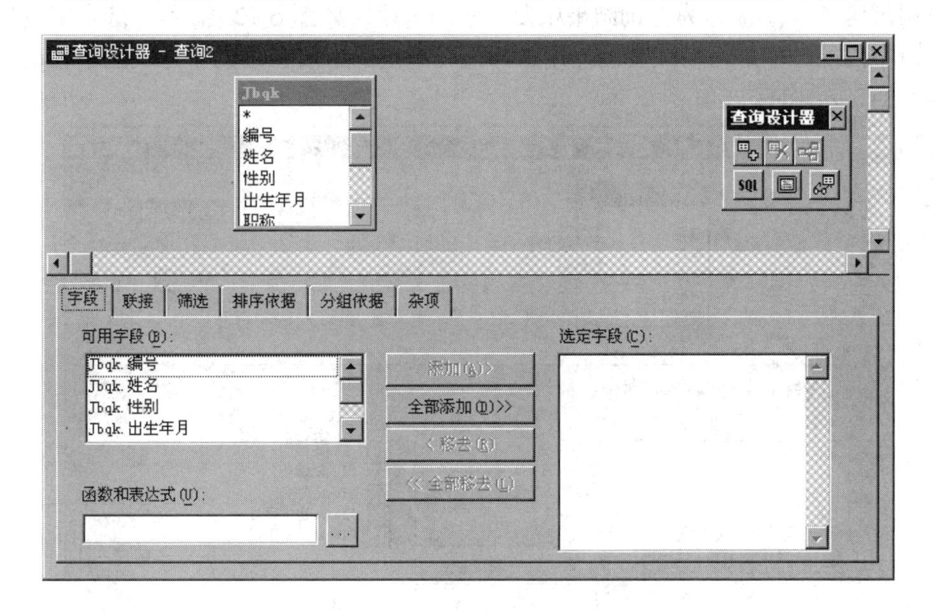

图 5.11　“查询设计器”窗口

“查询设计器”窗口中有六个选项卡，其功能和 SQL SELECT 命令的各子句是相对应的。

- 字段：单击“字段”选项卡，可设置查询结果中要包含的字段，对应于 SELECT 语句中的输出字段。双击“可用字段”列表框中的字段，相应的字段就自动移到右边的“选定字段”列表框中。如果要选择全部字段，则单击“全部添加”按钮。在“函数和表达式”编辑框中，输入或由“表达式生成器”生成一个计算表达式，如 AVG(入学成绩)。
- 联接：如果要查询多个表，可以在“联接”选项卡中设置表之间的关联条件，对应于 SQL 的 JOIN　ON 子句的功能。
- 筛选：在“筛选”选项卡中可设置查询条件，对应于 SQL 的 WHERE 子句的功能。
- 排序依据：在“排序依据”选项卡中可指定排序的字段和排序方式，对应于 SQL 的 ORDER BY 子句的功能。

· 分组依据：在“分组依据”选项卡中可设置分组条件，对应于 SQL 的 GROUP BY 子句和 HAVING 子句的功能。

· 杂项：在“杂项”选项卡中可设置有无重复记录以及查询结果中显示的记录数等。

由此可见，“查询设计器”窗口实际上是 SQL SELECT 语句的图形化界面。

5.2.2 建立查询文件

掌握了查询设计器的操作方法以后，下面用具体的实例来说明查询设计的方法。

例 5.1 建立一个查询文件，要求显示员工的部门、编号、姓名、出生日期及基本工资等信息，并按“基本工资”字段的数据升序排列记录。具体的操作如下：

(1) 启动查询设计器。启动查询设计器，并将员工表(Jbqk.dbf)添加到查询设计器中。

(2) 选取查询所需的字段。在查询设计器中单击“字段”选项卡，从“可用字段”列表框中选择“编号”字段，再单击“添加”按钮，将其添加到“选定字段”列表框中。依次使用此方法将“姓名”、“出生日期”、“部门”和“基本工资”字段添加到“选定字段”列表框中。这 5 个字段即为查询结果中要显示的字段，如图 5.12 所示。“选定字段”列表框中显示字段的顺序是可以改变的，用鼠标拖动选定的字段左边的小方块上下移动，即可调整字段的显示顺序。

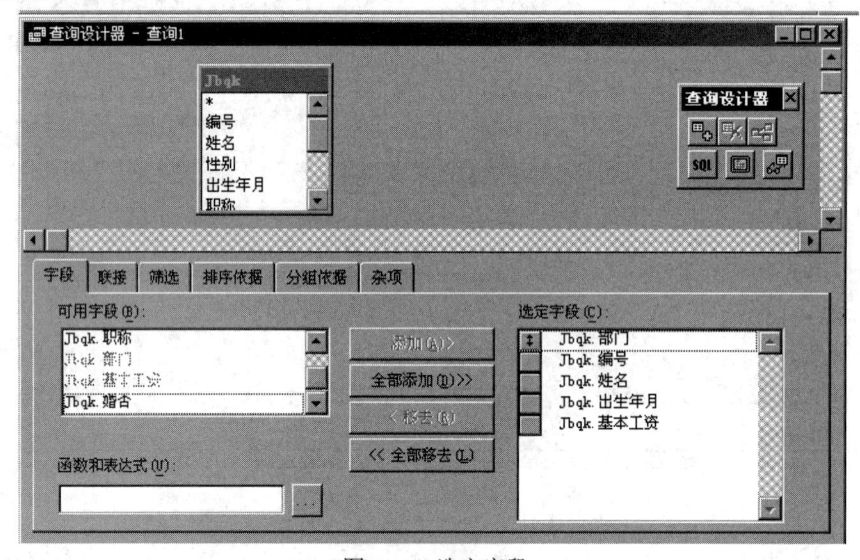

图 5.12 选定字段

(3) 设置排序字段。如果在“排序依据”选项卡中不设置排序条件，则显示结果按表中记录的原顺序显示。现要求记录按“基本工资”的升序显示记录，因此在“选定字段”列表框中选择“基本工资”字段，再单击“添加”按钮，将其添加到“排序条件”列表框中，最后选择“排序选项”的“升序”单选按钮，如图 5.13 所示。

(4) 保存查询文件。查询文件设计完成后，选择系统菜单中“文件”下拉菜单的“另存为”选项，或单击常用工具栏上的“保存”按钮，打开“另存为”对话框，选定查询文件将要保存的位置，输入查询文件名，并单击“保存”按钮。

(5) 查看对应的 SQL SELECT 语句。完成查询设计的交互式操作之后，单击“查询设计器”工具栏中的“SQL”按钮，或从“查询”菜单选项中选择“查看 SQL”命令，就可

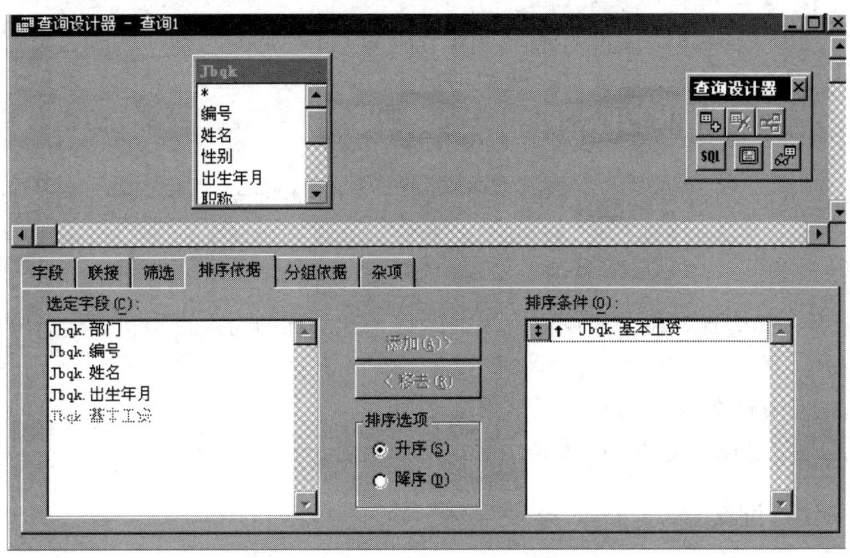

图 5.13　设置排序字段

以看到查询文件的 SQL SELECT 语句内容。例如，上面所建立查询文件的 SQL SELECT 语句如下：

SELECT Jbqk.部门，Jbqk.编号，Jbqk.姓名，Jbqk.出生年月，Jbqk.基本工资;

FROM 示范数据库!Jbqk;

ORDER BY Jbqk.基本工资

(6) 运行查询文件。单击常用工具栏上的“!”按钮，就能运行查询文件，运行结果如图 5.14 所示。

查询

部门	编号	姓名	出生年月	基本工资
培训中心	1609	杨华宾	04/25/75	220.00
电路实验室	1107	陶玉蓉	07/08/79	240.00
电路实验室	1103	陈红妍	02/03/76	270.00
软件中心	0807	杨华	05/15/70	300.85
电路实验室	1105	赵强	06/08/66	330.00
仿真实验室	2212	陈磊	11/23/68	340.00
培训中心	1602	冯卫东	01/24/60	340.75
软件中心	0805	吕一平	03/12/63	360.00
培训中心	1611	王军旗	07/26/71	380.00
培训中心	1610	张武	08/08/55	400.00
电路实验室	1104	许玉琳	05/01/54	500.00
软件中心	0805	杨华	02/12/54	500.00
仿真实验室	2208	景平	07/07/50	500.70
软件中心	0802	何兵	11/23/72	560.00

图 5.14　查询文件运行结果

5.2.3　查询文件的运行方法

查询文件设计完成之后，通过运行查询文件，可显示查询文件的输出结果。对查询结果不满意或不符合要求时，可重新修改查询文件。同时在设计查询过程中可以设置查询结果的去向(输出结果)，以满足用户的不同要求。

使用查询设计器设计查询时，每设计一步，都可以运行查询文件，查看运行结果，这样可以边设计、边运行，对查询结果不满意可以再设计、再运行，直至达到满意的效果。

交互式设计查询工作完成并保存之后，即可利用菜单选项或命令运行查询文件。

(1) 在查询设计器中直接运行。在查询设计器窗口中，选择“查询”菜单中的“运行查询”选项，或单击常用工具栏的“!”按钮，即可运行查询。上面建立的查询文件就是用此方法运行的。

(2) 利用菜单选项运行。在设计查询过程中或保存查询文件后，单击“程序”菜单中的“运行”选项，打开“运行”对话框，然后选择要运行的查询文件，再单击“运行”按钮，即可运行。

(3) 命令方式运行。在命令窗口中输入运行查询文件的命令，也可以运行查询文件。命令格式为

```
DO　查询文件名.qpr
```

注意：命令中查询文件名必须是全名，即扩展名.qpr 不能省略。

5.2.4　修改查询文件

用户可以在任何时候使用查询设计器来修改以前建立的查询文件。下面针对上面建立的查询文件，对其进行修改，使其只查询部门是“软件中心”的相关记录，并以“基本工资”字段降序排列记录，这就需要设置“筛选”条件。具体步骤如下：

(1) 打开查询设计器。选择“文件”菜单中的“打开”选项，指定文件类型为“查询”，选择相应的查询文件，单击“确定”按钮，即可打开该查询文件对应的查询设计器窗口。另外，也可以使用命令修改查询文件，命令格式为

```
MODIFY QUERY　查询文件名.qpr
```

(2) 修改查询条件。根据查询结果的需要，可在 6 个查询选项卡中对不同的选项进行重新设置。下面根据要求，对查询文件进行修改。

设置查询条件，单击“筛选”选项卡，从“字段名”下拉列表框中选取“部门”字段，在“条件”下拉列表框中选择“=”，在“实例”文本框中输入“软件中心”，如图 5.15 所示。

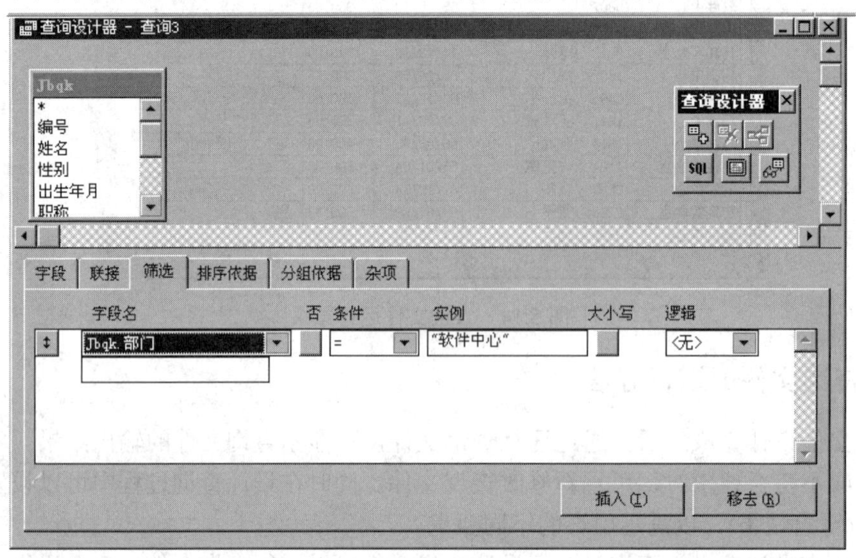

图 5.15　设置筛选条件

修改排序顺序，将排序顺序改为按“基本工资”降序排列，单击“排序依据”选项卡，从“排序选项”中选取“降序”选项，并单击其按钮。

(3) 运行查询文件。单击常用工具栏上的“!”按钮，运行查询文件，运行结果如图 5.16 所示。

查询

部门	编号	姓名	出生年月	基本工资
软件中心	0802	何兵	11/23/72	560.00
软件中心	0801	吴刚华	01/01/70	560.00
软件中心	0805	杨华	02/12/54	500.00
软件中心	0805	吕一平	03/12/63	360.00
软件中心	0807	杨华	05/15/70	300.85

图 5.16　查询文件运行结果

(4) 保存修改结果。选择“文件”菜单中的“保存”选项，或单击常用工具栏上的“保存”按钮，保存对文件的修改。然后单击“关闭”按钮，关闭查询设计器。

5.2.5　定向输出查询文件

通常，如果不选择查询结果的去向，系统将默认查询的结果显示在“浏览”窗口中。也可以选择其他输出目的地，将查询结果送往指定的地点，例如输出到临时表、表、图形、屏幕、报表和标签。查询去向及含义如下：

浏览　查询结果以浏览形式输出到屏幕窗口上。

临时表　查询结果保存到一个临时的只读表中。

表　查询结果保存到一个指定的表中。

图形　查询结果输出到图形文件中。

屏幕　查询结果输出到当前活动窗口中。

报表　查询结果输出到一个报表文件中。

标签　查询结果输出到一个标签文件中。

下面将查询文件输出到临时表中，具体操作方法如下：

(1) 打开查询设计器。

(2) 选择“查询”菜单中“查询去向”选项，系统将显示“查询去向”对话框，如图 5.17 所示。

(3) 单击“临时表”按钮，此时屏幕画面出现对话框。在“临时表名”文本框中输入临时表名，并单击“确定”按钮，关闭“查询去向”对话框。

(4) 保存对查询文件的修改，单击查询设计器窗口的“关闭”按钮，关闭查询设计器。

(5) 运行该查询文件，由于将查询结果输出到了一个临时表中，因此查询结果将不在“浏览”窗口中显示。

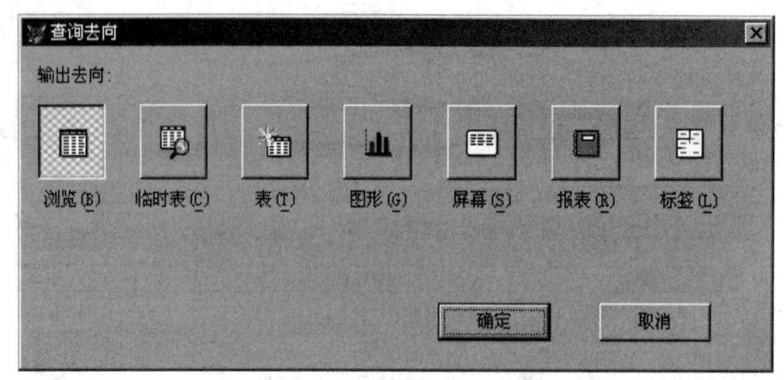

图 5.17　查询去向对话框

选择“显示”菜单中的“浏览”选项，将显示该临时表的内容。单击浏览窗口的“关闭”按钮，关闭浏览窗口。如果用户只需浏览查询结果，可输出到浏览窗口。浏览窗口中的表是一个临时表，关闭浏览窗口后，该临时表将自动删除。用户可根据需要选择查询去向，如果选择输出到图形，则在运行该查询文件时，系统将启动图形向导，用户根据图形向导的提示进行操作，将查询结果送到 Microsoft Graph 中制作图表。把查询结果用图形的方式显示出来虽然是一种比较直观的显示方式，但它要求在查询结果中必须包含有用于分类的字段和数值型字段。另外，表越大图形向导处理图表的时间就越长，因此用户还必须考虑表的大小。

5.3　查询文件设计举例

例 5.2　设计一个关联表查询文件。

① 打开查询设计器窗口。

② 添加两个数据库表：Dgd.dbf 和 Gys.dbf。

③ 设置查询文件的输出字段：Dgd.职工号、Dgd.供应商号、Dgd.订购单号、Dgd.订购日期、Dgd.总金额、Gys.供应商名和 Gys.地址。

④ 设置多表的关联条件：Dgd.供应商号=Gys.供应商号，如图 5.18 所示。

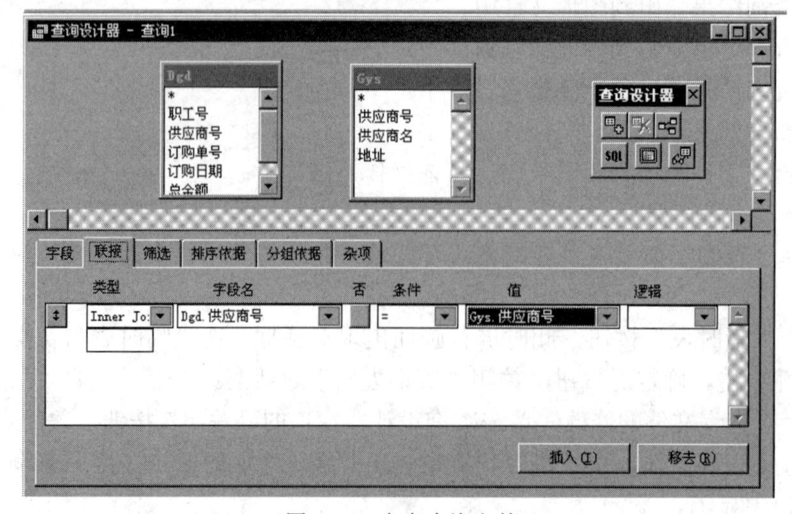

图 5.18　多表查询文件

⑤ 运行查询文件的结果如图 5.19 所示。

查询

职工号	供应商号	订购单号	订购日期	总金额	供应商名	地址
E7	S4	or76	05/25/01	7250	华通电子公司	北京
E1	S4	or73	07/28/01	12000	华通电子公司	北京
E3	S3	or91	07/13/01	12560	振华电子厂	西安
E3	S4	or79	06/13/01	30050	华通电子公司	北京
E3	S7	or67	06/23/01	35000	爱华电子厂	北京

图 5.19　多表查询运行结果

例 5.3　设计一个运用“函数和表达式”计算职工实发工资的查询文件。

① 打开查询设计器窗口。

② 设置查询文件的输出字段：Jbqk.部门、Jbqk.编号、Jbqk.姓名、Jbqk.职称、Jbqk.基本工资、Jbqk.奖金和实发工资。

③ 单击“函数和表达式”文本框后边的“...”按钮，弹出如图 5.20 所示的“表达式生成器”对话框，双击“字段”列表框中的“基本工资”，使得它出现在“表达式”文本框中。再双击“数学”列表框中的“+”，然后双击“字段”列表框中的“奖金”，之后输入“as 实发工资”，并单击“确定”按钮。或者单击“添加”按钮，将表达式“Jbqk.基本工资+Jbqk.奖金 as 实发工资”添加到“选定字段”列表框中。

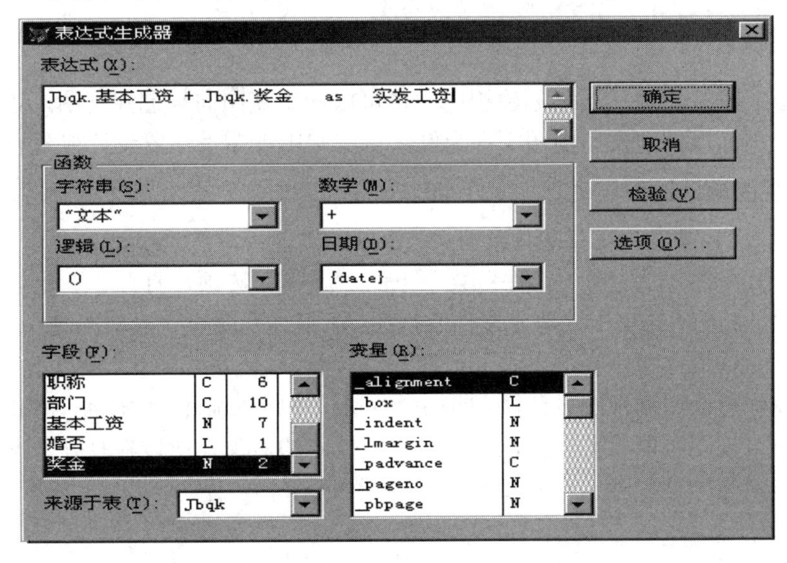

图 5.20　表达式生成器

④ 运行查询文件的结果如图 5.21 所示。这种查询文件不仅具有计算功能，而且具有增加表头字段的功能。

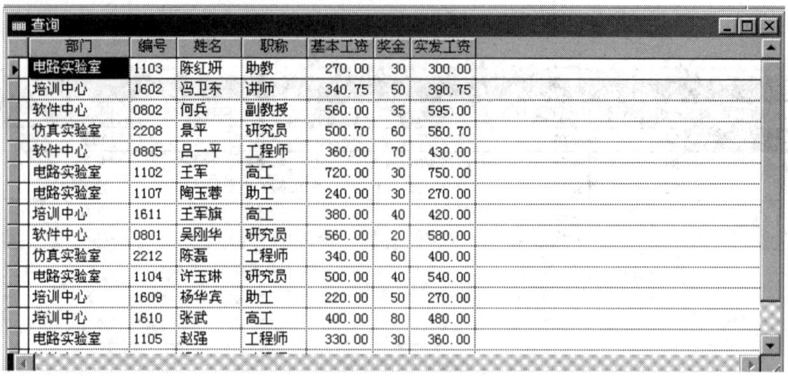

查询

部门	编号	姓名	职称	基本工资	奖金	实发工资
电路实验室	1103	陈红妍	助教	270.00	30	300.00
培训中心	1602	冯卫东	讲师	340.75	50	390.75
软件中心	0802	何兵	副教授	560.00	35	595.00
仿真实验室	2208	景平	研究员	500.70	60	560.70
软件中心	0805	吕一平	工程师	360.00	70	430.00
电路实验室	1102	王军	高工	720.00	30	750.00
电路实验室	1107	陶玉蓉	助工	240.00	30	270.00
培训中心	1611	王军旗	高工	380.00	40	420.00
软件中心	0801	吴刚华	研究员	560.00	20	580.00
仿真实验室	2212	陈磊	工程师	340.00	60	400.00
电路实验室	1104	许玉琳	研究员	500.00	40	540.00
培训中心	1609	杨华宾	助工	220.00	50	270.00
培训中心	1610	张武	高工	400.00	80	480.00
电路实验室	1105	赵强	工程师	330.00	30	360.00

图 5.21　复杂查询的运行结果

5.4　视图设计

视图从应用的角度来讲类似于表，它具有表的属性。对视图的所有操作，如打开与关闭、设置属性(如字段的显示格式、有效性规则等)、修改结构以及删除等，都与对表的操作相同。视图作为数据库的一种对象，有其专门的设计工具和命令。同时，视图还具有查询的特点，可以用来从一个或多个相关联的表中检索有用信息。而且视图还可以更新数据源表中的数据，这也是视图与查询的根本区别。

视图有两种类型：一种是本地视图，另一种是远程视图。本地视图是指从当前数据库的表或者其他视图中选取信息，而远程视图则是指从远程服务器的数据源中(如 SQL Server 数据库)提取数据。本节主要讨论本地视图。建立视图的方法与建立查询的方法非常类似，主要是通过指定数据源、选择所需字段、设置筛选条件等工作来完成的。

5.4.1　视图设计器

用户可以利用视图设计器来创建视图，也可以利用视图向导创建视图，还可以通过命令创建视图。下面以创建本地视图文件为例，讲解利用视图设计器设计视图的方法。

1. 启动视图设计器

(1) 打开一个需要使用的数据库文件。

(2) 在系统菜单中，选择“文件”菜单下的“新建”选项，打开“新建”对话框。选择“视图”单选按钮，再单击“新建文件”按钮，在打开视图设计器的同时，还将打开“添加表或视图”对话框，将所需的表添加到视图设计器中。

使用命令也可以启动视图设计器，即在命令窗口中键入命令：CREATE VIEW　文件名。需要注意的是，视图不能单独存在，它只能是数据库的对象，所以在打开数据库时，视图文件不能操作。

2. 视图设计器窗口

视图设计器的窗口和查询设计器基本相同，不同之处是视图设计器下半部分的选项卡有 7 个，其中 6 个的功能和用法与查询设计器完全相同。这里介绍一下它不同于查询设计器的“更新条件”选项卡的功能和使用方法。单击“更新条件”选项卡，如图 5.22 所示。

该选项卡用于设定更新数据的条件，其各选项的含义如下：

(1) “表”列表框列出了添加到当前视图设计器中的所有表，从其下拉列表中可以指定视图文件中允许更新的表。若选择“全部表”选项，那么在“字段名”列表框中将显示出在“字段”选项卡中选取的全部字段；若只选择其中的一个表，那么在“字段名”列表框中将只显示该表中被选择的字段。

(2) “字段名”列表框中列出了可以更新的字段名。其中标识的钥匙符号为指定字段是否为关键字段，字段前若带对号“√”标志，则该字段为关键字段；铅笔符号为指定的字段是否可以更新，字段前若带对号“√”标志，则该字段内容可以更新。

(3) “发送 SQL 更新”复选框用于指定是否将视图中的更新结果反馈到源数据表中。

(4) “SQL WHERE 子句包括”单选按钮组用于指定当更新数据传回源数据表时，检测更改冲突的条件，其各选项意义如下：

关键字段　只有源数据表中关键字段被修改时才检测冲突。

关键字和可更新字段　当源数据表关键字段和更新字段被修改时检测冲突。

关键字和已修改字段　当源数据表中的关键字段和已修改过的字段被修改时检测冲突。

关键字和时间戳　应用于远程视图。

(5) “使用更新”单选按钮组指定后台服务器更新的方法。其中，“SQL DELETE 然后 INSERT”选项的含义是在修改源数据表时，先将要修改的记录删除，然后再根据视图中的修改结果插入一条新记录；“SQL UPDATE”选项的含义是根据视图中的修改结果直接修改源数据表中的记录。

图 5.22　“更新条件”选项卡

5.4.2　建立视图

1. 单表视图的设计

职工表(Jbqk.dbf)是由多个字段组成的，如果只检索和修改其中的编号、姓名、性别、部门、基本工资和奖金字段，可以创建一个视图来进行操作。

例 5.4　对职工表建立视图，输出字段为编号、姓名、性别、部门、基本工资和奖金，并且检索部门为“软件中心”，性别为“男”的记录。其操作步骤如下：

(1) 先打开示范数据库，再打开视图设计器，将 Jbqk.dbf 表添加到视图设计器窗口。

(2) 单击视图设计器的“字段”选项卡，将可用字段 Jbqk.编号、Jbqk.姓名、Jbqk.性别、Jbqk.部门、Jbqk.职称、Jbqk.基本工资、Jbqk.奖金添加到“选定字段”列表框中。

(3) 单击“筛选”选项卡，设置筛选的条件：部门="软件中心" AND 性别="男"，如图 5.23 所示。

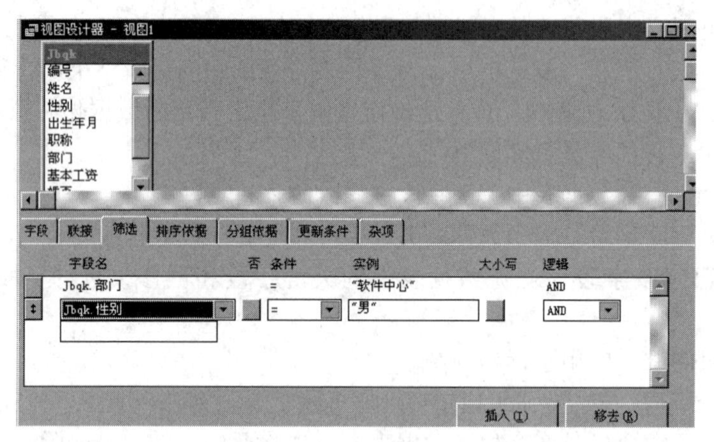

图 5.23　筛选条件

注意：设置筛选的条件时，引号要用英文状态的引号，否则出错。

(4) 查看 SQL 语言。视图实际上是一条 SQL SELECT 语句，单击视图工具栏上的“SQL”按钮，立即显示出 SQL 语言。通过查看 SQL 语言，增强读者对 SQL 语言的理解。SQL 语言的内容如下：

```
SELECT Jbqk.部门，Jbqk.编号，Jbqk.姓名，Jbqk.性别，Jbqk.职称，Jbqk.基本工资，Jbqk.奖金;
FROM 示范数据库! Jbqk;
WHERE Jbqk.部门 ="软件中心"　AND Jbqk.性别 ="男"
```

(5) 运行视图。视图的运行和查询文件的运行完全一样，单击工具栏上的“!”按钮即可。该例运行结果如图 5.24 所示。

视图1

部门	编号	姓名	性别	职称	基本工资	奖金
软件中心	0802	何兵	男	副教授	560.00	35
软件中心	0805	吕一平	男	工程师	360.00	70
软件中心	0801	吴刚华	男	研究员	560.00	20

图 5.24　视图运行结果

(6) 存储视图。选择“文件”菜单中的“另保存”选项，出现“保存”对话框，在对话框中输入视图名后，单击“确定”按钮。

2. 表视图的设计

学生管理数据库中的选课表，对于一般用户来讲是无法使用的，因为学号和课程号都采用的是代码方式，所以有必要使用视图方式进行透明性操作。这样，在操作过程中看到学号时，就知道其学生姓名；看到课程号时，就知道其课程名称。

例 5.5　对学生管理数据库建立视图，显示学生姓名、课程名及成绩。这里的姓名、课程名及成绩等信息分布于学生、课程和选课 3 个表中，因此要建立一个以这 3 个数据表为数据源的视图。具体操作步骤如下：

(1) 新建视图，并依次将学生表、选课表和课程表添加到视图设计器窗口中。

(2) 选择与设置输出字段。在“字段”选项卡上，设定输出字段为学生表.学号、学生表.姓名、选课表.课程号、选课表.课程名、选课表.成绩，如图 5.25 所示。

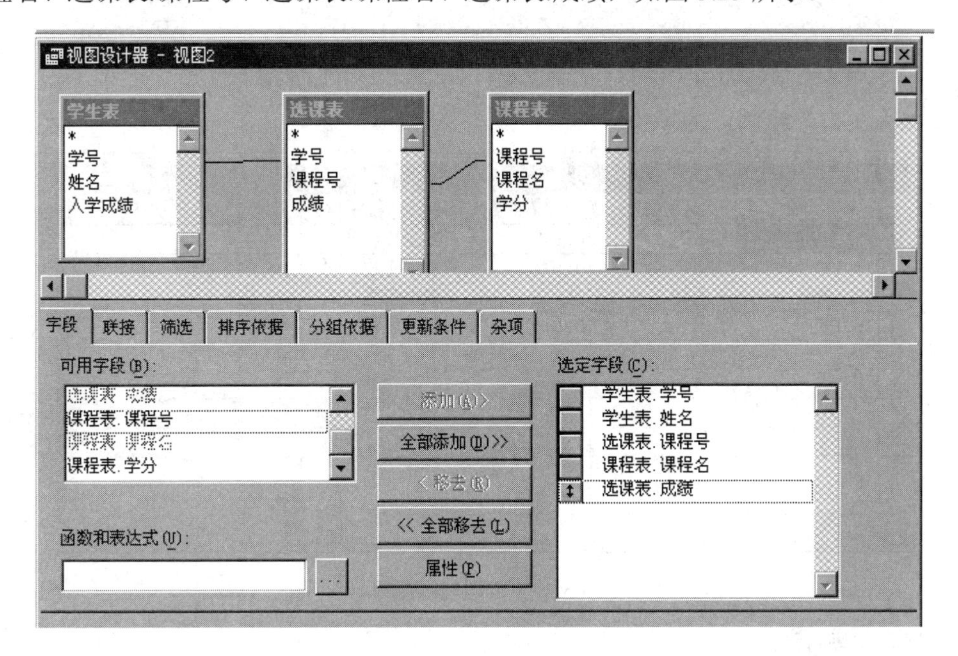

图 5.25　视图设计器

(3) 设置联接条件。这 3 个表之间有一定的关联关系，由于它们之间的关联关系已经存在于数据库中，所以关系表达式将自动被带进来，如图 5.26 所示。如果数据中没有设置联接，则需要在此进行手工设置联接关系表达式。操作方法是单击“视图设计器”工具栏中的“添加联接”按钮，进入“联接条件”对话框进行设置。

(4) 更新设计。本例中有 3 个表，不需要更新学生表和课程表(使用这两个表的目的是帮助显示学生成绩)，需要更新的只有选课表。在此选择“更新条件”选项卡，在“表”下拉组合框中选择“选课表”，设置“关键字段”和“更新字段”，在“SQL WHERE 子句包括”框中选择“关键字和可更新字段”项，在“使用更新”框中选择“SQL UPDATE”项。

(5) 保存该视图，然后运行该视图。可见，在显示学号和课程号的同时，显示了相应的学生姓名和课程名，如图 5.27 所示。

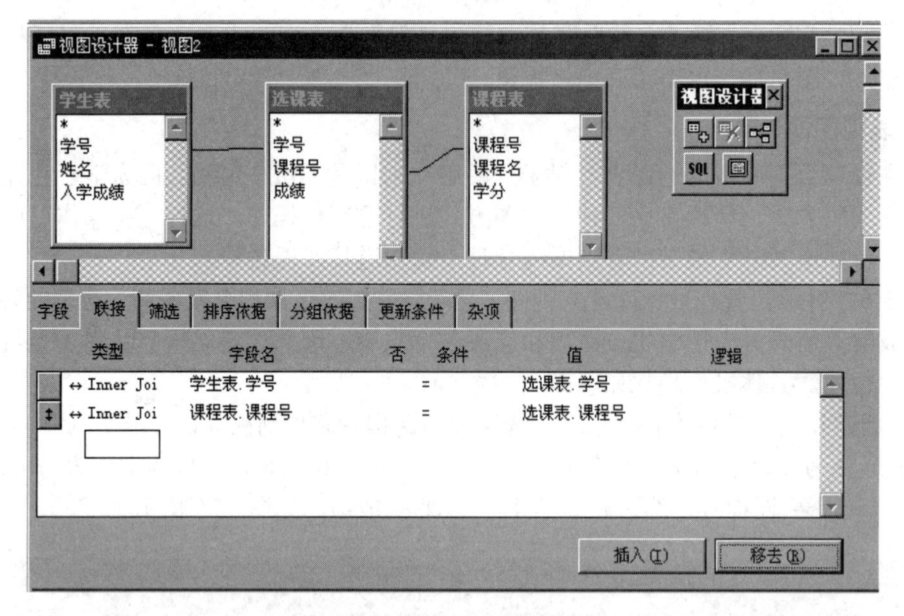

图 5.26　设置联接条件

视图2

学号	姓名	课程号	课程名	成绩
180110	胡敏杰	01101	数据库原理	97.0
180110	胡敏杰	01102	软件工程	88.0
190101	王丽红	01102	软件工程	72.0
190102	李萧怀	01102	软件工程	87.0

图 5.27　视图运行结果

3. 视图参数的应用

在利用视图进行信息查询时可以设置参数，让用户在使用时输入参数值。

例 5.6　对学生管理数据库建立视图，输入任何一个学生的学号后，提取该学生所选的课程名和成绩。

本例将建立一个在运行时根据输入学生学号而任意查询的视图，操作步骤如下：

(1) 新建视图，依次将学生表、选课表和课程表添加到视图设计器窗口中。

(2) 选择输出字段。在“字段”选项卡上设定输出字段为学生表.姓名、课程表.课程名和选课表.成绩。

(3) 在“筛选”选项卡上设置字段名为学生表.学号=？学号，如图 5.28 所示。

(4) 保存视图，然后运行该视图，此时系统显示“视图参数”对话框，要求给出参数值，如“2003001”，就能显示该学号的学生选课情况，如图 5.29 所示。

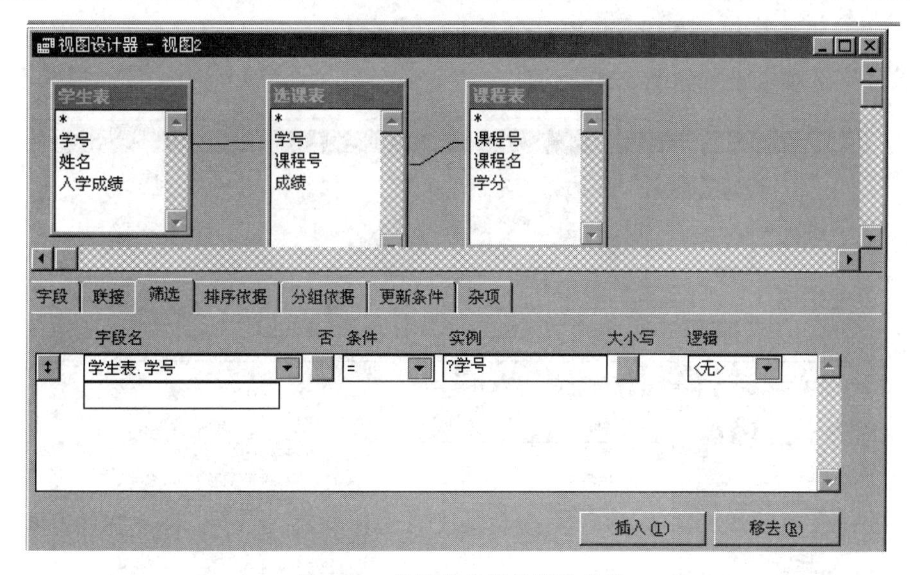

图 5.28　设置带参数的筛选条件

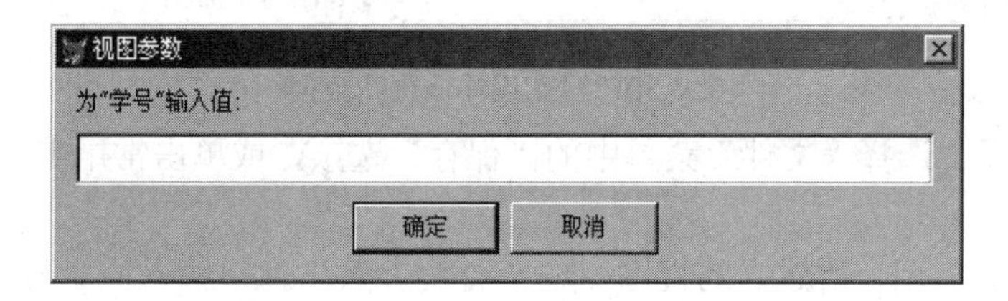

图 5.29　“视图参数”对话框

5.4.3　使用视图更新数据

更新数据是视图的重要特点，也是与查询最大的区别。使用“更新条件”选项卡可以把用户对表中数据所做的修改，包括更新、删除及插入等结果返回到数据源中。

例 5.7　对学生表建立一个视图文件，使其显示学号为“2003001”的学生信息，并将学号修改为“2006001”，将姓名修改为“王大力”。具体操作方法如下：

(1) 启动视图设计器。将“学生表”加入视图设计器。

(2) 选择字段。 在“字段”选项卡中，将“可用字段”列表框中的全部字段添加到“选定字段”列表框中，作为视图中要显示的字段。

(3) 设置筛选条件。单击“筛选”选项卡，在“字段名”输入框中单击，从显示的下拉列表中选取学号字段，从“条件”下拉列表中选择“=”运算符，在“实例”输入框中单击，显示输入提示符后输入“?学号”。

(4) 设置更新条件。

① 选择“更新条件”选项卡，设定学号和姓名为关键字段。方法是在“字段名”列表框下，分别在学号字段前的钥匙符号下单击，将其设置为选中状态。

② 设定可修改的字段。由于只修改学号和姓名字段的值，因此，在这两个字段前的铅笔符号下单击，将其设置为可修改字段。

③ 单击“发送 SQL 更新”复选框，把视图的修改结果返回到源数据表中。单击“使

用更新”项中的“SQL UPDATE”单选项，即利用 SQL 的修改记录功能直接修改此记录。“更新条件”选项卡设置如图 5.30 所示。

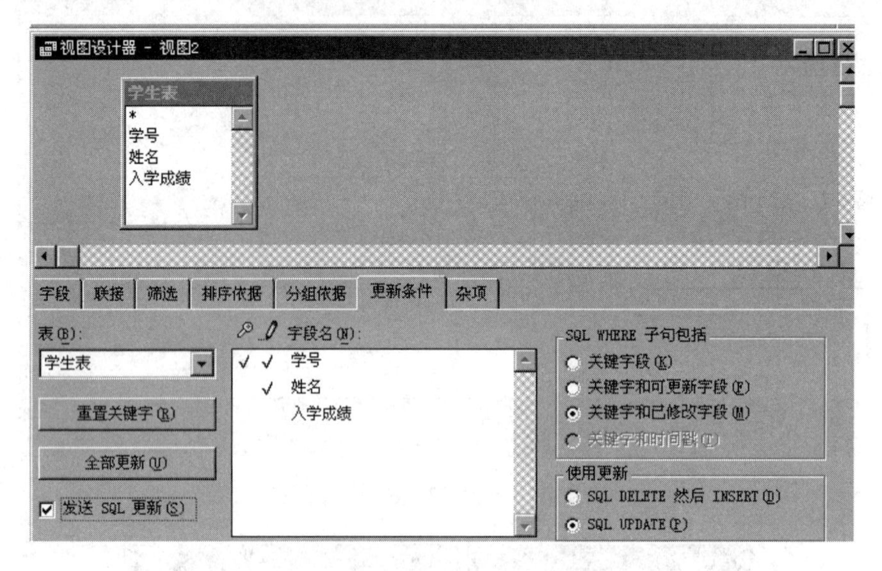

图 5.30　视图设计器更新数据

(5) 保存视图。选择“文件”菜单中的“保存”选项，或单击常用工具栏上的“保存”按钮，保存视图。

(6) 修改数据。运行所建立的视图，在“查询参数”窗口输入原学号“2003001”，并在随后的浏览窗口中将学号修改为“2006001”，将姓名修改为“王大力”，单击“关闭”按钮，关闭浏览窗口。然后打开学生表，发现浏览表中数据已被修改了，如图 5.31 所示。

学生表

学号	姓名	入学成绩
180110	胡敏杰	600.0
190101	王丽红	610.0
190102	李萧怀	690.0
2006001	王大力	580.0

图 5.31　利用视图修改数据

5.4.4　视图的 SQL 语句命令

视图既可以通过“视图设计器”来创建和修改，也可以利用命令方式来操作。

1. 创建视图命令

```
CREATE SQL VIEW[(视图名>)[REMOTE]
[CONNECTION <联接名>[SHARE] | [CONNECTION]<ODBC 数据源>]
[AS <SQL　SELECT> 语句]
```

该命令能按照 AS 子句中的 SQL SELECT 语句查询信息，并能创建本地或远程的 SQL

视图。

例 5.7　应用 SQL 命令建立视图(直接在命令窗口中输入每条命令)。

```
OPEN DATABASE D：\学生管理                  &&先打开相应的数据库
CREATE   SQL VIEW   myview    AS；
SELECT   学生表.学号，学生表.姓名，学生表.入学成绩；
FROM   学生管理!学生
```

2. 维护视图命令

视图的维护主要包括对视图的重命名、修改和删除等操作。

(1) 重命名视图。命令格式为

```
RENAME    VIEW   <原视图名>   TO   <目标视图名>
```

该命令可重命名视图。

(2) 修改视图。命令格式为

```
MODIFY    VIEW   <视图名>   [REMOTE]
```

该命令可打开视图设计器并修改视图。

(3) 删除视图。命令格式为

```
DELETE    VIEW   <视图名>
```

该命令用于删除视图。

习　题　五

一、选择题

1. 以下关于视图的描述中，正确的是(　　)。

A) 只能由自由表创建视图　　　　B) 不能由自由表创建视图

C) 只能由数据库表创建视图　　　D) 可以由各种表创建视图

2. 在查询设计器中，系统默认的查询结果的输出去向是(　　)。

A) 浏览　　　B) 报表　　　C) 表　　　D) 图

3. 默认的表间联接类型是(　　)。

A) 内部联接　　　B) 左联接　　　C) 右联接　　　D) 全联接

4. 查询设计器是一种(　　)。

A) 建立查询的方式　　　　B) 建立报表的方式

C) 建立新数据库的方式　　D) 打印输出方式

5. 在下列关于视图的叙述中，正确的一条是(　　)。

A) 视图和查询一样

B) 若导出某视图的数据库表被删除了，该视图不受任何影响

C) 视图一旦建立，就不能被删除

D) 当某一视图被删除后，由该视图导出的其他视图也将被自动删除

6. 以下给出的四种方法中，不能建立查询的是(　　)。

A) 在项目管理器的“数据”选项卡中选择“查询”，然后单击“新建”按钮

B) 选择“文件”菜单中的“新建”选项，打开“新建”对话框，在“文件类型”中选择“查询”，并单击“新建文件”按钮

C) 在命令窗口中输入 CREATE QUERY 命令建立查询

D) 在命令窗口中输入 SEEK 命令建立查询

7. 查询设计器中的“筛选”选项卡的作用是(　　)。

A) 增加或删除查询的表　　B) 观察查询生成的 SQL 程序代码

C) 指定查询条件　　D) 选择查询结果中所包含的字段

8. 多表查询必须设定的选项卡为(　　)。

A) 字段　　B) 筛选　　C) 更新条件　　D) 联接

9. 修改本地视图的命令是(　　)。

A) DELETE VIEW　　B) CREATE SQL VIEW

C) MODIFY VIEW　　D) SET VIEW

10. 以下关于视图说法错误的是(　　)。

A) 视图可以对数据库表中的数据按指定内容和指定顺序进行查询

B) 视图可以更新数据

C) 视图可以脱离数据库单独存在

D) 视图必须依赖数据库表而存在

11. 关于查询与视图，以下说法错误的是(　　)。

A) 查询和视图都可以从一个或多个表中提取数据

B) 视图是完全独立的，它不依赖于数据库的存在而存在

C) 可以通过视图更改数据源表的数据

D) 查询是作为文本文件，以扩展名 .qpr 存储的

12. 建立查询后，从表中提取符合指定条件的一组记录，以下正确的叙述是(　　)。

A) 不能修改记录　　B) 同时又能更新数据

C) 不能设定输出字段　　D) 同时可以修改数据，但不能将修改的内容写回原表

13. 下列几项中，不能作为查询输出目标的是(　　)。

A) 临时表　　B) 视图　　C) 标签　　D) 图形

14. 在下列 4 个同名文件中，查询文件是(　　)。

A) abc.bat　　B) abc.qpr　　C) abc.fmt　　D) abc.mem

15. 只有满足联接条件的记录才包含在查询结果中，这种联接为(　　)。

A) 左联接　　B) 右联接　　C) 内部联接　　D) 全联接

16. 联接中包括第一命名表的所有行，这种联接为(　　)。

A) 左联接　　B) 右联接　　C 内部联接　　D) 全联接

17. 联接中包括所有联接表的全部行，这种联接为(　　)。

A) 左联接　　B) 右联接　　C) 内部联接　　D) 全联接

18. 关于 Visual FoxPro 数据库的查询，以下的叙述中错误的是(　　)。

A) 查询的对象可以是表，也可以是已有的视图

B) 查询文件中的内容是一些用 SQL 命令定义的查询条件和规则

C) 执行查询文件与执行该文件包含的 SQL 命令的效果是一样的

D) 执行查询文件查询表中的数据时，必须事先打开有关的表

19. 视图不能单独存在，它必须依赖于(　　)。

A) 视图　　B) 数据库　　C) 表　　D) 查询

20. 在“添加表和视图”对话框中，“其他”按钮的作用是让用户选择(　　)。

A) 数据库表　　B) 视图　　C) 不属于数据库的表　　D) 查询

21. 下列选项中不可以作为查询输出格式的是(　　)。

A) 屏幕　　B) 临时表　　C) 图形　　D) 表单

22. 下列关于视图的叙述中不正确的是(　　)。

A) 视图分本地视图及远程视图

B) 视图是一种虚拟的表，只能基于一个表创建

C) 视图可以更新它所打开的表中的数据

D) 本地视图是从本地数据库的表或视图中按照指定条件选取一组记录，进行显示、输出，然后编辑这些记录

二、简答题

1. 简述第 4 章和第 5 章在查询方面的关系。
2. 简述永久表、临时表和虚拟表(视图)的含义及区别。

第 6 章　程序设计基础

在数据库中，用户操作计算机的方法或工作的方式有两种：一种是单个命令执行的方式，要么在命令窗口中发布命令，要么用系统提供的菜单操作，这种方式称为“交互方式”；另一种是成批命令执行的方式，因为用户要干某件事情所需的命令有多条，把这多条命令汇集在一起生成一个文件(.prg)，然后再执行这个文件，这种方式称为“程序设计”。用程序执行命令的特点：

(1) 可以保存所执行的命令，实质是存储程序文件。

(2) 可以以多种方式重复执行。

(3) 便于设计应用软件。

6.1　程序与程序文件

在数据库中，程序就是命令或语句有序的集合。当然，命令与语句有区别，是语句的不一定是命令，是命令的一定是语句，也就是说，在命令窗口中能够执行的，均可以在程序中执行，而在程序中能够执行的不一定在命令窗口中能执行。

6.1.1　基本概念

在程序设计中，首先要搞清以下几个问题。

1. 程序文件的构成

程序文件是一个文本文件，它的扩展名是 .prg，该文件要用计算机执行，首先应经过编译，生成扩展名为 .fxp 的文件。因为程序文件是文本文件，所以凡是能够编辑文本文件的软件都可以编辑它，如 Windows 中的记事本和写字板、Word 文字处理软件(存储格式要选文本方式)等。下面主要介绍在数据库环境下建立、编辑程序。

2. 几个命令或语句

以下介绍的命令可以在程序或命令窗口中使用。

1) 注释语句

在一个程序中使用注释语句是为了增加程序的可读性。注释语句的格式有三种：

格式一： *字符串

格式二： NOTE 字符串

格式三： 语句 && 字符串

这三种语句中的字符串，均是为了解释程序或语句的，是让读程序的人看的，计算机不对其加工，更不会执行。

2) 是否显示结果

对于有些命令或语句，在其被执行以后，不需要在屏上显示(中间)结果，特别是在程序设计中，为了界面的整洁，就要关闭显示，当然正常显示的一些命令或语句不受它的限制。

格式：

```
SET  TALK  ON | OFF
```

功能：若是ON，则打开显示，若是OFF，则关闭显示。系统默认状态是ON。

例如：

```
USE  Jbqk
SET  TALK  ON
SUM  TO  X,Y        &&将Jbqk表中的2个数值型字段求和，分别赋给X和Y
                    &&的同时，还要在屏上显示
SET  TALK  OFF
SUM  TO  X,Y        &&只是把求和的值赋给X和Y，但不再显示
```

3) 命令或语句的分行符“;”

在程序中，一个语句可以分多行书写，只需在上一行的末尾加一个“;”表示下一行接续即可。若是在命令窗口中，“;”之后不能用回车换行，而应用下箭头换行。

6.1.2　程序文件的建立和执行

1. 程序文件的建立与保存

程序文件的建立与修改，都是在一个程序编辑器或程序窗口中进行的。方法有以下几种：

(1) 在项目管理器中，在项目管理器的“代码”选项卡中选程序，然后单击“新建”按钮。

(2) 在“新建”对话框中选“程序”，然后单击“新建文件”。

(3) 用命令创建程序文件，格式如下：

```
MODIFY  COMMAND [[路径]文件名]
MODIFY  FILE  [[路径]文件名[.PRG]]
```

以上三种方法都会出现一个如图6.1所示的程序窗口。程序文件的名字系统会自动命名为“程序?”。对于命令，若有文件名选项，就以用户的命名建立程序，如果指定的文件名在指定的位置已经存在，那就是打开该程序文件。第二个命令，必须加扩展名.prg；若不加，系统会自动生成扩展名为.txt的文件。

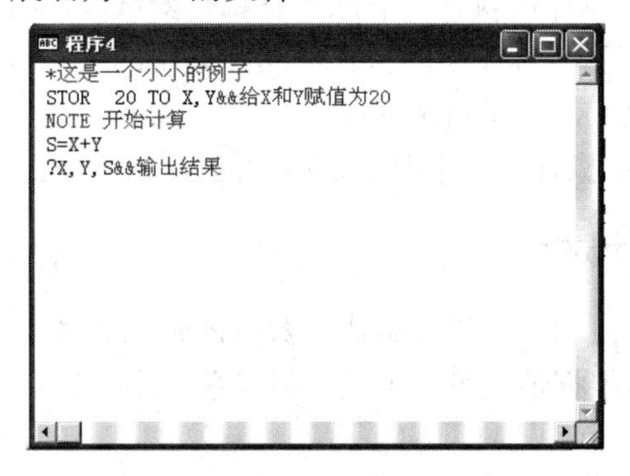

图6.1　程序窗口

在窗口中用户可输入要解决问题所需的语句，当输入或编辑完后，就存盘(保存文件)，方法有：

(1) 单击工具栏中的“保存”按钮。

(2) 单击文件菜单中的“保存”命令。

(3) 按快捷键“Ctrl+S”，保存但不关闭窗口，或按快捷键“Ctrl+W”存盘并关闭窗口。

注意：

① 如果是第一次保存程序文件，系统会提示用户给程序命名。用命令建立已命名除外。

② 建立程序和修改程序是同一种命令，若不用命令而要修改一个程序就用“打开”操作。

③ 在编辑修改程序时，它的操作与一般的文字编辑相同。

④ 文件保存在事先设置的位置，对于命令可以通过路径指定文件保存的位置，若省去路径，也保存在设置的位置。例如，MODIFY COMMAND　D:\CX　命令可将建立的 CX.prg 程序文件保存在 D 盘的根下。

2. 程序文件的执行

一个程序一旦建立好或编辑修改完后就要去执行它，执行的方法有以下几种：

(1) 在菜单栏中单击“程序”，然后在下拉菜单中选择“运行”，再在出现的对话框中选程序或输入程序的名字。

(2) 在项目管理器的“代码”选项卡中，选择要执行的程序，然后单击 “运行”命令按钮。

(3) 用命令执行程序文件。格式：

DO　程序名

以上方法都将使程序中的语句被执行，直到语句执行完或遇到结束语句为止。在程序的执行过程中，如果有输入语句，程序暂停执行，等待用户输入数据，然后再继续执行；若程序中有输出语句，将会在屏上看到相应的结果。

注意：在执行程序过程中当没有指定文件的扩展名，而且在同一个位置存在根名相同而扩展名不同的文件，则系统优先执行的顺序是：.exe(连编后的可执行文件)→.app(连编后的应用程序文件)→.fxp(对程序的编译文件)→ .prg(源程序文件)。

3. 程序中几个特殊的语句

(1)　CANCAL：终止程序的执行，清除所有私有变量，返回命令窗口。

(2)　RETURN：结束当前程序段的执行，返回调用的上一级(指过程调用)，若在主程序中就结束整个程序的执行，则返回命令窗口。

(3)　QUIT：在程序中执行它，不但结束程序的执行，而且退出系统，返回 Windows。

6.1.3　程序设计的三个过程

一个程序的设计，一般由三个过程组成：数据的输入、运算处理和数据的输出。在这三个过程中，数据的输入根据情况可有可无，但其余两个过程必须要有。

1. 数据的输入

一般输入的都是原始数据，供计算所用，可以从键盘直接输入，也可以从某个表中得到。若在程序中通过赋值，或其他方法得到数据，这一过程就可以省去。

2. 运算处理

根据要解决的问题，用一种算法书写出所需的语句。

3. 数据的输出

把计算的结果输出，一般在屏上显示，有时计算的结果也可以存放在表文件中。

6.1.4　输入/输出语句

输入和输出是一个程序的基本组成部分。输入和输出有简单方式和格式方式两种。

1. 数据的输入

数据的输入有三个命令：

1) WAIT 命令

格式：

WAIT [“提示信息”]　[TO　变量名]

参数：变量名是一个内存变量。

功能：执行后暂停，等到用户从键盘输入一个字符，然后赋给内存变量。或单击鼠标继续执行程序。若没有提示信息，则系统默认为“按任意键继续”。

注意：

① 若可选项都没有，则该命令在程序中起到暂停的作用。

② 该命令还有另外几个可选项：

• WINDOWS　[AT 行, 列]：表示在指定的位置显示“提示信息”，若省去可选，在屏的右上角。

• TIMEOUT　n：表示等待 n 秒，一旦超过 n 秒，自动向下执行。

例 6.1　编制程序求 1～100 之间每个数的平方、立方和开平方。程序如下：

```
CLEAR
FOR   I=1 TO 100                    &&循环开始，从 1 到 100
   ?I, I*I, I^3, I^(1/2)            &&换行输出，就有 100 行，屏幕一屏显示不完
   IF I%20=0                        &&每 20 行暂停一次
    WAIT   WINDOWS   AT   6,140   TIME   1        &&在第 6 行第 140 列显示
                                                  &&“按任意键继续”
   ENDIF
ENDFOR
RETURN
```

2) ACCEPT 命令

格式：

ACCEPT ["提示信息"]　TO　内存变量名

参数：解释同上。

功能：执行后暂停，等待用户从键盘输入一串字符，回车，将字符串赋给变量，程序继续向下执行。

注意：

① “TO　内存变量名”是必需项。

② 输入字符串时不带引号。

③ 若直接回车，变量中是一个空串。

例 6.2　编制一个程序，求任意一个表的记录个数(不能用函数或直接的命令)。

```
CLEAR
ACCEPT  "请输入表的名字"  TO  BM              &&将键盘上输入的表名赋给 BM
USE  &BM                                     &&打开 BM 中的表
N=0
SCAN
  N=N+1                                      &&统计记录个数
ENDSCAN
?BM+"表的记录个数是："+LTRIM(STR(N))
RETURN
```

这个程序执行后，如果输入 jbqk，并回车，最后显示“jbqk 表的记录个数是：16”。

3) INPUT 命令

格式：

INPUT ["提示信息"]　TO　内存变量名

参数：解释同上。

功能：执行后暂停，等待用户从键盘上输入任意型的数据，而且还可以接收表达式。

注意：

① 输入字符串要带引号。

② 输入逻辑值要带“.”。

③ 输入表达式中的变量要在它之前有定义。

例 6.3　输入两个数，求它们的运算。

```
CLEAR
INPUT "输入第一个数"  TO  X
INPUT "输入第二个数"  TO  Y
WAIT "输入一个运算符"  TO  P
Z=X&P.Y                    &&到底进行什么运算，取决于 P 中的运算符
?X, P, Y, "=", Z
RETURN
```

这个程序的执行中输入的两个数决定 P 的运算符，如输入两个日期，那只能是减运算。以上三个输入命令既有相同点，又有区别。

共同点：

① 执行以后都暂停，等待用户从键盘上输入数据。

② 一次都只能给一个变量赋值。

③ 可以在程序中使用，也可以在命令窗口中使用。

区别：通过表 6.1 从四点说明。

表 6.1　几个命令的区别

命令	接收的数据类型	输入字符带引号否	输入时回车否	“TO 内存变量名”可省否
WAIT	一个字符	不带	不回车	可以
ACCEPT	一串字符	不带	要回车	不可以
INPUT	任意型及表达式	必须带	要回车	不可以

2. 数据的输出

简单的数据输出有两个命令。

格式 1：

?表达式表

格式 2：

??表达式表

参数：可以是变量名，也可以是表达式，它们之间用逗号分开。

功能：若是变量名则输出内容，若是表达式则先求值后输出值。格式 1 是换行输出，格式 2 是在同一行输出。根据情况两种有时都需要使用。

例 6.4　编制一个程序生成一个简单的九行九列矩阵。

```
CLEAR
FOR N=1 TO 81
  ??STR(N,4)
  IF N%9=0
   ?                    &&输出 9 个数换一次行
  ENDIF
ENDF
```

3. 格式输入输出

格式：

@Y,X SAY 表达式[FONT " [字体] ", 字号] [GET　内存变量名] [[FONT " [字体] ", 字号]

READ

参数：Y 代表行坐标，X 代表列坐标，屏幕的左上角是(0，0)点。FONT 选项设置表达式和内存变量的字体和字号，若字体省去，系统默认是“宋体”，若字号省去则默认是五号字。

功能：若同时有 GET 内存变量选项和 READ，则是输入，执行它以后在指定的行(Y)列(X)处显示表达式的值(一般是提示信息)，然后等待用户从键盘输入数据；若有 GET 内存变量选项，没有 READ，或没有 GET 内存变量，也没有 READ，则都是输出，执行它以后将表达式的值在指定的行、列处显示。

注意：

① 若是输入(有 READ)只能在程序中使用。

② GET 之后的内存变量必须事先给它赋初值，以决定变量的类型。

③ 该语句输入数据的类型取决于变量值的类型。

例 6.5　编制一段程序，在指定的位置输入两个数，并在指定的位置输出结果。

```
CLEAR
X=0
Y=0
@10, 20 SAY "输入 X 的值" FONT "黑体", 20 GET X FONT "黑体", 20
@10, 70 SAY "输入 Y 的值" FONT "黑体", 20 GET Y FONT "黑体", 20
READ
@18, 60 SAY LTRIM(STR(X))+"+"+LTRIM(STR(Y))+"="+LTRIM(STR(X+Y)) ;
FONT "黑体", 30
```

请读者在上述程序中给第四行后再加一个 READ，然后再执行程序，比较与没有加 READ 时的程序的区别。

6.2　程序的三种基本结构

程序的结构是指程序中的语句或命令执行的顺序。一个完整的大型程序一般都是由三种结构组合而成的。这三种结构是顺序结构、选择结构(或叫分支结构)和循环结构。这三种结构恰好也是人们在遇到一些问题时的三种处理方法。

6.2.1　三种结构的基本含义

1. 顺序结构

顺序结构是一种最简单的程序结构，程序的执行就是自顶向下逐条语句去执行，没有哪条语句多执行，也没有哪条语句不执行，譬如，一个会议的开幕式就是按顺序进行的。顺序结构没有专门的控制语句，就是把所要解决问题所需的语句或命令按顺序书写出来，如前例，求两个数的计算。一般用顺序结构要解决的问题都比较简单，要完成一个较复杂的计算，就要用到选择结构和循环结构。

2. 选择结构

选择结构程序的执行，是根据条件决定只执行其中一部分语句，另一部分语句不执行(下次可能要执行)，生活中的选择结构比较多，譬如，“如果……我就……”；“否则，我又……”。选择结构有专门的控制语句：IF 和 DO CASE 语句。

3. 循环结构

循环结构程序的执行，是根据条件反复执行其中一段语句，就是一种重复，重复的是过程、算法，但其中的数据、内容要变化。人生就是天天重复，一部电视剧也是重复，但内涵不同。循环结构有专门的控制语句，如 FOR 语句、DO WHILE 语句和 SCAN 语句。循环结构的例子如例 6.4 所示。

6.2.2　选择结构程序

控制选择结构的语句有两个。

1. IF 语句

1) 基本格式

```
IF <条件表达式>
  S1
ELSE
  S2
ENDIF
```

参数：条件表达式是一个关系或逻辑表达式，用于判断决定执行哪段语句。

功能：先求条件表达式的值，若值为 .T.，则去执行 S1 中所有语句，然后执行 ENDIF 之后的语句；若值为 .F.，则去执行 S2 中所有语句，然后执行 ENDIF 之后的语句。换种说法，就是二者选一。它的执行路线如图 6.2 所示。

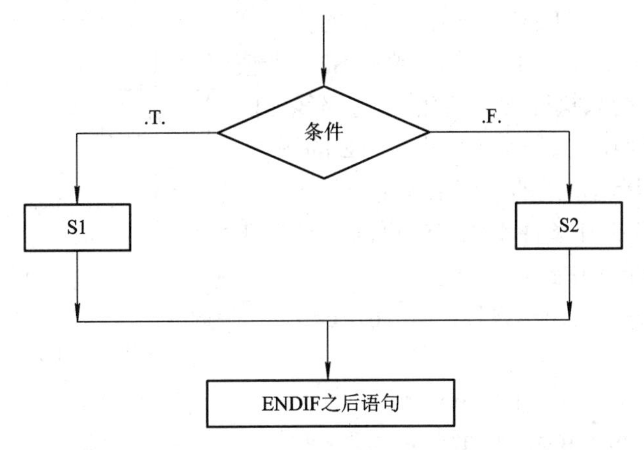

图 6.2 IF 语句基本格式

例 6.6 根据 X 的值求 Y 的值。若 X 大于等于 0，则 Y 的值为 1，否则 Y 的值为-1。

```
CLEAR
INPUT "输入 X 的值"  TO  X
IF X>=0
  Y=1
ELSE
  Y=-1
ENDIF
?X,Y
RETURN
```

例 6.7 输入一个人名，并在表 JBQK 中查找，若找到了，显示相应的记录；若没有找到，显示没有找到信息。

```
CLEAR
USE JBQK
ACCEPT "输入姓名：" TO  XM
LOCATE  FOR 姓名=XM
```

```
IF  NOT EOF( )
    DISP
ELSE
    ? "查无&XM.人"
ENDIF
```

2) 其他格式

```
IF <条件表达式>
        S1
ENDIF
        S2
```

参数：解释同上。

功能：就是省去了 ELSE。先求表达式的值，若值为 .T.，执行 S1 后，离开 IF 结构又执行 S2；若值为 .F.，离开 IF 结构只执行 S2。它的执行路线如图 6.3 所示。例 6.1 和例 6.4 就是两个省去 ELSE 的例子。

注意：在上述基本格式的基础上还可以嵌套，要么在条件成立中，要么在条件不成立中再嵌套一个 IF 语句，或者在两种情况中都可以嵌套。

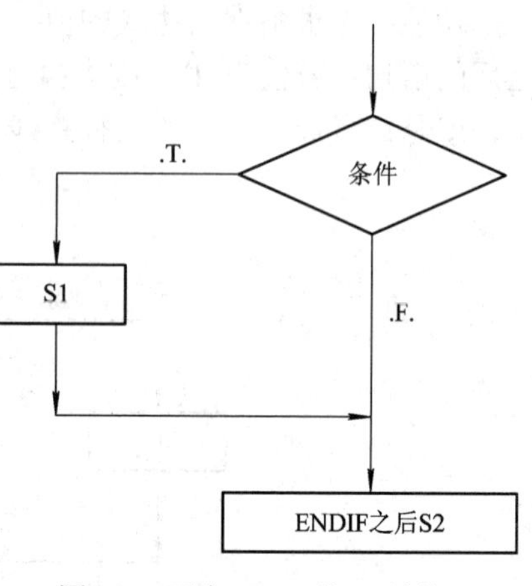

图 6.3　不含 ELSE 的 IF 结构

例 6.8　编程解一元二次方程：$ax^2+bx+c=0$。

```
CLEAR
INPUT  "请输入 A 的值"  TO  A
INPUT  "请输入 B 的值"  TO  B
INPUT  "请输入 C 的值"  TO  C
D=B*B-4*A*C
IF  D>=0
    IF  D>0
      X1=(-B+SQRT(D))/(2*A)
      X2=(-B-SQRT(D))/(2*A)
    ELSE      &&D 等于 0。
      STORE  -B/(2*A)  TO  X1,X2
    ENDIF
    ?"X1=",X1, "    X2=",X2
ELSE                                      &&D 小于 0
   X1=-B/(2*A)                            &&用 X1 代表方程解的实部
   X2=SQRT(-D)                            &&用 X2 代表方程解的虚部
  ? "X1="+STR(X1,8,2)+ "+"+STR(X2,8,2)+ "I"
  ? "X2="+STR(X1,8,2)+ "-"+STR(X2,8,2)+ "I"
ENDIF
RETURN
```

2. DO CASE 语句

DO CASE 语句是一个典型的多路分支结构。在程序设计中若分支比较多，用 IF 结构就要嵌套多层，那么很容易出错，所以系统提供了该语句来解决此类问题。

格式：

```
DO   CASE
     CASE   <条件 1>
      S1
     CASE   <条件 2>
      S2
       ⋮
   [OTHERWISE
      Sn+1]
ENDCASE
```

参数：S_i 是语句序列，条件 i 是逻辑表达式。

功能：执行时，从上到下逐个条件判断是否为.T.，当某个 CASE 后边为.T.，就执行对应的语句序列，执行完后离开该结构，执行 ENDCASE 之后的语句；若一个条件都不成立，则执行 S_{n+1} 语句序列，然后离开该结构，执行 ENDCASE 之后的语句。执行路线如图 6.4 所示。

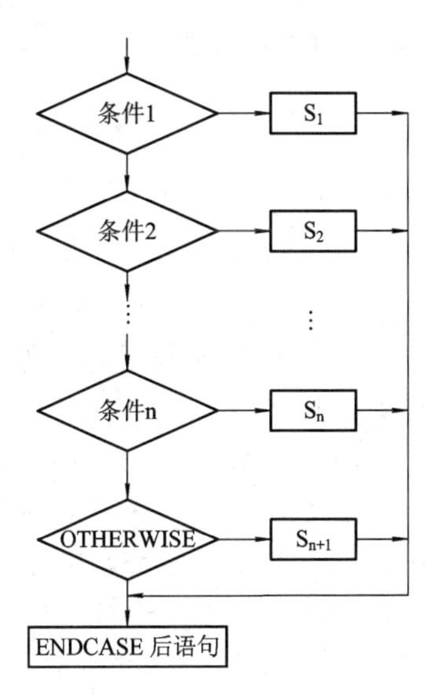

图 6.4　DO CASE 的执行路线

注意：

① 其中的 CASE 顺序任意。

② 不管有几个 CASE 条件成立，执行最先遇到的 CASE 之后的语句。

③ 有 DO CASE 开始，必有 ENDCASE 结束。

④ OTHERWISE 的用法是前面已有多种情况，但只剩一种情况时。

⑤ DO CASE 也可以嵌套，被嵌套的必须完全包含在某个 CASE 中。

例 6.9　设 X 代表学生成绩，将百分制转换成五级记分制。

```
CLEAR
INPUT "请输入学生成绩" TO X
DO CASE
   CASE X<60
     Y="不及格"
   CASE X<70
     Y="及格"
   CASE X<80
     Y="中"
   CASE X<90
     Y="良好"
   OTHER WISE
     Y="优秀"
```

```
ENDCASE
?STR(X,6,2)+"的成绩应该是"+Y
RETURN
```

6.2.3 循环程序

循环结构就是重复执行某一段程序，控制循环结构的语句有三种。

1. FOR 语句

格式：

```
FOR  V=e1  TO  e2  [STEP  e3]
  S
ENDFOR
```

参数：V 是一个变量名，e1、e2、e3 分别是数值型表达式，S 是语句序列(循环体)。e1 是初值，e2 是终值，e3 是增量。

功能：执行时，先将 e1 的值赋给 V，然后判断 V 是否小于等于 e2，若成立，执行循环体中语句，然后在 V 上加 e3，又与 e2 判断；若大于 e2，就离开循环，执行 ENDFOR 之后的语句。FOR 语句的执行路线如图 6.5 所示。

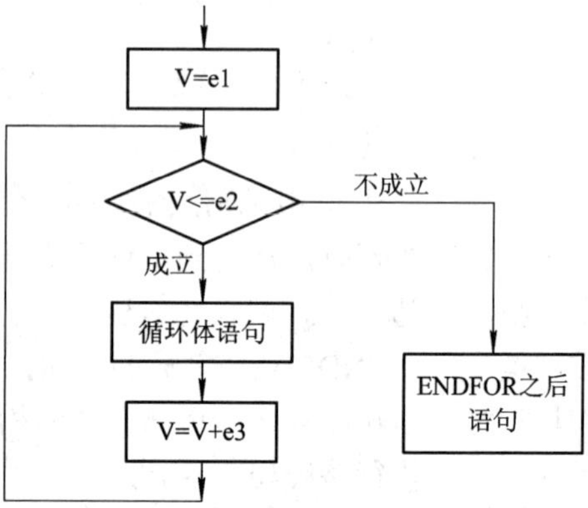

图 6.5　循环执行过程

注意：

① 若 STEP e3 省去，默认为 1。

② e1 比 e2 小时，e3 为正的；e1 比 e2 大时，e3 为负的，否则循环不执行。

③ 该语句一般适合循环次数是已知的。

④ 循环次数=(e2−e1)/e3+1。

⑤ 循环变量离开循环后的值 = 循环次数*增量+初值。

例 6.10　计算从 n 到 m，增量为 p 的和，n、m 和 p 在程序执行后再输入，若 n 小于 m，则 p 应大于 0，否则 p 应小于 0。

```
CLEAR
INPUT "请输入初值 n"  TO  n
INPUT "请输入终值 m"  TO  m
INPUT "请输入增量 p"  TO  p
s=0
FOR x=n TO m STEP p
  s=s+x
ENDFOR
?"从"+LTRIM(STR(n,10,2))+"到"+LTRIM(STR(m,10,2))+"增量为; "+LTRIM(STR(p, 10,2))+"的和为："+LTRIM(STR(s,20,2))
RETURN
```

2. DO WHILE 语句

格式：

```
DO WHILE <条件>
    S
ENDDO
```

参数：S 是语句序列(循环体)，条件是逻辑表达式。

功能：执行该语句时，先判断条件是否为.T.，若是，执行 S 中所有语句，执行完后，再去判断条件；若条件为.F.，循环结束，就去执行 ENDDO 之后的语句。DO WHILE 语句的执行路线如图 6.6 所示。

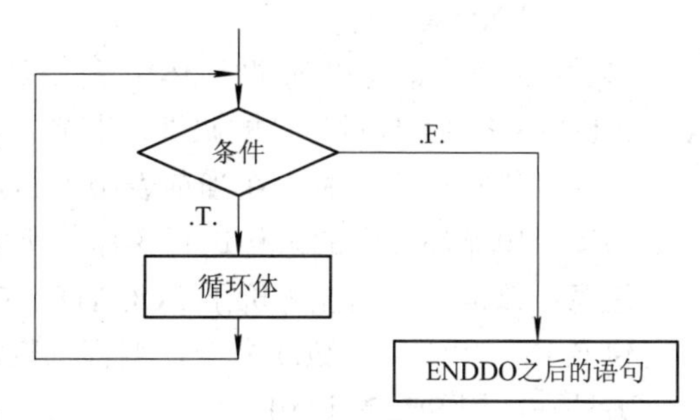

图 6.6 DO WHILE 的执行路线

注意：能够作为条件的或能够控制循环的，可以是变量，也可以是表记录指针，实质就是用 EOF( )和 BOE( )函数。

例 6.11 用变量控制循环，编制程序求 1～100 之间所有奇数的和。

```
CLEAR
N=1                      &&用 N 控制循环，所以叫循环变量
S=0
DO  WHILE  N<=100
   S=S+N
   N=N+2                 &&增量为 2
ENDDO
?"1 到 100 的奇数和为：", S
RETURN
```

例 6.12 用表记录指针控制循环，编制程序求表 JBQK 中最高工资和最低工资。

```
CLEAR
USE JBQK
STORE 基本工资 TO MA, MI
DO  WHILE  NOT EOF( )
    MA=MAX(基本工资, MA)
    MI=MIN(基本工资, MI)
    SKIP
ENDDO
?"最高工资为：", MA
?"最低工资为：", MI
RETURN
```

3. SCAN 语句

该语句一般适于处理表记录，或者是对表记录进行某种操作。

格式：

```
SCAN [<范围>] [FOR <条件>]
    S
ENDSCAN
```

参数：S 还是语句序列(循环体)；范围是针对表记录的，有四种表示，若省去，默认为 ALL；FOR <条件>是对记录的筛选，若省去，则对范围内所有记录进行有关操作。

功能：执行该语句时，在当前表中对指定范围内满足条件的记录，指针自动从上到下逐条移动，用循环体中的语句进行操作。所以把该语句又叫扫描语句。

注意：该语句的功能等价于 LOCATE、CONTINUE 和 DO WHILE 共同使用。

例 6.13　不许用函数或命令，编程求表 JBQK 中男和女的平均工资。

方法一：用 SCAN 语句。

```
CLEAR
USE JBQK
STORE 0 TO NAA, NAN, NVA, NVN
SCAN
  IF 性别="男"
     NAA=NAA+基本工资              &&求男的工资和
     NAN=NAN+1                     &&求男的人数
   ELSE
     NVA=NVA+基本工资              &&求女的工资和
     NVN=NVN+1                     &&求女的人数
   ENDIF
ENDSCAN
?"男平均工资为：", NAA/NAN
?"女平均工资为：", NVA/NVN
RETURN
```

方法二：用 LOCATE、CONTINUE 和 DO WHILE 语句。

```
CLEAR
USE JBQK
STORE 0 TO NAA, NAN, NVA, NVN
LOCATE FOR 性别="男"
DO WHILE NOT EOF( )
     NAA=NAA+基本工资            &&求男的工资和
     NAN=NAN+1                   &&求男的人数
  CONTINUE
ENDDO
LOCATE FOR 性别="女"
DO WHILE NOT EOF( )
     NVA=NVA+基本工资            &&求女的工资和
```

```
        NVN=NVN+1                     &&求女的人数
        CONTINUE
    ENDDO
    ?"男平均工资为：", NAA/NAN
    ?"女平均工资为：", NVA/NVN
    RETURN
```

4. 循环中的两个语句

1) LOOP 语句

格式：

```
LOOP
```

功能：执行它以后，就不执行 LOOP 之后到循环结束语句之间的语句，继续下次循环。LOOP 语句的执行路线如图 6.7 所示。

2) EXIT 语句

格式：

```
EXIT
```

功能：执行它以后，循环提前结束。EXIT 语句的执行路线如图 6.8 所示。

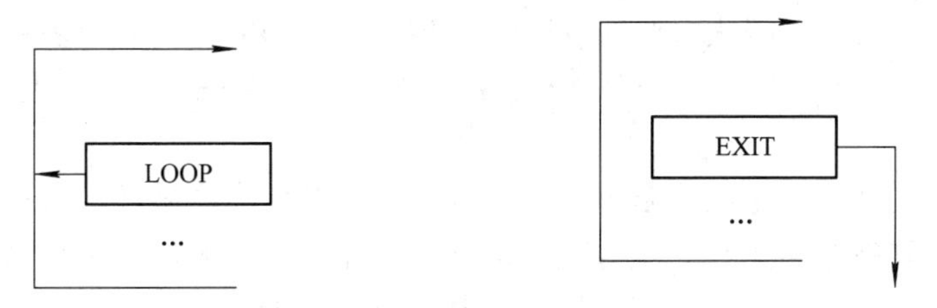

图 6.7　LOOP 的执行路线　　　　图 6.8　EXIT 的执行路线

注意：LOOP 和 EXIT 这两个语句的共同点和区别如下。

共同点：都只能在循环体中使用；都是有条件地执行。

区别：LOOP 是结束本次循环，下次循环还继续，相当于“短路”；EXIT 是结束本层循环，外循环还继续(循环还可以嵌套)，相当于“断路”。

例 6.14　求 1～100 之间不能被 3 整除的数的和及个数。

```
CLEAR
STORE 0 TO S, N                   &&S 表示求和，N 表示个数
FOR I=1 TO 100
    IF I%3=0
        LOOP
    ENDIF
    S=S+I
    N=N+1
ENDFOR
?"S=", S
?"N=", N
```

```
RETURN
```

例 6.15　求从 1 开始求和(增量为 1)到求和的数超过 10 000 为止。

```
CLEAR
S=0
I=1
DO WHILE .T.
   IF S>10000
      EXIT
   ENDIF
   S=S+I
   I=I+1
ENDDO
?"S=", S
?"I=", I
RETURN
```

5. 循环的嵌套

循环还可以嵌套。在解决有些问题时，一重循环无法解决，需要多层循环。把两层以上的循环叫嵌套。由于循环的语句有三种，所以循环的嵌套就分为“自套”和“互套”，共九种形式。

嵌套循环的执行，是先从外循环入口，进入内循环，当内循环次数执行完后，又返回外循环，这样重复外循环次数，才结束整个循环。在最内层循环体中，语句执行的次数是各层次数的乘积，各层循环的次数在前叙述中有一个公式。

例 6.16　编制一个双重循环，求最内层执行的次数。

```
CLEAR
N=0
FOR I=3 TO 20 STEP 4
    ?"I=", I
    FOR J=2   TO 17   STEP 3
      N=N+1
      ??J
    ENDFOR
ENDFOR
?"N=", N
RETURN
```

程序执行结果是 N 的值为 30，外循环执行 5 次，内循环执行 6 次。

例 6.17　求 100～999(三位的整数)之间的“水仙花”数，即一个三位整数等于它各位立方的和，如 $153=1^3+5^3+3^3$。(这个问题，可以用一重循环完成。)

```
CLEAR
```

```
FOR A=1 TO 9
  FOR B=0 TO 9
    FOR C=0 TO 9
      N=A*100+B*10+C
      IF N=A^3+B^3+C^3
         ?"N=",N
      ENDIF
    ENDFOR
  ENDFOR
ENDFOR
RETURN
```

例 6.18　求 100～200 之间所有的素数。所谓素数，就是除过 1 和它本身外没有一个数能把它整除的数。

```
CLEAR
FOR I=100 TO 200
    FOR J=2 TO I-1
      IF I%J=0
         EXIT
      ENDIF
    ENDFOR
    IF J=I                &&若 J 等于 I，说明除 1 和它本身外没有数能够把它整除，
                          &&那它就是素数
      ?I
    ENDIF
ENDFOR
RETURN
```

6.3　多模块程序设计

在程序设计中，往往会遇到在同一问题或在不同问题中出现相同的运算步骤，譬如，求排列组合 n!/(n-k!k!)中的一个数的阶乘，就重复了三次。那么，为了程序结构合理，减少书写量，可将相同的运算步骤独立成一段程序，哪里需要，就在哪里调用它。

一个完整的大型程序是由若干个程序段组成的，把这一个个相互独立的程序段称为模块，也称作过程(在其他语言中称为子程序)。模块可以相互调用，把被调用的模块叫子程序，把调用其他模块，而没有被其他模块调用的模块叫主程序。

6.3.1　模块的分类

模块又可以称为过程，而过程的分类有三种：一种称为外部过程或命令文件；一种称为内部过程；还有一种称为函数。

1. 外部过程

外部过程是一个独立的文件，就是将一段程序存盘，扩展名也是 .prg，编写的方法与编写一般程序基本相同(前面编写的程序都可以叫外部过程)，区别就是在程序中至少有一个 RETURN 语句，当执行它以后返回调用处。外部过程在调用时先从磁盘上打开，再读入内存执行。

2. 内部过程

内部过程是若干个程序段(小过程)组成的一个文件，扩展名是 .prg。内部过程文件有一定的格式。要执行内部过程，必须用专门的命令先打开该过程所在的文件，然后再调用(从内存中调用执行)，所以叫内部过程。

内部过程的格式如下：

```
PROCEDURE 过程名 1
[PARAMETERS 形参表]
    ⋮
RETURN
ENDPROC
PROCEDURE 过程名 2
[PARAMETERS 形参表]
    ⋮
RETURN
ENDPROC
    ⋮
PROCEDURE 过程名 n
[PARAMETERS 形参表]
    ⋮
RETURN
ENDPROC
```

参数：过程名由字母、下划线、数字组成，不能以数字打头，一个过程中至少有一个 RETURN 语句，形参表中是用逗号分开的变量名。

3. 自定义函数

在第 2 章，我们讨论了函数的分类，从用户使用的角度，函数可分为系统函数和自定义函数。自定义函数实质上也是一段程序或一个模块。它与外部过程和内部过程的区别就在于，函数调用后要返回值，而过程调用不返回值。

函数的格式如下：

```
FUNCTION 函数名( )
[PARAMETERS 形参表]
    ⋮
RETURN  [<表达式>]
ENDFUNC
```

参数：函数名与过程命名相同，只是函数名后的括号必须要带，形参表中是用逗号分开的变量名，表达式是任意型的。

注意：

① 对于以上三种形参是通过调用实参传递值的。

② 函数中的表达式类型决定函数的类型，若 RETURN 之后的表达式省去，则返回.T.。

③ 一般对于一个计算过程，不要求返回值就用过程来完成，若不但要计算还要通过调用返回值就用函数来完成。

6.3.2 模块的建立与调用

1. 建立模块

虽然模块有三种类型，但建立的方法基本相同，都与前述的建立程序的方法一样。

格式：

MODIFY COMMAND 文件名

注意：

① 若是外部过程，就是一段程序。

② 若是内部过程，就将一段段的程序书写在文件中。

③ 若是自定义函数，可以作为一个内部过程，也可以与调用程序段在一个文件中。

2. 模块调用

调用过程或函数就是执行该段程序。

1) 外部过程调用

格式：

DO 文件名 [WITH 实参表]

参数：实参表中是用逗号分开的表达式。

功能：执行该语句时，先计算实参的值，然后传递给形参，再去执行被调用的程序段。

2) 内部过程调用

先要打开过程文件，然后才能调用。

格式：

SET PROCEDURE TO 文件名

DO 过程名 [WITH 实参表]

参数：文件名是由若干个小过程组合在一起的文件名，实参表中是用逗号分开的表达式。

功能：先打开指定的文件(读入内存)，执行 DO 语句时，先计算实参的值，然后传递给形参，再去执行被调用的程序段。

3) 自定义函数调用

因为调用自定义函数总是要返回值的，因此与调用系统函数的方法相同，把函数的调用当作一个数来用。

格式：

函数名(实参表)

注意：

① 以上三种调用格式，外部过程 DO 后是文件名，内部过程 DO 后是过程名，函数调用没有用 DO。

② WITH 实参表可选项取决于模块中是否有 PARAMETERS 形参表可选项，若有形参，一般都要给定对应的实参，若没有对应的实参，系统默认该对应的形参值为逻辑.F.。

③ 对于函数，在定义时若没有 PARAMETERS 形参表选项，调用时就是空括号，称无参函数。

④ 当实参是已定义的变量名时，对应的形参在过程中改变了值后，也可以通过实参把新值带回调用程序中。也就是说，在调用时，实参传递给形参；而在返回时，形参传递给实参(实参必须是变量名)。

例 6.19　内部过程和函数的调用。

内部过程文件的名字是 GC.prg，内容如下：

```
PROCEDURE G1
PARAMETERS X, Y        &&对应实参的 A 值 90 和 9 传递给 X 和 Y
?"过程 1"
??X,Y
X=250                  &&又改变了 X 形参的值，在返回时 X 把 250 传递给 A 带回调用处
RETURN
ENDPROC
**************************
PROCEDURE G2
?"过程 2"
RETURN
ENDP
**************************
FUNCTION HS()
PARAMETERS X,Y
?X,Y
RETURN Y
```

主程序模块文件的名字是 ZCX.prg，内容如下：

```
CLEAR
SET PROCEDURE TO DC
A=90
DO G1 WITH A,9          &&对过程 1 的调用
?"A=",A                 &&此处的 A 通过形参得到返回值 250
DO G2                   &&对过程 2 的调用
A=3
?HS(A,8)                &&对函数有实参的调用
?HS( )                  &&对函数无实参的调用，形参的值是逻辑.F.
```

```
RETURN
```

将两个程序都编好后存盘，然后在命令窗口执行命令：

```
DO ZCX
```

执行结果为

```
过程 1            90          9
A=           250
过程 2
        3            8           8
.F.  .F.  .F.
```

例 6.20　用三种方法求 n!/(n−k!k!)的值。

首先不管用过程还是函数，编制一段程序求一个数的阶乘。

方法一：用外部过程。

编制一个程序，文件名字为 ACT.prg，内容如下：

```
PARAMETERS M,P
P=1
FOR I=1 TO M
  P=P*I
ENDFOR
RETURN
```

再编制一个主程序，文件名字为 BLZH.prg，内容如下：

```
CLEAR
INPUT "请输入 N 的值： "  TO  N
INPUT "请输入 K 的值： "  TO  K
STORE 1 TO NJC, KJC, NKJC
DO ACT WITH N, NJC
DO ACT WITH N-K, NKJC
DO ACT WITH K, KJC
S=NJC/(NKJC*KJC)
?"S=", S
RETURN
```

以上两段程序都存盘以后，在命令窗口发布命令：DO BLZH。然后按提示输入 N 和 K 的值后，结果就会出现。以上三次调用都通过文件名调用，并带实参，最后在返回时，用第二个参数把结果带回。

方法二：用内部过程。

编制一个程序，文件名字为 ACT.prg，其中有一个过程名为 JC，内容如下：

```
PROCEDURE  JC
PARA METERS M, P
P=1
FOR I=1 TO M
```

```
  P=P*I
ENDFOR
RETURN
ENDPROC
```

再编制一个主程序，文件名字为 BLZH.prg，内容如下：

```
CLEAR
INPUT "请输入 N 的值："  TO  N
INPUT "请输入 K 的值："  TO  K
STORE 1 TO NJC, KJC, NKJC
SET PROCEDURE  TO  ACT          &&调用前先打开内部过程文件
DO JC WITH N, NJC
DO JC WITH N-K, NKJC
DO JC WITH K, KJC
S=NJC/(NKJC*KJC)
?"S=", S
RETURN
```

执行主程序的方法与上述相同，参数传递方法也相同。但三次调用是通过过程名调用的。

注意：前者用文件名调用，后者用过程名调用；前者直接调用，后者调用前先打开过程所在的文件；后者文件中多了两个语句，主程序中多了一步打开文件。

方法三：用函数。

用一个文件，名字为 BLZH.prg，内容如下：

```
CLEAR
INPUT "请输入 N 的值："  TO  N
INPUT "请输入 K 的值："  TO  K
S=JC(N)/JC(N-K)/JC(K)          &&调用函数名，方法与系统函数调用相同
?"S=", S
RETURN
*********************************
FUNCTION  JC
PARA METERS M
P=1
FOR I=1 TO M
  P=P*I
ENDFOR
RETURN P
ENDPROC
```

注意：

① 在命令窗口执行 DO BLZH。

② 自定义函数与主程序在一个文件中，也可以作为一个文件，但调用前要先打开该文件。

③ 调用时用的是函数名，调用后通过函数名返回值。

④ 与上面程序中的区别要特别注意。

6.3.3　变量的作用域

在程序设计中总是要使用变量。一个变量除了类型和取值之外，还有一个重要的属性，就是它的作用域。变量的作用域，就是一个变量在程序执行过程中起作用的范围大小。按变量的作用范围大小，把内存变量分为三类：公共变量、私有变量和局部变量。

1. 公共变量

公共变量又叫全局变量。

1) 公共变量的定义

格式：

PUBLIC <内存变量名表>

功能：建立指定的内存变量，变量的初始值为逻辑 .F.。其中的变量名之间用逗号分开。

另外，在命令窗口中定义的变量，也叫公共变量。

2) 公共变量的作用范围

在命令窗口中定义的变量，在整个程序的执行过程中都起作用，即从定义的位置开始到程序结束都起作用。

注意：凡是公共的内存变量一旦被定义，就驻留在内存中，除非清除之，或退出系统。

例 6.21　公共变量作用域的示例，过程如下：

① 设计一个外部过程 ZCX.prg。

```
PUBLIC Z
z=186
?"外部过程…", x, y, z, a
RETURN
```

② 再设计一个主程序 CX.prg。

```
PUBLIC X
x=90
?"主程序 1…", x, a
PUBLIC y
y=80
?"主程序 2…",x, y, a
DO ZCX
?"主程序 3…", x, y, a, z
RETURN
```

③ 在命令窗口先执行命令：CLEAR ALL，把当前内存中的内存变量全部清除，再执行 A=200，在命令窗口中定义公共内存变量，最后执行程序：DO CX。

2. 私有变量

1) *私有变量的定义*

在程序中定义的变量或在下级(被调用)程序中定义的变量。

2) *私有变量的作用范围*

私有变量的作用范围限本程序段或在该程序调用的下一级，若在下级程序中改变该变量(上级变量)的值，可以将值带回上一级程序中。

例 6.22　私有变量作用范围示例，过程如下：

① 设计一个外部过程 ZCX.prg。

```
y=100                      &&只在该程序段中起作用
?"x=", x, "y=", y
x=888
RETURN
```

② 再设计一个主程序 CX.prg。

```
CLEAR ALL
x=90                       && 在该程序段及其被调用的 ZCX 中起作用
?"x1=", x                  &&值为 90
DO ZCX
?"x2=", x                  &&将子程序中改变的值带回
RETURN
```

3. 局部变量(本地变量)

1) *局部变量的定义*

在使用变量前用专门的命令对变量进行说明。

格式：

LOCAL 变量名表

2) *局部变量的作用范围*

局部变量仅限于本程序段中，在它下级都失去作用。这一点就是其与私有变量的区别。

例 6.23　局部变量作用范围示例，过程如下：

① 设计一个外部过程 ZCX.prg。

```
y=100            &&只在该程序段中起作用
x=200            &&只在该程序段中起作用
?"x=", x, "y=", y
x=888
RETURN
```

② 再设计一个主程序 CX.prg。

```
CLEAR ALL
LOCAL x          &&定义局部变量，只在 CX 中起作用
x=90             &&在该程序段及其被调用的 ZCX 中起作用
?"x1=", x        &&值为 90
```

```
DO ZCX
?"x2=",x              &&值还是90
RETURN
```

习　题　六

一、填空题

1. 程序文件的扩展名是________，与之对应的编译文件的扩展名是 ________。
2. 修改程序的命令是 ___________。
3. 在命令窗口中执行：

```
x=90
y=80
INPUT  TO  z          &&输入，x+y
?z
```

z 的值是 __________。

4. 执行?3+8, 4 后，再执行??189，最后的结果是_____________行。
5. 有一段程序是求 1～100 的和，试将程序补充完整。

```
CLEAR
s=100                 &&用 s 求和
n= _____              &&用 n 作为循环变量
DO  WHILE  n ___
    s=s+n
    n=n __
ENDDO
?s
RETURN
```

6. 模块分三种：_________、_________和_____________。
7. 按变量的作用域，把内存变量分为三类，那么字段变量属于___________。
8. 在 Visual FoxPro 中所有关键字、短语、函数超过四个字母的均可缩写成前四个字，唯独_____不能缩写。

二、判断题

1. 在程序中执行 RETURN 就肯定使整个程序执行结束。　(　)
2. 一个程序必须要有输入语句。　(　)
3. 若要给 x 和 y 通过键盘赋值，则执行 INPUT TO x, y。　(　)
4. 只有循环可以嵌套，选择结构的两个语句不能嵌套。　(　)
5. 所有的过程都是直接用 DO 命令去调用的。　(　)

三、选择题

1. 下列(　)可以接收字符型数据。

A) WAIT B) ACCEPT

C) INPUT D) 都可以

2. 执行 INPUT TO x，若输入 3>4，那么 x 的值是( )。

A) 数值型 B) 字符型

C) 逻辑型 D) 日期型

四、编程序

1. 有一张纸，厚度为 0.5 毫米，大小够用，问反复折叠多少次，厚度可以超过珠穆朗玛峰的高度(8848 米)。

2. 编程序求表 JBQK 中，男和女的最高和最低工资。

3. 对例 6.17 中的求“水仙花”数，用一重循环编程序。

4. 编制一个函数，求 x 的 y 次方值。

5. 编制程序求杨辉三角阵，若是 5×5，则应如下：

```
1
1  1
1  2  1
1  3  3  1
1  4  6  4  1
```

五、简答题

1. 简述程序设计的三个过程。

2. 简述程序设计的三种结构，并说明三种结构产生的原因。

第 7 章　表单设计及应用

面向过程的结构化程序设计方法以问题的求解过程组织程序的流程，在这种方法中，数据的定义和操作都需要用语句来实现，难以提高编程的效率。面向对象的程序设计方法(OOP)以对象作为程序的主体，对象是数据和施加在数据上的操作的封装体，封装在对象中的程序代码通过“消息”来驱动运行。在图形化的用户界面中，消息是通过鼠标或键盘的某种操作来产生和传递的。

Visual FoxPro 不但支持面向过程的结构化程序设计方法，而且在语言上进行了扩展，提供了面向对象的程序设计的强大功能和更大的灵活性。在介绍面向对象的程序设计方法之前，应当说明的是面向对象的程序设计方法并不是对面向过程的结构化程序设计方法的否定，而是对它的发展。在编程实践中，这两种方法是相互补充的。在总体设计上，面向对象的程序设计方法有很大的优势，但在具体算法的实现上，仍离不开面向过程的结构化程序设计方法。

本章先介绍面向对象程序设计的基本概念，如对象、类、子类、继承、属性、事件和方法等内容，然后重点讲解表单的设计和应用。

7.1　面向对象程序设计的基本概念

7.1.1　对象(Object)

客观世界里的任何实体都可以被看做是对象。对象可以是具体的物，也可以指某些抽象的概念。从编程的角度来看，对象是一种将数据和操作过程结合在一起的数据结构，或者是一种具有属性(数据)和方法(过程和函数)的集合体。事实上，程序中的对象就是对客观世界中对象的一种抽象描述。

对象的属性　属性用来表示对象的特性和状态的参数。比如对象的名称、外观的尺寸、是否可见等。例如，一个命令按钮常有的属性：

- Caption：命令按钮上的文本标题。
- Enabled：命令按钮能否被用户使用。
- ForeColor：命令按钮上的文本标题的前景颜色。
- Visible：选定的命令按钮是否可见。

对象的方法　对象的方法是描述对象行为的过程，但又不同于一般的 Visual FoxPro 过程程序，方法的过程程序紧密地和对象连接在一起，方法程序可以允许用户创建新的方法。

对象的事件　事件是一种预先定义好的触发对象执行某个特定方法程序的行为和动作。事件具有与之相关联的方法程序，称之为方法处理程序。例如，Click 事件中编写的处理程序代码在单击鼠标左键时开始触发。对象都具有与之相关联的事件和事件处理程序，事件处理程序在事件出现时被自动执行，也可以在其他程序中调用。事件的种类虽然很多，根据对象的不同而不同，但对具体的对象而言却是固定的，用户不能创建新的事件。Visual FoxPro 中常用的事件有：

- Load：当表单或表单集被加载到内存中时发生的事件。
- Init：创建对象时发生的事件。
- Destroy：从内存中释放对象时发生的事件。
- Click：鼠标左键单击对象时发生的事件。
- GotFocus：对象接收到焦点时发生的事件。
- LostFocus：对象失去焦点时发生的事件。
- KeyPress：当用户按下或释放键时发生的事件。
- InteractiveChange：以交互方式改变对象的值时发生的事件。

面向对象的程序设计的一个特点是事件驱动或消息驱动，一个事件处理程序的执行与否完全取决于该事件是否被触发。这种程序设计方法类似于人类的社会活动，简化了程序设计方法，提高了程序的可重用性。

7.1.2 类(Class)

在客观世界中，我们把许多具有相同属性和行为特征的事物归为一类。类是对一类相似对象的性质描述，类定义了对象的一组属性、事件、方法程序的对象模板，类是对象的抽象描述，对象是类的实例化描述。例如，人就是一个类，其中有大人、男人、女人；学生是一个类，其中有大学生、中学生和小学生。

1. 类的概念

类(Class)是对一组对象的属性和特征的抽象描述，是对拥有数据和一定行为特征的对象集合的描述。类是抽象的，而对象是具体的。它们既有联系又有区别。例如，世界上有各式各样的桥，就建筑结构而言，有吊桥、浮桥、铁桥、立交桥。但它们有一个共同的属性，即架在江河湖海上或公路上；有一个共同的行为特征，即可供行人或车辆通行。根据这个属性和特征，人们才把它们称为桥，以区别于路。可见桥是一个抽象的类，而各种各样具体的桥，例如立交桥就是这一类的实例，就是对象。

在 Visual FoxPro 中的类是一个模板，对象是由它派生的，类定义了对象的所有属性、事件和方法，确定了对象的属性和行为。这如同设计图纸是建筑物的模板(即类)，而建筑物则是根据设计图纸而建设的对象。对象可以是表单、表单集或控件，用它来完成应用程序中具有某种一致性和依赖性的行为，它的使用可以提高程序代码的复用性，减少程序代码量。

2. 类的特征

由于类是对象的抽象，是具有相同属性和特征的对象的集合，所以类定义对象的属性、事件和方法，其本身具有继承性、封装性和多态性等特性。

1) 类的继承性

类的继承性(Inheritance)：指用户通过存在的类来构造出新类，从而组成了类的层次结构。继承性是面向对象程序设计方法中最重要的特性，继承性充分体现了现实世界中各种事物的构造关系，使得按面向对象程序设计方法构造的程序更接近现实世界，更容易理解和驾驭。继承性是类的共享机制的集中体现，具体表现在：对象自动继承类的全部语义，即只要声明一个对象是某个类的实例，这个对象就具有了该类定义中的全部的属性和方法，无需做任何重复说明。

类具有多层继承机制，通常称原来存在的类是父类，构造出的新类为子类。当一个类定义为另一个类(称为基类)的子类时，该类便自动地继承其基类的全部要素。且这种继承具有传递性，一个孙子类不仅具有其父类的全部要素，而且具有其爷爷类的全部要素，直到其最远的祖先的全部要素。在面向对象的程序设计方法中，继承是指在基于现有的类创建新类时，新类继承了现有类里的方法和属性。此外，可以为新类添加新的方法和属性。我们把新类称为现有类的子类，而把现有类称为新类的父类或基类。一个子类的成员一般包括从其父类继承的属性和方法，及由子类自己定义的属性和方法。

在 Visual FoxPro 中提供了最基本的 29 个类，由它们可以不断派生出新类，这些最基本的类称为基类，是系统本身内含的，并不存放在某个类库中。用户可以基于基类生成所需要的对象，也可以扩展基类创建自己的子类。OOP 方法的这种多层继承机制使我们可以最方便地从已有的类出发，定义新层次的类，或是添加新的功能，或是对原有的类进行修改，以适应我们的需要。显然，这种多层次继承机制可以大大提高编程的效率。

2）类的封装性

类的封装性(Encapsulation)：类的内部信息对于用户来说是屏蔽的，这是一种组织软件的方法。对于一个封装来讲，它把世界中紧密联系的元素及操作捆绑在一起，构造出独立含义的程序，而把这种内部的相互关系对用户屏蔽起来，仅留出与其他封装体的接口。

利用类的封装性，在使用类时只需学习类的使用方法，而不关心类的内部复杂性，像使用计算机一样，用户可以不关心计算机的硬件系统结构，而只需学习如何对它进行操作，发布命令。

3) 类的多态性

类的多态性是指在类的层次结构中，各层中的对象对同一个函数的调用是不同的。

7.1.3　类和对象的分类

根据使用方式的不同，可将 Visual FoxPro 中的类分为以下两大类：

可视化类　无论在程序设计时还是在程序运行时都具有相应的图标和图形化的界面，这就是可视化类，应用可视化类编程非常简捷而且效率很高。

非可视化类　不具有图形化界面的称为非可视化类。应用非可视化类编程要繁琐些。

根据作用的不同，将可视化类和相应生成的对象分为以下两种：

容器　容器可以被认为是一种特殊的控件，它能包容其他的控件或容器。例如，表单就是容器类对象。

控件　控件是一个可以以图形化的方式显示出来，并能与用户进行交互的对象，控件类不能包含其他对象。例如，命令按钮就是控件类对象。

表 7.1 归纳了 Visual FoxPro 中常用的容器和控件的包含关系。表 7.2 归纳了 Visual FoxPro 中常用控件的名称及其作用。

表 7.1　Visual FoxPro 中常用的容器和控件的包含关系

容器名称(英)	容器名称(中)	作　用	可容纳的容器或控件
Form	表单	应用程序的一个窗口	任何容器、控件
FormSet	表单集	表单集合体	表单、工具栏
PageFrame	页框	构造分页形式的界面	页
Grid	表格	构造浏览形式的数据界面	列
DataEnvironment	数据环境	指定数据对象及其相互关系	数据库、自由表、关系
Container	容器	放置控件，捆绑若干控件	任何控件
CommandGroup	命令按钮组	构造一组命令按钮	命令按钮
OptionGroup	选项按钮组	构造一组选项按钮	选项按钮

表 7.2　Visual FoxPro 中常用的控件及其作用

图　标	控件名称(英)	控件名称(中)	基本用途和作用
A	Lable	标签	显示固定不变的文字信息，如：显示对象的名称等
abl	TextBox	文本框	显示、编辑变量、字段的内容(不包括备注字段)
al	EditBox	编辑框	显示、编辑变量、字段的内容(包括备注字段)
	CommandButton	命令按钮	创建命令按钮对象，用于执行命令
	CommandGroup	命令按钮组	创建命令按钮组对象，用于执行多个命令
	OptionGroup	选项按钮	创建选项按钮对象，用于显示多个选项，只能选一项
	CheckBox	复选框	创建复选框对象，用于显示多个选项，能选多项
	ComboBox	组合框	创建组合框和下拉列表框对象
	ListBox	列表框	创建下拉列表框对象，用于供用户选择列表项
	Spinner	微调按钮	用于接受给定范围内的数据输入
	Grid	表格	用于在表格中显示查询的数据
	Timer	计时器	以给定的时间间隔响应计时器的事件
	Image	图像	在表单上显示图形信息

7.2　可视化表单设计的基础

7.2.1　表单及其基本特性

表单是一种可视化的 Visual FoxPro 程序。在 Windows 中，每一个应用程序都是放在某一个窗口中的。窗口既是程序与用户进行交互的界面，也是 Windows 风格应用程序的基础。在 Visual FoxPro 中，这个作为应用程序基础的窗口对象称为“Form”，中文名称为“表单”，也有译作“窗体”的。

采用面向对象的方法构建应用程序时，程序中的一个个对象就如同我们盖一座大楼时用的预制构件。每一构件都包括两方面的特性，一方面是其本身内在属性及外观。另一方面是与其他构件的连接关系。除此以外，对象还有反映其行为的动态特性，可以称为行为特性或操作特性，由相关的事件引起。例如，用鼠标单击窗口右上角的最小化按钮，窗口便缩至最小；当在窗口边界上鼠标指针变为双向箭头时，拖动鼠标可改变窗口的大小；当窗口中有按钮时，单击按钮，就会发生相应的动作。对象的行为特征有时是由系统预先设置的，如窗口的最小化、最大化，这些特性中，有许多可在程序设计时重新设置；有些是必须由用户设计程序时设计的，比如单击按钮后可能产生的动作。

表单作为一种对象，自然也具有属性、事件、方法三方面的特性。下面介绍表单属性以及表单的事件和方法。

1. 表单的主要属性

表单的属性主要体现在窗口外观的规定方面，这些属性大致可分为以下六类。

1) 规定窗口大小和位置的属性

- Left：指定表单窗口左边界相对 Visual FoxPro 主窗口左边界的位置。
- Top：指定表单窗口顶端边界相对 Visual FoxPro 主窗口顶端边界的位置。
- Width：指定表单窗口的宽度。
- Height：指定表单窗口的高度。
- ScaleMode：指定表单窗口大小与位置参数的度量单位。

通常大小和位置的度量单位为像素，这也是 ScaleMode 的默认设置。但有时为了方便，也可以将度量单位设置为当前字符字体的最大高度和平均宽度，相应的设置是 ScaleMode=0。

2) 规定窗口颜色和图像的属性

- Picture：指定一个图像文件或图标文件作为窗口背景。
- ForeColor：指定窗口中显示对象的前景颜色。
- BackColor：指定窗口中显示对象的背景颜色。

通过使用 Picture 属性，可以将一幅赏心悦目的图画指定为表单窗口的背景。若图画小于窗口的大小，则 Visual FoxPro 将自动用多幅同样的图画填满整个窗口。通过使用 ForeColor 和 BackColor 属性设置前景色和背景色，可以使显示对象看起来更美观。尤其是，如果通过编程动态地改变前景色和背景色，则可以使显示的文字等对象呈现出五彩缤纷的、活泼的效果。

3) 有关字体的属性

- FontBold：指定显示文本为粗体字。
- FontItalic：指定显示文本为斜体字。
- FontOutline：指定显示文本加上轮廓。
- FontShadow：指定显示文本加上阴影。
- FontSize：指定显示文本大小。默认值为 10 磅。72 磅相当于 1 英寸。最大值为 2048 磅。
- FontUnderline：指定显示文本加下划线。
- FontName：指定显示字体的名称。

使用字体属性，可使窗口中的文字丰富多彩，消除单调感。

4) 有关窗口外观行为的属性

- AutoCenter：指定表单窗口建立时是否位于 Visual FoxPro 主窗口的正中间。
- Visible：指定表单窗口是否可见。
- Movable：指定表单窗口是否可通过鼠标移动。
- MaxButton：指定表单窗口的最大化按钮是否可用。
- MinButton：指定表单窗口的最小化按钮是否可用。
- AlwaysOnTop：指定表单窗口是否总处在最前面。
- LockScreen：指定表单窗口的改变是否以批处理方式进行。

通过窗口外观行为属性的设置，可以更好地控制窗口的变化。例如，通过将 LockScreen 属性设置为.T.，窗口的改变将以批处理方式进行，即当用户以编程方式修改窗口的大小、颜色、字体等属性时，修改的效果不会立即自动显现出来，而只有在执行了刷新(Refresh)后，才一次性地显示出来。

5) 影响表单外观的其他属性

- MaxWidth：规定表单的最大宽度。
- MinWidth：规定表单的最小宽度。
- MaxLeft：规定表单的左边界与 Visual FoxPro 主窗口的左边界之间的最大距离。
- MaxTop：规定表单最大化后与 Visual FoxPro 主窗口上边界的距离。

以上属性规定了表单运行时，用户通过鼠标或键盘改变窗口的大小或位置的极限。

6) 指示表单身份的属性

- Icon：图标，指定一个 Icon 文件作为窗口图标。
- Caption：标题，给出表单显示的标题。
- Name：名称，是设计中指示一个对象的唯一标记，在同一个层面上，对象的名称必须是唯一的、各不相同的。

2. 表单的事件与方法

表单可以响应 40 多个事件和方法，以下罗列了表单中几个最常用的事件和方法，并且对这几个常用事件和方法作了比较详细的说明。

- Load：建立表单之前触发的事件。
- Init：建立表单时触发的事件。

- Activate：激活表单时触发的事件。
- Destory：释放表单时触发的事件。
- Click：用鼠标单击触发的事件。
- Show(1)：显示表单的方法。
- Hide：隐藏表单的方法。
- Release：释放表单的方法。
- Refresh：刷新表单的方法。

(1) Load 事件：从磁盘上加载表单时触发该事件，Load 事件的代码中完成全局变量的定义和赋初值。

(2) Init 事件：创建表单时触发该事件，从而执行为该事件编写的代码。Init 代码通常用来完成一些关于表单的初始化工作。

(3) Activate 事件：表单被激活时触发该事件。

(4) Destory 事件：释放表单时触发该事件，该事件代码通常用来进行文件关闭，释放内存变量等工作。

(5) Click 事件：用鼠标单击对象时触发该事件，从而执行为该事件编写的代码。

(6) Show、Hide 方法：Show 使表单可见，而 Hide 则是隐藏表单。注意，如果使用 show( ) 格式调用该方法，则只能显示一次表单，如果要表单显示停留在屏幕上，应使用 Show(1) 格式调用该方法。另外，Hide 方法只是在屏幕上隐藏表单，并没有从内存中释放表单，隐藏后的表单依然可以通过调用 Show 方法恢复显示。

(7) Release 方法：从内存中释放表单。注意 Release 方法与 Destory 事件的区别，Destory 事件是由表单释放事件而触发的，而 Release 方法则是主动释放表单，可以说 Release 是 Destory 的触发器，由于 Release 方法的执行而导致表单的释放，从而引发表单释放事件，并因此触发 Destory 事件的执行。

(8) Refresh 方法：刷新表单数据。当表单中各种对象所对应的数据发生改变时，有时并不自动地反映在表单界面上，需要使用 Refresh 方法刷新，才能显示最新数据。如用一个文本框关联一个表字段，当表记录指针移动后，新记录对应的数据需要刷新后才能更新。

以上前 5 个属于对象事件，它们的运行是由一种特定事件触发的；后 4 个方法只是对象的方法，它们没有与某个事件关联起来，而必须使用调用语句才能运行。

7.2.2　表单的数据环境

每一个对数据库表操作的表单，都包括一个数据环境。数据环境是一个容器对象，它用来定义与表单相联系的数据实体(表、视图)的信息及其相互关系。数据环境容器一般包含一到多个 Cursor(临时表)类对象，表单中所含 Cursor 类对象的个数与表单关联的数据实体(表、视图)的个数相同，一个 Cursor 类对象与一个数据实体(表、视图)对应。如果一个表单关联多个表，在数据环境容器中还有一个 Relation(关系)类对象描述这些表之间的关系，可以使用完全的编程方式建立数据环境，但更为方便的是用数据环境设计器来添加表单的数据环境(详见 7.4 节)。

7.2.3 对象引用的规则

在面向对象的程序设计中，经常要引用对象或对象的属性、事件和调用方法程序，下面介绍几个通用的对象名称。

1. 对象引用的三个关键字代词

- Thisformset：表示当前拥有焦点的表单集对象。
- Thisform：表示当前拥有焦点的表单对象。
- This：表示当前拥有焦点的某对象。

2. 对象的引用格式

对象的引用格式是在引用的关键字后加一个圆点“.”，再写出被引用的对象或对象的属性、事件、方法程序名称，并且多级引用时要求逐级写出所属关系。例如：

```
Thisform.command1.caption="确定"        &&本表单中命令按钮 1 的标题设置为“确定”
Thisform.Forecolor=RGB(255,0,0)         &&本表单前景颜色设置为红色
```

7.3 利用表单向导建立表单

表单(Form)是 Visual FoxPro 提供的用于建立应用程序界面的最主要的工具之一。表单相当于 Windows 应用程序的窗口。表单可以属于某个项目，也可以游离于任何项目之外，它是一个特殊的磁盘文件，其扩展名为 .scx。在项目管理器中创建的表单自动隶属于该项目。

表单向导是快速生成表单的常用方法，应用表单向导能够完成具有查询、添加、修改、删除等功能的表单。程序设计者可以使用表单向导创建基本功能的表单，而用表单设计器设计复杂功能的表单。启动表单向导有以下四种方法：

(1) 打开“项目管理器”，选择“文档”选项卡，从中选择“表单”。然后单击“新建”按钮。在弹出的“新建”表单对话框中单击“表单向导”按钮。

(2) 在系统菜单中选择“文件 | 新建”命令，或者单击工具栏上的“新建”按钮，打开“新建”对话框，在文件类型栏中选择“表单”，然后单击“向导”按钮。

(3) 在系统菜单中选择“工具 | 向导 | 表单”命令。

(4) 直接单击常用工具栏上的“表单向导”图标按钮。

Visual FoxPro 中有两种表单向导，其功能有所不同：

(1) 表单向导：针对一个数据库表，生成的表单具有查询、添加、修改、删除等功能。

(2) 一对多表单向导：整个表单针对两个数据库表，而且这两个表之间存在一对多的关系。

7.3.1 利用表单向导创建基于一个表的表单

操作步骤如下：

(1) 在 Visual FoxPro 系统菜单中选择“文件 | 新建”命令，或者单击工具栏上的“新建”按钮，打开“新建”对话框，如图 7.1 所示。在文件类型栏中选择“表单”，然后单击“向导”按钮，弹出对话框，如图 7.2 所示。

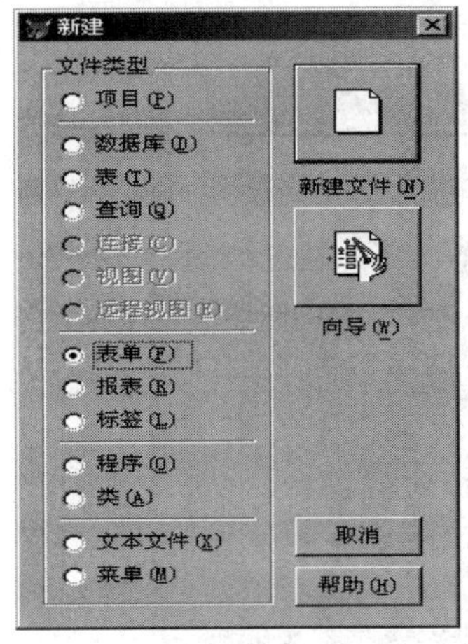

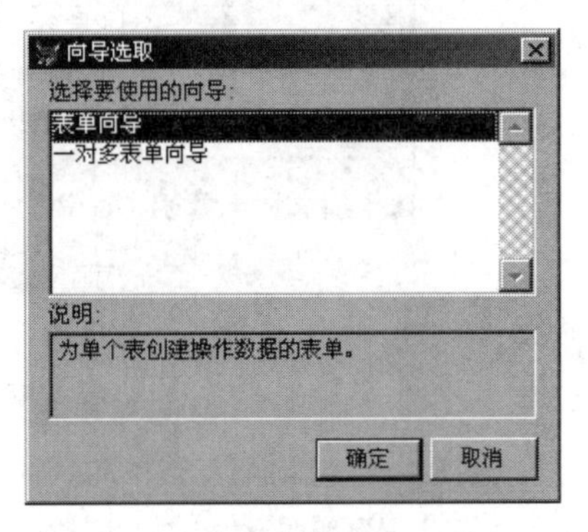

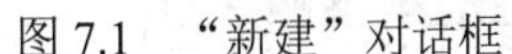
图 7.1　“新建”对话框

图 7.2　“表单向导”对话框

(2) 在图 7.2 中，选择“表单向导”并单击“确定”按钮，出现“步骤 1-字段选取”对话框，如图 7.3 所示。在图 7.3 中，选择需要的表名以及相应的字段，如果选定全部字段，请单击双箭头(▶▶)按钮，使得全部字段移到选定字段列表框中。

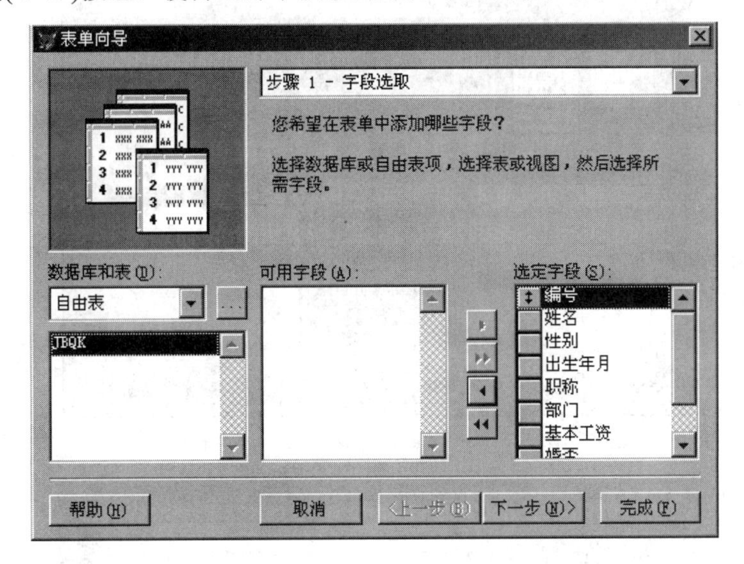

图 7.3　“步骤 1-字段选取”对话框

(3) 在图 7.3 中单击“下一步”按钮，出现“步骤 2-选择表单样式”对话框，如图 7.4 所示。这一步一般不需要重新选择，选择默认值就可以。“样式”框中提供了“标准式”、“凹陷式”、“阴影式”、“边框式”4 种样式。“按钮类型”框中也提供了“文本按钮”、“图片按钮”、“无按钮”、“定制”4 种单选项。

(4) 在图 7.4 中单击“下一步”按钮，出现“步骤 3-排序次序”对话框，如图 7.5 所示。从左边“可用的字段或索引标识”框中选择排序的字段，然后单击“添加”按钮，并选择“升序”或“降序”后单击“下一步”按钮，这时出现“步骤 4-完成”对话框，如图 7-6 所示。

(5) 在图 7.6 中，键入表单标题，例如“职员信息表单”，并选择“保存并运行表单”单选按钮，然后单击“完成”按钮，出现“另存为”对话框，为该表单命名并存盘。这样就完成了利用表单向导创建表单的全过程。表单的运行结果如图 7.7 所示。

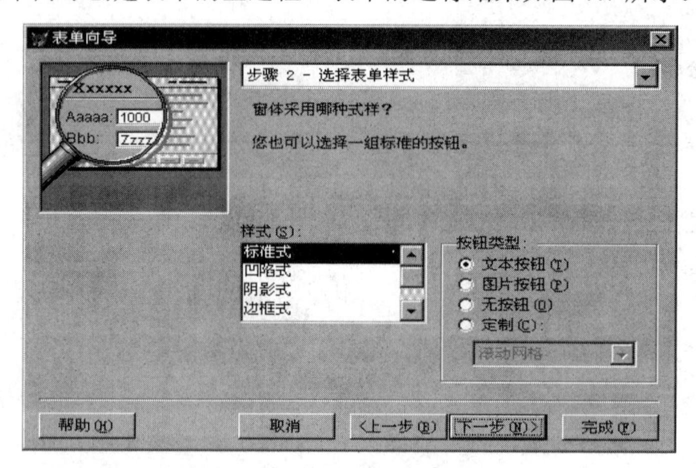

图 7.4　“步骤 2-选择表单样式”对话框

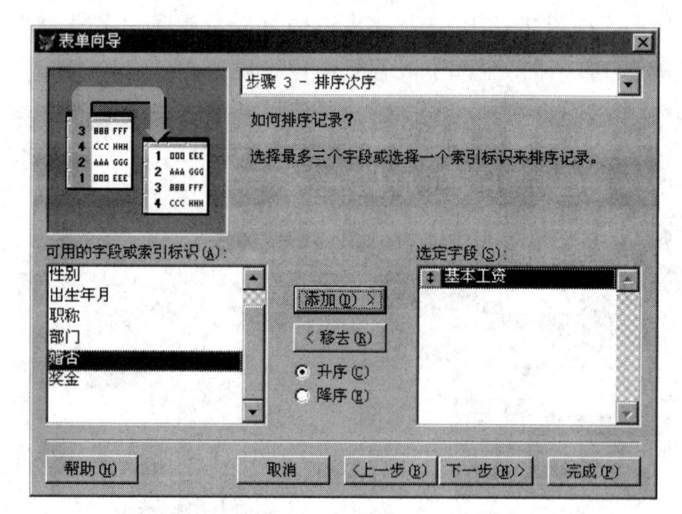

图 7.5　“步骤 3-排序次序”对话框

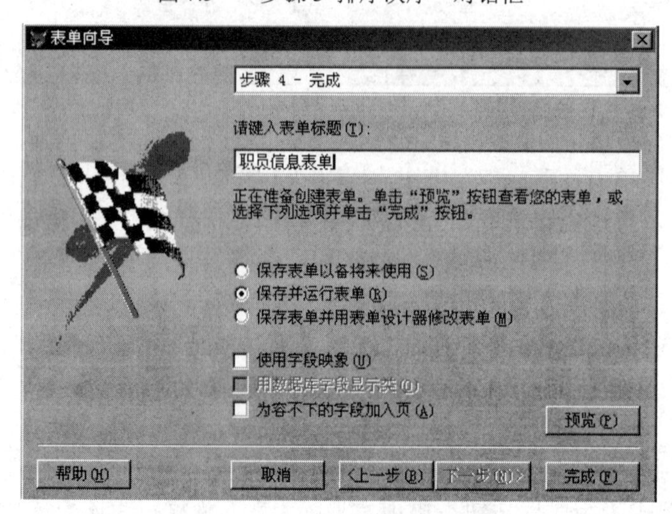

图 7.6　“步骤 4-完成”对话框

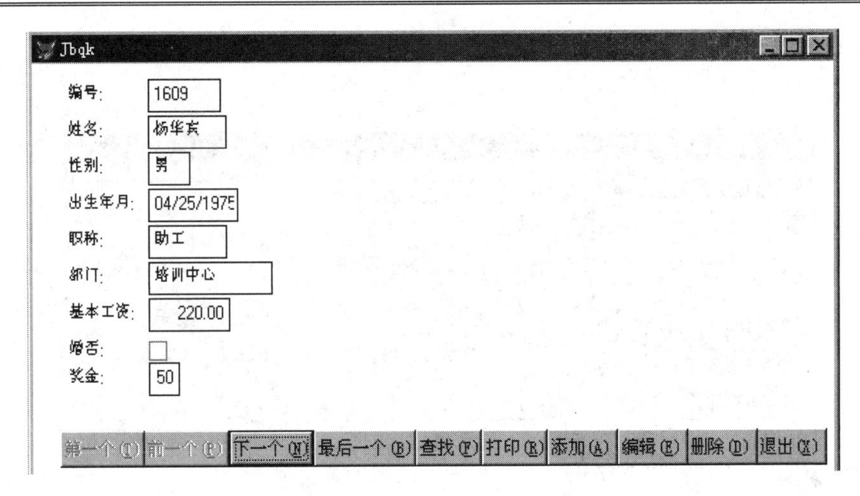

图 7.7　表单运行结果

7.3.2　利用一对多表单向导创建表单

一对多表单向导能够帮助开发者建立两个表关联的表单，表单中的数据源存在一对多的关系，一方对应的表称为父表，而多方对应的表称为子表，在所建立的表单中，父表数据以文本形式显示，子表数据以表格形式显示，非常方便地实现了关联查询的功能。

操作步骤如下：

(1) 在 Visual FoxPro 系统菜单中选择“文件 | 新建”命令，或者单击工具栏上的“新建”按钮，打开“新建”对话框，如图 7.1 所示。在文件类型栏中选择“表单”，然后单击“向导”按钮。

(2) 在图 7.2 中，选择“一对多表单向导”并单击“确定”按钮，出现如图 7.8 所示对话框。在图 7.8 中选择需要的父表表名以及相应的字段，并单击 “下一步”按钮，出现如图 7.9 所示的对话框。

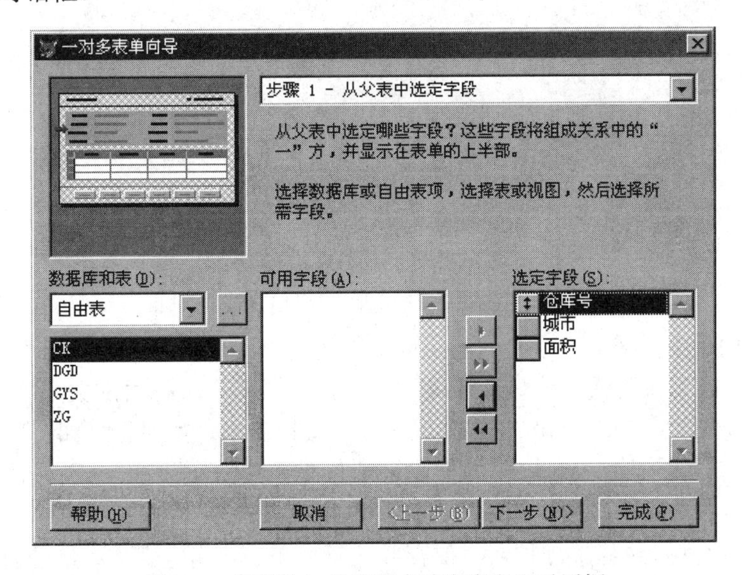

图 7.8　“步骤 1-从父表中选定字段”对话框

(3) 在图 7.9 中选择子表的表名以及字段，单击“下一步”按钮，出现如图 7.10 所示的对话框。

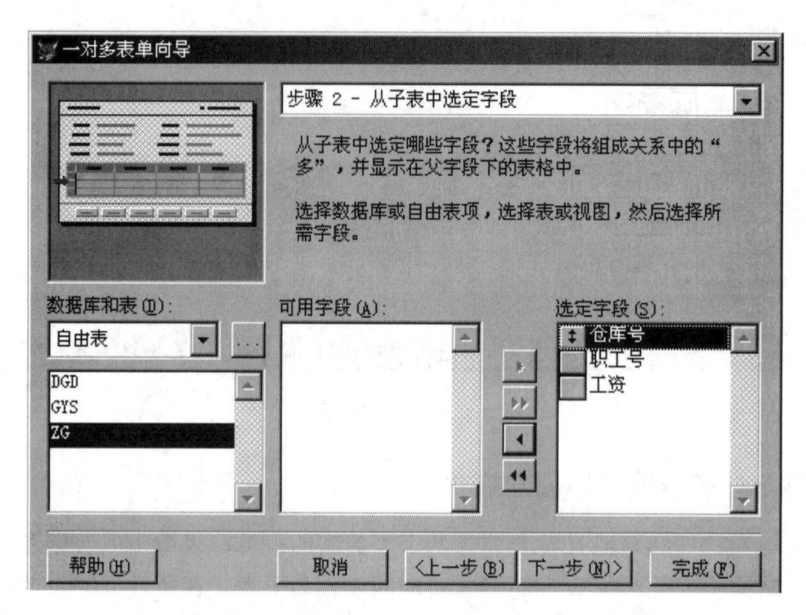

图 7.9　“步骤 2-从子表中选定字段”对话框

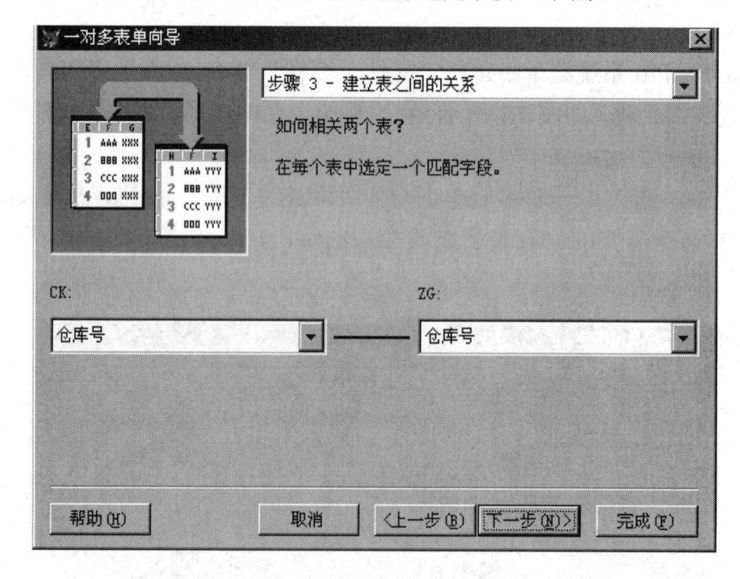

图 7.10　“步骤 3-建立表之间的关系”对话框

(4) 在图 7.10 中，建立两表之间的关联关系为“仓库号”对“仓库号”。两个数据表的关联字段相同时系统以默认值显示该关联关系，如果两个数据表的关联字段不相同，则需要用户自己设置关联字段，并单击 “下一步”按钮。出现的对话框如图 7.11 所示。

(5) 在图 7.11 中，选择一种表单的样式，单击“下一步”按钮，出现对话框，如图 7.12 所示。选择排序的字段，例如“仓库号”，并单击“下一步”按钮。

(6) 在图 7.13 中，选择选项按钮“保存并运行表单”，指定表单存储的目录和文件名，单击“完成”。这样就完成了一对多表单的设计工作。表单的运行结果如图 7.14 所示。

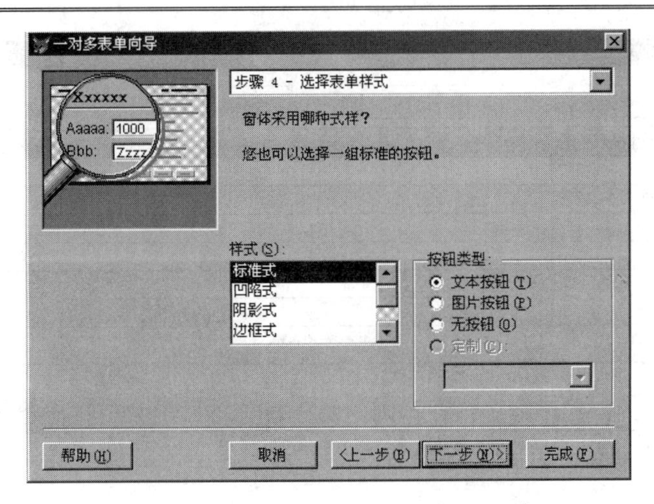

图 7.11　“步骤 4-选择表单样式”对话框

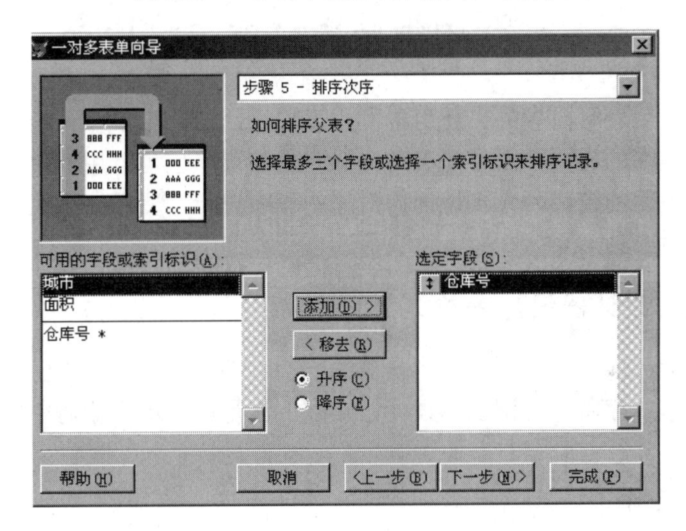

图 7.12　“步骤 5-排序次序”对话框

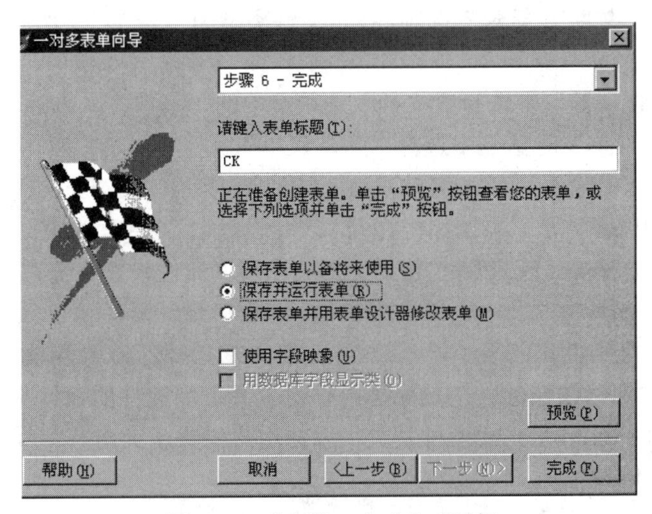

图 7.13　“步骤 6-完成”对话框

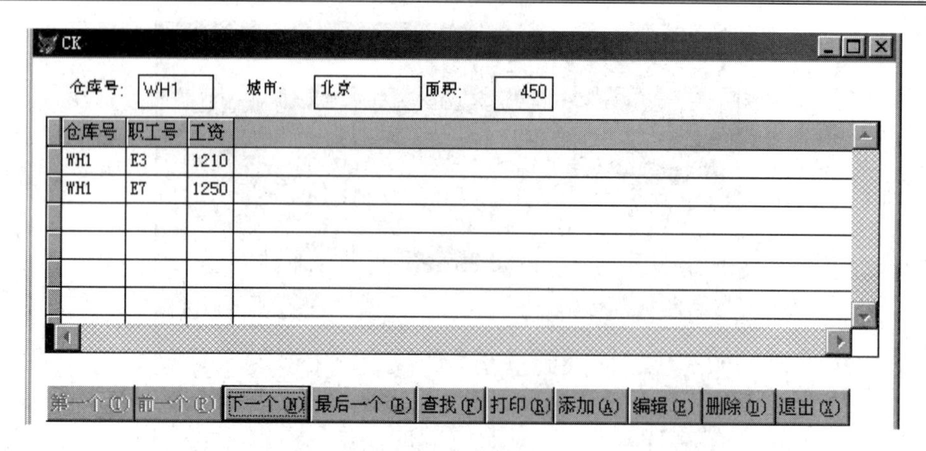

图 7.14　一对多表单的运行结果

7.4　应用表单设计器设计表单

创建表单除使用表单向导外，还可以利用表单设计器。表单设计器不但能创建表单，而且可以修改已存在的表单，即使是表单向导产生的表单也可以用表单设计器来修改。表单设计器提供可视化的窗口，并支持面向对象的程序设计，所以，应用表单设计器是设计更复杂表单的有力工具。

7.4.1　应用表单设计器设计表单

从 OOP 的观点来讲，表单是一种容器对象，它由 Visual FoxPro 的基类 Form 派生而成，并以独立的文件形式存储。所谓表单设计，实际上就是对这个容器对象本身及其所包含的对象的设计。

1. 表单设计器窗口

可以用多种方法打开表单设计器：

(1) 选择菜单“文件 | 新建”选项，指定文件类型为“表单”，然后单击“新建文件”按钮。

(2) 在“项目管理器”中选择“文档”选项卡中的“表单”，然后单击“新建”按钮，并在打开的“新建表单”对话框中选择“新建表单”。

(3) 在命令窗口中输入 CREATE FORM <文件名>或 MODIFY FORM <文件名>。

不管采用上面哪种方法，系统都将打开“表单设计器”窗口，如图 7.15 所示。打开“表单设计器”窗口后，Visual FoxPro 主窗口上还将出现“属性设置”窗口、“表单控件”工具栏、“表单设计器”工具栏以及“表单”菜单项。在表单设计器环境下，用户可以交互式地、可视化地设计出完全个性化的表单。

在图 7.15 中，网格画布的作用是添加控件对象并布局控件的设计平台。控件工具栏的作用是提供 Visual FoxPro 的 20 多种基类，以便用户生成子类对象。属性窗口的作用是为每个控件设置必要的属性值。

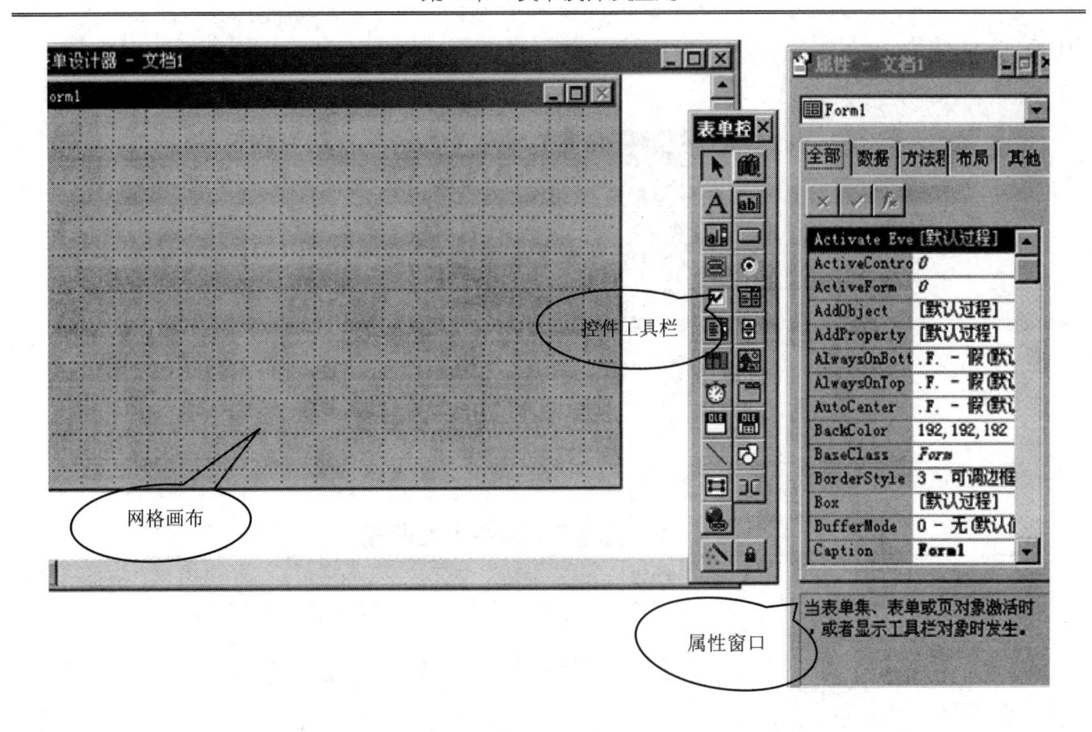

图 7.15　表单设计器窗口

2. “表单控件”工具栏的操作

“表单控件”工具栏是表单设计的重要工具，默认包含 21 个控件、4 个辅助按钮。应用“表单控件”工具栏可以很方便地在表单中加入各种对象，在表单中加入对象的方法非常简单，只要用鼠标单击“表单控件”工具栏中的某个控件，然后将鼠标移动到画布上按住左键拖动就能画出所需要的控件。控件的基本操作如下：

· 选定控件：用鼠标单击控件可以选定该控件，被选定的控件四周出现 8 个控制点。

· 移动控件：先选定控件，然后按住鼠标左健拖动到需要的位置上。也可用方向键对控件进行移动。

· 调整控件大小：先选定控件，然后拖动控件四周的某个控制点可以改变控件的宽度和高度。也可以在按住 Shift 键的同时，用方向键对控件大小进行微调。

· 复制控件：先选定控件，选择“编辑 | 复制”命令，然后选择“编辑 | 粘贴”命令，最后将复制产生的新控件拖动到需要的位置上。

· 删除控件：选定不需要的控件，然后按 Delete 键或选择“编辑 | 剪切”命令。

本节重点介绍表单设计器的基本操作。

7.4.2　表单设计器的基本操作

设计表单的基本操作：打开表单设计器→添加控件并设置属性→编写事件代码→保存表单→运行表单。

例 7.1　应用表单设计器设计能显示红颜色“欢迎学习 VFP 表单设计”功能的表单。

(1) 启动表单设计器，第一次默认表单文件名为 Form1，从“表单控件”工具栏中选择基类，向网格画布上添加三个控件：标签、命令按钮、命令按钮，并将控件布局安排得整齐美观，如图 7.16 所示。

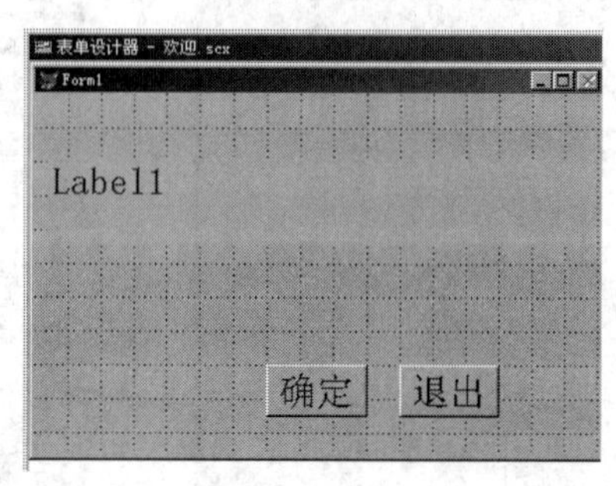

图 7.16　例 7.1 表单

(2) 设置各个对象的属性，详见表 7.3。

表 7.3　例题 7.1 控件属性设置

控件名称	属 性 设 置	功　能
Label1	不设置	—
Command1	Caption="确定" FontSize=20	设置命令按钮标题文字 设置字号=20
Command2	Caption="退出" FontSize=20	设置命令按钮标题文字 设置字号=20

(3) 为对象编写事件代码和方法程序，如图 7.17 所示。

图 7.17　事件代码窗口

Command1 的 Click 事件代码：双击 Command1 对象，在代码窗口中写入程序代码，注意：对象、过程两个列表框中的选项要与具体的对象和事件相一致。

Command2 的 Click 事件代码：Thisformrelease 或者 release Thisform。

(4) 保存表单。表单设计(无论新建或修改)完毕后，可通过存盘保存在扩展名为.scx的表单文件和扩展名为sct的表单备注文件中。存盘方法有以下几种：

① 选择系统菜单中“文件 | 保存”命令可保存当前设计的表单，设计器不关闭。

② 按组合键Ctrl+W。

③ 单击“表单设计器”窗口的“关闭”按钮或选定系统菜单中“文件 | 关闭”命令，若表单为新建或者被修改过，系统会询问是否保存表单。回答“是”即将表单存盘。若用户未为表单命名，存盘时将出现另存为对话框，以供用户确定表单文件名。应该注意：表单文件不同于表单对象。表单文件是一个程序，可包含表单集对象、表单对象及各种控件的定义。

(5) 运行表单。运行表单可利用菜单“程序 | 运行”命令，或在命令窗口中用DO FORM命令运行表单。例如“DO　FORM <文件名>”。其中表单文件的扩展名.scx允许省略。或者在工具栏上单击“!”按钮。但须注意，表单文件及其表单备注文件应该同时存在方能运行表单。本例题的运行结果如图7.18所示。

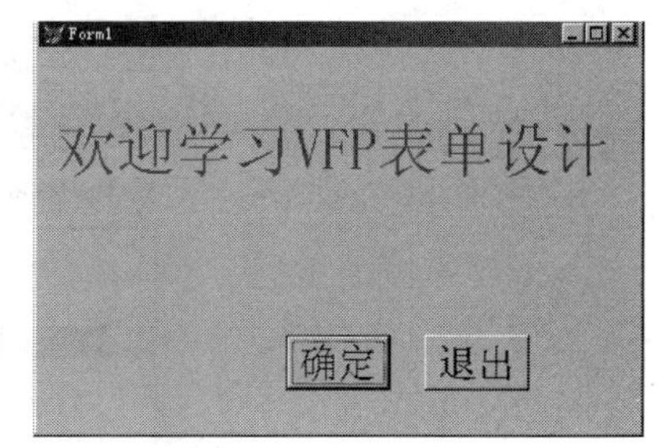

图7.18　例7.1表单运行结果

当“表单设计器”窗口尚未关闭时，右击表单窗口中的空白处，在快捷菜单中选定“执行表单”命令也可以运行表单。注意：若表单被修改过，系统将先询问是否保存表单，选定“是”按钮后表单才开始运行。在表单设计阶段，用这种方法来运行表单是最为简捷的方法。

7.4.3　数据环境设计器的基本操作

1. 打开数据环境设计器

在表单设计器环境下，选择“显示”菜单中的“数据环境”命令，或者在表单网格画布上空白处单击右键，在快捷菜单上选择“数据环境”命令(见图7.19)，或者单击“表单设计器”工具栏上的“数据环境”按钮，都可以打开“数据环境设计器”窗口。此时，系统菜单栏上将出现“数据环境”菜单。

图7.19　添加数据环境

2. 向数据环境添加表或视图

在数据环境设计器环境下，按下列方法添加表或视图：

(1) 选择“数据环境”菜单中的“添加”命令，或右键单击“数据环境设计器”上的空白处，然后在弹出的快捷菜单中选择“添加”命令，打开“添加表或视图”对话框，如图 7.20 所示。如果数据环境原来是空的，那么在打开数据环境设计器时，该对话框会自动出现。

(2) 选择要添加的表或视图并单击“添加”按钮。如果单击“其他”按钮，将调出“打开”对话框，用户可以从其他驱动器中选择需要的表或视图。如果数据环境原来是空的且没有打开的数据库，那么在打开数据环境设计器时，“打开”对话框会自动出现。

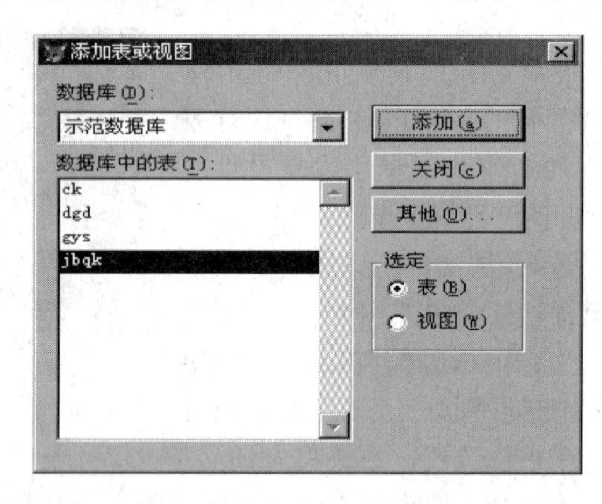

图 7.20　添加表或视图对话框

3. 从数据环境中移去表或视图

在数据环境设计器环境下，按下列方法从数据环境中移去表或视图：

(1) 在“数据环境设计器”窗口中，单击选择要移去的表或视图。

(2) 选择“数据环境”菜单中的“移去”命令。

(3) 用鼠标右键单击要移去的表或视图，然后在弹出的快捷菜单中选择“移去”命令。当表从数据环境中移去时，与这个表有关的所有关系也将随之消失。

4. 在数据环境中设置关系

如果添加到数据环境的表之间具有在数据库中设置的永久关系，这些关系也会自动添加到数据环境中。如果表之间没有永久关系，可以根据需要在数据环境设计器中为这些表设置关系。设置关系的方法很简单，只需将主表的某个字段(作为关联表达式)拖动到与子表相匹配的索引标记上即可。如果子表上没有与主表字段相匹配的索引，也可以将主表字段拖动到子表的某个字段上，这时应根据系统提示确认创建索引。要解除表之间的关系，可以先单击表示关系的连线，然后按 Del 键。

5. 在数据环境中编辑关系

关系是数据环境中的对象，它有自己的属性、方法和事件。编辑关系主要通过设置关系的属性来完成。要设置关系属性，可以先单击表示关系的连线选定关系，然后在“属性”窗口中选择关系属性并设置。常用的关系属性：

- RelationalExpr：用于指定基于主表的关联表达式。

- ParentAlias：用于指定主表的别名。
- ChildAlias：用于指定子表的别名。
- ChildOrder：用于指定与关联表达式相匹配的索引。
- OneToManV：用于指定关系是否为一对多关系。

6. 利用数据环境向表单上拖动字段和表

前面讲到利用表单控件工具栏将一个基类控件添加到表单上的方法。在处理数据库的表单设计问题上，这种方法比较麻烦，更常用、更简便的方法是利用数据环境向表单上拖动字段和表，这种方法的好处是省略了设置控件属性的步骤。例如：我们要通过控件来显示和修改某字段的数据，用一个文本框来显示或编辑一个字段数据，这时就需要为该文本框设置 ControlSource 属性。

Visual FoxPro 提供了更好的方法，允许用户从“数据环境设计器”窗口、“项目管理器窗口”或“数据库设计器”窗口中直接将字段、表或视图拖动到表单上，系统将自动产生相应的控件并与字段相联系。在默认情况下，如果拖动的是字符型字段，将自动产生文本框控件；如果拖动的是备注型字段，将自动产生编辑框控件；如果拖动的是表或视图，将自动产生表格控件。但是，用户可以选择“工具”菜单中的“选项”命令，打开“选项”对话框，然后在“字段映像”选项卡中修改这种映像关系。

7.5　常用的表单控件及其应用

7.5.1　常用控件的公共属性

- Name：控件的名称，它是代码中访问控件的标识(表单或表单集除外)。
- FontName：字体名。
- FontBold：字体样式为粗体。
- FontSize：字体大小。
- FontItalic：字体样式为斜体。
- ForeColor：前景色。
- Height：控件的高度。
- Width：控件的宽度。控件的高度和控件的宽度，也可在设计时通过鼠标拖曳进行可视化调整。
- Visible：控件是否显示。
- Enabled：控件运行时是否有效。如果为.T.，则表示控件有效，否则运行时控件不可使用。

7.5.2　标签(Label)控件

1. 标签控件的功能

标签主要用于显示固定的文本信息。

2. 标签控件的常用属性

• Caption：指定标签的显示文本。可以在设计时设置，也可以在程序运行时设置或修改。

• AutoSize：AutoSise 如果为.T.，标签在表单中的大小由 Caption 属性中的文本长度决定，否则其大小由 Width 和 Height 属性决定。

• ForeColor：设置标题的前景字体颜色。

• BackStyle：设置标签的背景是否透明，0 为透明，1 为不透明，默认为不透明。

• Name：标签对象的名称，是程序中访问标签对象的标识。

7.5.3 文本框(TextBox)控件

1. 文本框控件的功能

文本框在不设置 ControlSource 属性时，用于显示或接收单行文本信息，默认输入类型为字符型，最大长度为 256 个字符；在设置 ControlSource 属性为已有变量或字段名时，用于显示或编辑对应变量或字段的值。

2. 文本框控件的常用属性

• ControlSource：设置文本框的数据来源。一般情况下，可以利用该属性为文本框指定一个字段或内存变量。

• Value：保存文本框的当前内容，如果没有为 ControlSource 属性指定数据源，可以通过该属性访问文本框的内容。它的初值决定文本框中值的类型。如果为 ControlSource 属性指定了数据源，则该属性值与 ControlSource 属性指定的变量或字段的值相同。

• PassWordChar：设置输入口令时显示的字符为“*”。

• ReadOnly：确定文本框是否为只读，若为“.T.”，则文本框的值不可修改。

7.5.4 命令按钮(CommandButton)控件

1. 命令按钮控件的功能

命令按钮控件用来触发某个事件代码程序，完成特定功能，如鼠标单击、关闭表单、移动记录指针、打印报表等。

2. 命令按钮控件的常用属性

• Caption：设置按钮的显示标题文本。

• Enabled：确定按钮是否有效，如果按钮的属性 Enabled 为.F.，单击该按钮不会引发该按钮的单击事件。

对命令按钮的使用最重要的是编写 Click 事件代码。

• Default：命令按钮的 Default 属性默认值为.F.，如果该属性设置为.T.，则在该按钮所在的表单激活的情况下，按 Enter 键可以激活该按钮，并执行该按钮的 Click 事件代码。一个表单只能有一个按钮的 Default 属性为真。

• Cancel：命令按钮的 Cancel 属性默认值为.F.，如果设置为.T.，则在该按钮所在的表单激活的情况下，按 Esc 键可以激活该按钮，并执行该按钮的 Click 事件代码。一个表单只能有一个按钮的 Cancel 属性为真。

例 7.2　设计表单计算并显示 1+2+3+…+100 的累加和。

① 启动表单设计器。

② 添加控件并设置属性，如图 7.21 和表 7.4 所示。

图 7.21　例 7.2 表单

表 7.4　例 7.2 控件属性设置

控件名称	属 性 设 置	功　能
Text1	FontSize=20 ForeColor=255,0,0	设置字号=20 显示为红色
Label1	Caption="1～100 累加和"	设置标签显示的文字内容
Command1	Caption="计算" FontSize=20	设置命令按钮标题文字 设置字号=20
Command2	Caption="退出" FontSize=20	设置命令按钮标题文字 设置字号=20

③ 编写事件代码程序。

Form1 的 Load 事件代码：

```
PUBLIC  i, s
s=0
```

Command1 的 Click 事件代码：

```
FOR i=1   TO 100
s=s+i
ENDFOR
Thisform.text1.value=alltrim(str(s))
```

Command2 的 Click 事件代码：

```
Thisform.release
```

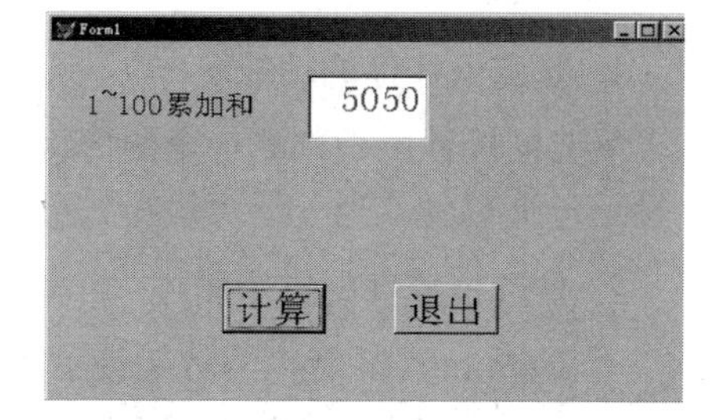

图 7.22　例 7.2 的运行结果

④ 保存并运行表单，结果如图 7.22 所示。

7.5.5　命令按钮组(CommandGroup)控件

1. 命令按钮组功能

命令按钮组是包含一组命令按钮的容器控件，用户可以单个或作为一组来操作其中的按钮。

2. 命令按钮组的常用属性

• ButtonCount：命令按钮组中命令按钮的数目。

• Value：默认情况下，命令按钮组中的各个按钮被自动赋予了一个编号，如 1、2、3 等。当运行表单时，一旦用户单击了某个按钮，Value 就保存该按钮的编号，于是在程序中通过检测 Value 的值，就可以为相应的按钮编写特定的程序代码。如果在设计时，给 Value 赋予一个字符型数据，当运行表单时，一旦用户单击了某个按钮，则 Value 将保存该按钮的 Caption 属性值。

• Buttons：用于存取命令按钮组中每个命令按钮的数组，代码中可以通过该数组访问命令按钮组中的各按钮。

7.5.6　编辑框(EditBox)控件

1. 编辑框控件的功能

编辑框控件用于显示或编辑多行文本信息。编辑框实际上是一个完整的简单字处理器，在编辑框中能够选择、剪切、粘贴以及复制正文，可以实现自动换行，能够有自己的垂直滚动条。

2. 编辑框控件的常用属性

• ControlSource：设置编辑框的数据源，一般为数据表的备注字段。

• Value：保存编辑框中的内容，可以通过该属性来访问编辑框中的内容。

• SelText：返回用户在编辑区内选定的文本，如果没有选定任何文本，则返回空串。

• SelLength：返回用户在文本输入区中所选定字符的数目。

• ReadOnly：确定用户是否能修改编辑框中的内容。

• ScrollBars：指定编辑框是否具有滚动条，当属性值为 0 时，编辑框没有滚动条，当属性值为 1(默认值)时，编辑框包含垂直滚动条。

7.5.7　复选框(CheckBox)控件

1. 复选框控件的功能

复选框控件用于判断一个两值状态，如真(.T.)或假(.F.)。当处于“真”状态时，复选框内显示一个对勾，当处于“假”状态时，复选框内为空白。

2. 复选框控件的常用属性

• Caption：复选框旁边的提示文字。

• Value：用来指明复选框的当前状态，当设置 .T. 或 1 时表示选中，当设置 .F. 或 0 时表示未选中。

• ControlSource：用于指定复选框的数据源。

7.5.8　选项按钮组(OptionGroup)控件

1. 选项按钮组控件的功能

选项按钮组又称为单选按钮组，是包含选项按钮的一种容器。一个选项组中往往包含若干个选项按钮，但用户只能从中选择一个按钮。当用户单击某个选项按钮时，该按钮即成为被选中状态，而选项组中的其他选项按钮，不管原来是什么状态，都变为未选中状态，被选中的选项按钮中会显示一个圆点。

2. 选项按钮组控件的常用属性

- ButtonCount：指定选项组中选项按钮的数目。
- Value：用于指定选项组中哪个选项按钮被选中，如果选中第二个，则 Value=2。
- ControlSource：指定选项组数据源。
- Buttons：用于存取选项按钮组中每个选项的数组。

例 7.3　复选框、选项按钮组控件应用示例。本例题的功能是：当复选框选中第一个时，只能做选项按钮组中的加、减运算；当复选框选中第二个时，只能做选项按钮组中的乘、除运算。

① 添加控件并布局得整齐美观，如图 7.23 所示。

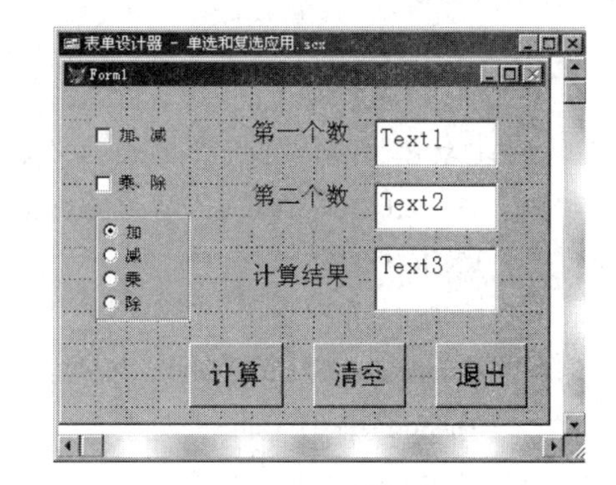

图 7.23　例 7.3 表单

② 设置各个控件的属性，如表 7.5 所示。

表 7.5　例 7.3 控件属性设置

控件名称	属 性 设 置	用　　途
Label1	Caption="第一个数"	显示标题
Label2	Caption="第二个数"	显示标题
Label3	Caption="计算结果"	显示标题
Command1	Caption="计算"	显示按钮标题
Command2	Caption="清空"	为了重新计算
Command3	Caption="退出"	显示按钮标题
Check1	Caption="加、减"	显示标题
Check2	Caption="乘、除"	显示标题
Option1	Caption="加"	显示标题
Option2	Caption="减"	显示标题
Option3	Caption="乘"	显示标题
Option4	Caption="除"	显示标题

③ 编写事件的代码程序。

Command1 的 Click 事件代码：

```
IF  Thisform.Check1.Value=1  THEN
DO CASE
CASE  Thisform.OptionGroup1.Value=1
Thisform.Text3.Value=VAL(Thisform.Text1.Value)+VAL(Thisform.Text2.Value)
```

```
CASE  Thisform.OptionGroup1.Value=2
Thisform.Text3.Value=VAL(Thisform.Text1.Value)-VAL(Thisform.Text2.Value)
ENDCASE
ENDIF
IF  Thisform.Check2.Value=1 THEN
DO CASE
CASE  Thisform.OptionGroup1.Value=3
Thisform.Text3.Value=VAL(Thisform.Text1.Value)*VAL(Thisform.Text2.Value)
CASE  Thisform.OptionGroup1.Value=4
Thisform.Text3.Value=VAL(Thisform.Text1.Value)/VAL(Thisform.Text2.Value)
ENDCASE
ENDIF
```

Command2 的 Click 事件代码：

```
Thisform.Text1.Value=""
Thisform.Text2.Value=""
Thisform.Text3.Value=""
```

Command3 的 Click 事件代码：

```
Thisform.Release
```

④ 保存并运行表单，运行结果如图 7.24 所示。

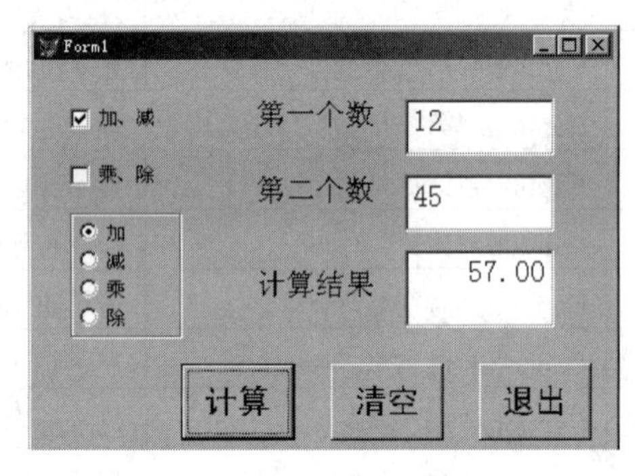

图 7.24　例 7.3 表单运行结果

7.5.9　列表框(ListBox)控件

1. 列表框控件的功能

列表框提供一组条目(数据项)，用户可以从中选择一个或多个条目。一般情况下，列表框中只显示其中的若干条目，用户可以通过滚动条浏览其他条目。

2. 列表框控件的常用属性和方法

- RowSource 属性：指定列表框的数据源。
- RowSourceType 属性：指明列表框数据源的类型。
- List 属性：用以存取列表框中数据条目的字符串数组。例如，List[1]代表列表框中的第一个数据项。

- ListCount 属性：列表框中数据条目的数目。
- ColumnCount 属性：指定列表框的列数。
- Value 属性：返回列表框中被选中的条目。
- ControlSource 属性：该属性在列表框中的用法与在其他控件中的用法有所不同，在这里，用户可以通过该属性指定一个字段或变量用以保存用户从列表框中选择的结果。
- Selected 属性：该属性是一个逻辑型数组，第 N 个数组元素代表第 N 个数据项是否为选定状态。
- MultiSelect 属性：指定用户能否在列表框控件内进行多重选定。
- AddItem 方法：当 RowsourceType 属性为 0 时，给列表框添加一项。
- RemoveItem 方法：当 RowsourceType 属性为 0 时，从列表框中删除一项。

例 7.4　设计一个表单，要求表单运行时，List1 列表框显示 jbqk 表内的所有字段内容，单击“移动”按钮后，List1 中被选择的字段加入到 List2 中。操作步骤如下：

① 按图 7.25 所示在表单中加入两个列表框、两个标签、一个命令按钮。

② 属性设置(省略)。

③ 编写事件代码。

表单的 Init 事件代码如下：

```
Thisform.List1.Value=0
Thisform.List2.Value=0
USE jbqk
FOR i=1 TO fcount( )                    && fcount( )是返回表的字段数函数
Thisform.List1.Additem(Fields(I))
ENDFOR
USE
```

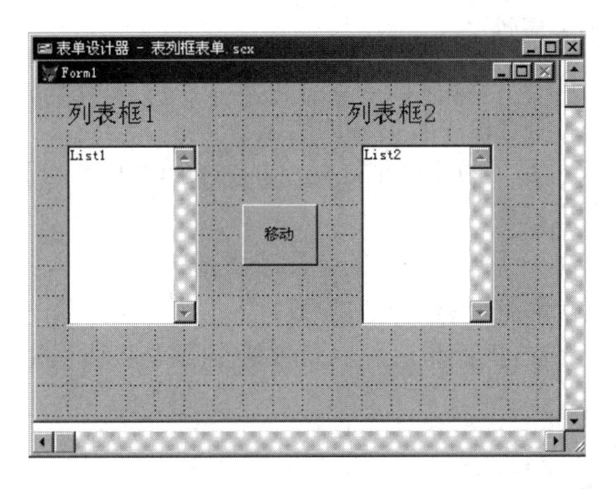

图 7.25　例 7.4 表单

Command1 的 Click 事件代码如下：

```
Thisform.List2.Addlistitem(Thisform.List1.Listitem[Thisform.List1.Listitemid])
Thisform.List1.Removeitem[Thisform.List1.Value]
```

④ 保存并运行表单，运行结果如图 7.26 所示。

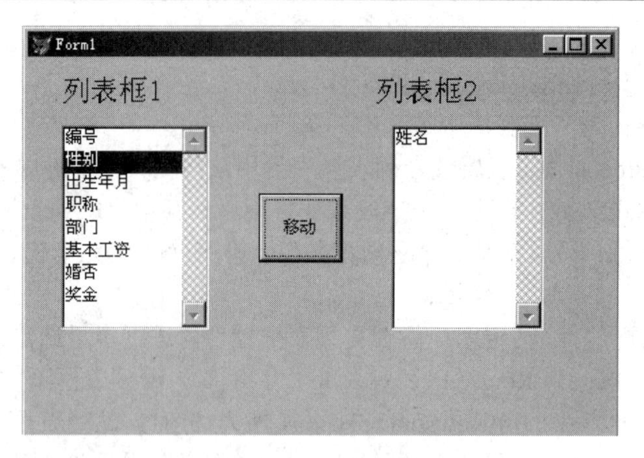

图 7.26　例 7.4 表单运行结果

7.5.10　组合框(ComboBox)控件

1. 组合框控件的功能

组合框与列表框类似，也是用于提供一组条目供用户从中选择。组合框和列表框的主要区别在于：

(1) 对于组合框来说，通常只有一个条目是可见的。用户可以单击组合框上的下拉箭头按钮打开条目列表，以便从中选择。

(2) 组合框不提供多重选择的功能，没有 MultiSelect 属性。

(3) 组合框有两种形式：下拉组合框(Style 属性为 0)和下拉列表框(Style 属性为 1)。对于下拉组合框，用户既可以从列表中选择，也可以在编辑区内输入。对于下拉列表框，用户只能从列表中选择。

2. 组合框控件的主要属性

- RowSource：组合框中数据的来源。
- RowSourceType：组合框中数据源的类型。
- Style：指定组合框是下拉组合框还是下拉列表框。0 表示下拉组合框，1 表示下拉列表框。
- ControlSource：接受用户所选择的字段或变量，仅在输入数据时使用。
- ColumnCount：指定组合框包含的列数。
- Value：存放用户选择的结果。可以是数值型(默认)或字符型。

7.5.11　表格(Grid)控件

1. 表格控件的功能

表格控件用于浏览或编辑多行多列数据。

2. 表格控件常用属性

- RecordSourceType：指明表格数据源的类型。它的取值及含义：0 为表，1 为别名，2 为提示，3 为查询文件，4 为 SQL 语句说明。

- RecordSource：指定数据的来源。
- ColumnCount：指定表格的列数。
- LinkMaster：用于指定表格控件中所显示的子表的父表名称。
- ChildOrder：指定子表的索引。
- RelationalExpr：确定基于主表字段的关联表达式。
- AllowAddNew：若为真，则运行时允许添加新记录；否则不能添加新记录。

3. 常用的列属性

- ControlSource：指定在列中显示的数据源。
- CurrentControl：指定列对象中显示和接收数据的控件。

注意：设计时要设置列对象的属性，首先得选择列对象，选择列对象有两种方法：

① 从属性窗口的对象列表中选择相应的列。

② 右击表格，在弹出的快捷菜单中选择“编辑”命令，这时表格进入编辑状态(表格的周围有一个粗框线)，用户可用鼠标单击选择列对象。

4. 使用表格生成器设置表格的属性

用表格生成器能够交互式地，快速地设置表格的有关属性，使用表格生成器的步骤是：先在控件工具栏上选择表格控件，在表单上添加一个表格控件，用鼠标右键单击表格，在弹出的快捷菜单中选择“生成器”命令，打开“表格生成器”窗口，如图7.27所示；然后在“表格生成器”对话框中选择数据库和表，并选择在表格中显示的字段；最后单击“确定”。“表格生成器”对话框包括四个选项卡，其作用如下：

- 表格项：指定在表格中需要显示的字段。
- 样式：指定表格的样式，如标准式、专业式、账务式。
- 布局：指定各列的标题和控件的类型、调整各列列宽。
- 关系：设置一对多关系，指明父表的关键字与子表的相关索引。

除了表格控件具有生成器外，文本框、列表框、组合框、命令按钮组、选项按钮组等都具有生成器设置的功能。请读者自己实践，熟悉它们的用法。

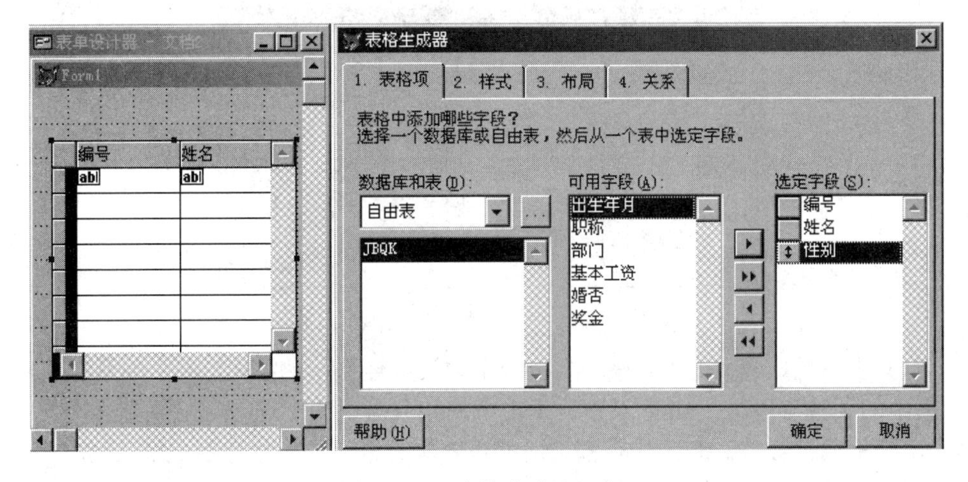

图7.27　“表格生成器”窗口

例 7.5　设计如图 7.28 所示的表单，要求在组合框中选择一个系名称，在表格中能按系名称浏览学生信息。

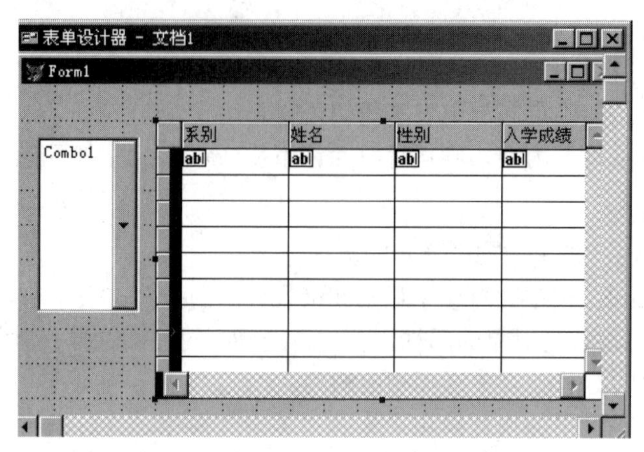

图 7.28　例 7.5 表单

这是组合框和表格控件的应用实例。设计步骤如下：

① 打开表单设计器，添加一个组合框、一个表格控件。

② 设置数据环境：在表单设计器的网格画布上的空白处单击鼠标右键，在快捷菜单中单击“数据环境”，打开数据环境设计器，在数据环境设计器上单击鼠标右键，在快捷菜单中单击“添加”按钮，如图 7.29 所示。把系别表(xibie(系别，专业，人数))作为父表，学生表(xuesheng(系别，姓名，性别，入学成绩))作为子表加入数据环境，并在“系别”字段之间建立一对多关系。

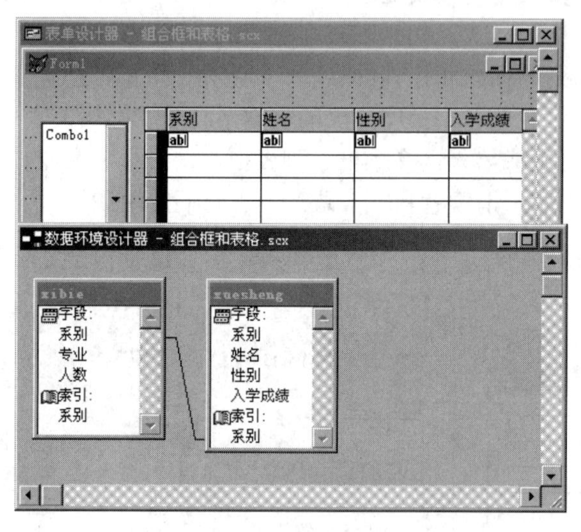

图 7.29　例 7.5 数据环境设计器窗口

③ 打开表格生成器，在“表格项”选项卡中设置要显示的字段，在“关系”选项卡中设置父表中的关键字段为：xibie.系别，子表中的相关索引为：xuesheng.系别。

④ 组合框属性设置。利用组合框生成器设置组合框，选用字段是 xibie.系别。

⑤ 运行表单，在列表框中选择一个系别，表格中就只显示该系的学生信息，如图 7.30 所示。

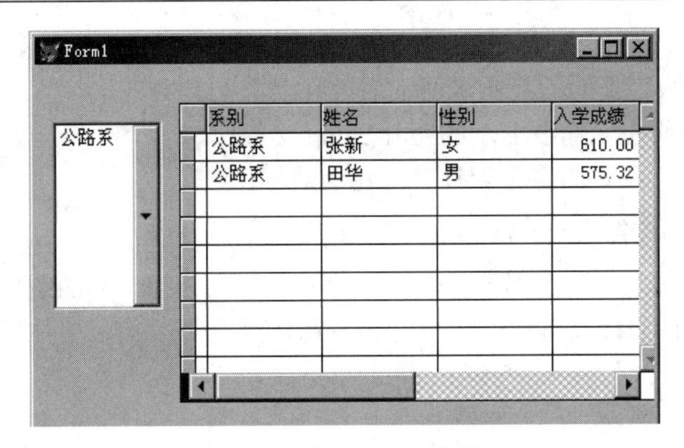

图 7.30　例 7.5 运行结果

7.5.12　计时器(Timer)、页框(PageFrame)、图像(Image)和微调(Spinner)控件

1. 计时器(Timer)控件

计时器控件与用户的操作是独立的。它只对时间作出反应，以一定的间隔重复地执行某种操作。

1) 计时器控件的属性

计时器控件有两个主要属性：

· Enabled：若想让计时器在表单加载时就开始工作，应将这个属性设置为“真”(.T.)，否则将这个属性设置为“假”(.F.)。也可以选择一个外部事件(如命令按钮 Click 事件)启动计时器操作。

· Interval：事件之间的时间间隔，以毫秒计算。

注意：计时器的 Enabled 属性和其他对象的 Enabled 属性不同。对大多数对象来说，Enabled 属性决定对象是否能对用户引起的事件作出反应。对计时器控件来说，将 Enabled 属性设置为“假”(.F.)，会停止计时器的运行。

2) 计时器控件的事件与响应

当一个计时器的时间间隔(由 Interval 属性值规定)过去后，Visual FoxPro 将产生一个 Timer 事件。

2. 页框(PageFrame)控件

页框控件是一个包含页面的控件，而它包含的页面又能包含其他控件，页框必须附加于表单之上。页框定义了它所包含页面的诸多特性，如它们的尺寸、边框样式、哪一页为当前活动页等。页框是包含页面的容器对象(页面又叫作选项卡)。一个页面可包含相互独立的控件。所以，页框的功能可以扩展表单的表面面积，增强表单的功能。页面上的每一个控件均有各自的属性、事件和方法。一个表单中可包含一个或多个页框，每个页框又可包含多个页面。一个表单中只有一个活动页面。

页框控件的主要属性：

- ActivePage：当前活动页面的值。
- PageCount：页框的计数属性，确定页框中的页面数。默认值为 2。
- Tabs：是否显示页面。默认值为.T.(显示页面)。

- TabStretch：决定页面标题是否可多行显示。默认值为 1(单行显示标题)。
- TabStyle：决定页面的显示是两端对齐还是非两端对齐。
- Picture：在页框上需要显示的图片(.bmp 文件)。
- BorderStyle：决定图像是否具有可见的边框。

3. 图像(Image)控件

图像(Image)控件是一种图形控件，可以显示扩展名为 .bmp 的图形文件，但不能直接修改图片。图像控件同样具有属性、事件和方法，因此可以响应事件，并可以在运行时动态地改变自己。

4. 微调(Spinner)控件

微调控件的功能是接受给定范围的数据输入。主要属性如下：

- ControlSource：用于保存用户选择的表字段或输入的表字段。
- Increment：用户每次单击向上或向下按钮时增加或减少的数值。
- KeyboardHighValue：用户能键入到微调文本框中的最高值。
- KeyboardLowValue：用户能键入到微调文本框中的最低值。
- SpinnerHighValue：用户单击向上按钮时，微调控件能显示的最高值。
- SpinnerLowValue：用户单击向下按钮时，微调控件能显示的最低值。

例 7.6　设计一个包含两个页框的表单，要求第一个页面显示一幅从右向左滚动的字幕(动画)，第二个页面显示一幅从左向右滚动的字幕(动画)，并添加背景图形。

这是计时器、页框、图形控件综合应用的实例。设计步骤如下：

① 启动表单设计器，添加一个页框，包括两个页面：第一个页面上添加一个标签、一个计时器；第二个页面上添加一个标签、一个计时器，如图 7.31 所示。

图 7.31　例 7.6 表单

② 设置各控件的属性，如表 7.6 所示。注意：设置各控件的属性时应在属性窗口中选择不同的页面上的不同控件来设置，这一点和以前的操作有所不同，应切记。

③ 编写事件代码程序。

Page1.Timer1 的 Timer 事件代码：

```
IF Thisform.Pageframe1.Page1.Label1.Left+Thisform.Pageframe1.Page1.Label1.Width<0
Thisform.Pageframe1.Page1.Label1.Left=Thisform.Width
ELSE
Thisform.Pageframe1.Page1.Label1.Left=Thisform.Pageframe1.Page1.Label1.Left-10
```

```
ENDIF
Page2.Timer1 的 Timer 事件代码：
IF
Thisform.Pageframe1.Page2.Label1.Left+Thisform.Pageframe1.Page2.Label1.Width>
Thisform.Width+140
Thisform.Pageframe1.Page2.Label1.Left=-180
ELSE
Thisform.Pageframe1.Page2.Label1.Left=Thisform.Pageframe1.Page2.Label1.Left+10
ENDIF
```

表 7.6　例 7.6 表单各控件的属性

控件名称	属　　性	用　　途
Page1.Timer1	Intervl=1000	设置时间间隔
Page2.Timer1	Intervl=1000	设置时间间隔
Page1.Label1	Caption="长安大学"	设置字幕内容
Page.Label1	Caption="信息学院"	设置字幕内容
Page1.Image1	Picture=c:\Windows\lus!.bmp	设置图形文件
Page1.Image1	Picture=c:\Windows\Clouds.bmp	设置图形文件

④ 保存并运行表单，运行结果如图 7.32 所示。

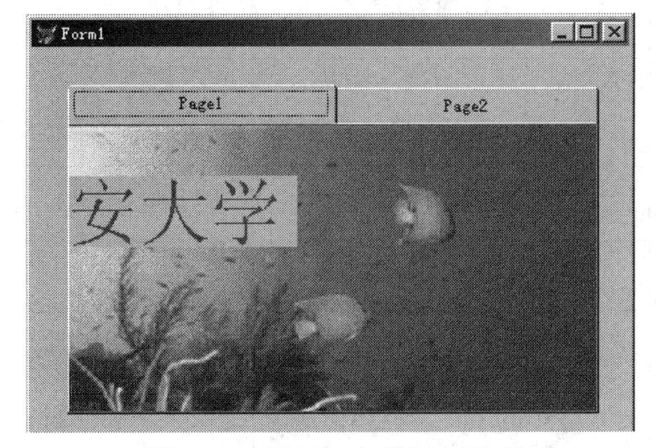

图 7.32　例 7.6 表单运行结果

7.6　表单的应用举例

在本章最后，通过几个数据库管理系统的实际案例说明表单的应用，在学习过程中应重点领会表单的设计方法、步骤以及一些常用控件的用法，从而掌握在数据库实际开发工作中有着广泛应用的设计工具。

7.6.1　系统登录密码验证表单

每个应用系统都有自己的用户群，在进入一个应用系统前，常有一个登录过程，其目的就是验明使用者的身份，防止未授权的用户进入系统，从而保证系统的安全。图 7.33 是一个简化的登录界面，上面的文本框内输入登录者的姓名，下面的文本框内输入密码。为了保密，这里输入的字符均显示为星号“*”。下面就说明设计这个表单的过程、表单属性设置及代码设计。

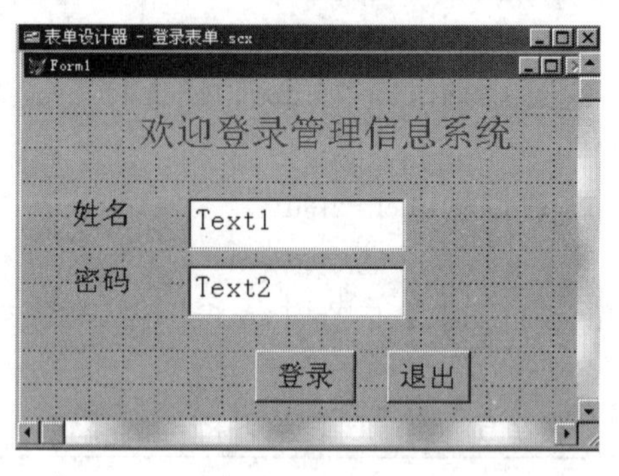

图 7.33　登录表单

(1) 设计与登录过程相关的数据表。 登录过程实际上是对用户所输入的信息进行验证的过程，验证方法一般是在一个用户信息表中检索用户输入的数据，若检索到，则允许用户登录，否则，拒绝用户登录。这里建立一个 mima 表(姓名，密码)作为数据源进行登录检查，当姓名和密码两项都完全吻合时，表示登录成功。

(2) 表单各对象的属性设置。登录表单中共有 3 个标签对象、2 个文本框对象和 2 个命令按钮，各对象的属性设置如表 7.7 所示。

表 7.7　登录表单中对象的属性设置

控件名称	属　性	用　　途
Label1	Caption="欢迎登录管理信息系统"	显示标题
Label2	Caption="姓名"	显示 Text1 左侧标题
Label3	Caption="密码"	显示 Text1 左侧标题
Command1	Caption="登录"	显示 Command1 标题
Command2	Caption="退出"	显示 Command2 标题
Textbox2	Password=*	使得输入密码时显示*

(3) 数据环境设计。为表单中加入一个数据环境，并在该环境中加入上述的 mima.dbf 表，数据环境的其他属性保持默认属性。

(4) 编写事件代码程序。

Command1 的 Click 事件代码如下：

```
Select(Thisform.Dataenvironment.Cursor1.Alias)    &&打开数据环境选择 Cursor1.Alias
LOCATE FOR 姓名=Alltrim(thisform.text1.value)AND 密码=Alltrim(Thisform.Text2.Value)
  IF found ( )
=messagebox(“登录成功!”)
* DO   FORM   xx..scx                              &&调用另一个表单
ELSE
```

```
=Messagebox(“登录不成功！”)
 ENDIF
RETURN
```

Command2 的 Click 事件代码如下：

```
Thisform.Release
```

(5) 保存并运行表单，运行结果如图 7.34 所示。

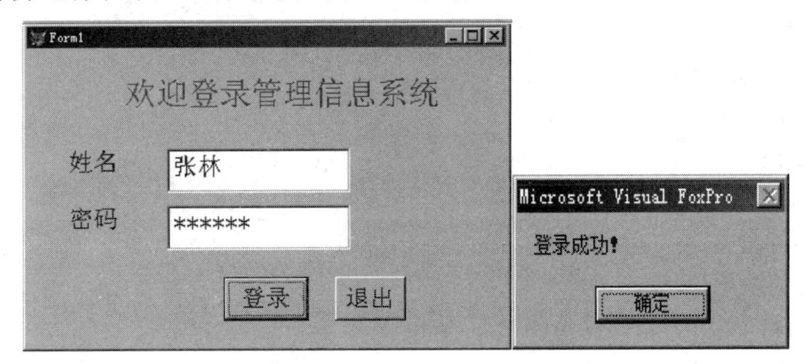

图 7.34　登录表单运行结果

7.6.2　数据的录入和编辑表单

在数据库管理信息系统中，数据的录入和编辑表单的功能在设计方法上基本相似。在这里，我们应用数据环境对象添加一个数据源，并从数据源中将字段拖动到表单上，应用这种方法设计数据的录入和编辑表单要简便得多。

(1) 设计如图 7.35 所示的数据的录入和编辑表单，并添加数据环境，将需要的字段拖曳到表单上，使布局整齐。

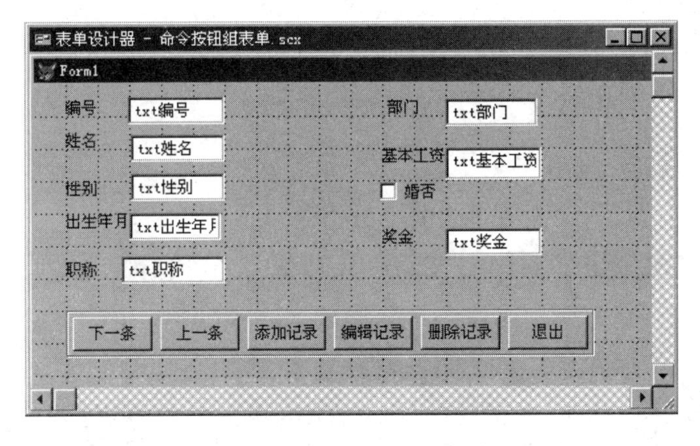

图 7.35　数据的录入和编辑表单

(2) 设计事件代码程序，本例中应用命令按钮组作为触发按钮进行设计，代码如下：

```
DO CASE
CASE This.Value=1
 IF NOT EOF( )
 SKIP
```

```
    ENDIF
    IF recno( )=Recount( )-1
    Thisform.CommandGroup1.Command1.Enabled=.F.         &&当记录下移到最后时，
                                                        &&该按钮失效
    ENDIF
    Thisform.Refresh
  CASE This.Value=2
    IF NOT BOF( )
     SKIP  - 1
    ENDIF
     IF Recno( )=1
  Thisform.CommandGroup1.Command1.Enabled=.T.           && 当记录上移到第一条时，
                                                        &&第一按钮有效
    ENDIF
    Thisform.Refresh
  CASE This.Value=3
    APPEND BLANK
    Thisform.Refresh
  CASE This.Value=4
    EDIT
    Thisform.Refresh
    CASE This.Value=5
          DELETE
          Thisform.Refresh
    CASE This.Value=6
          Thisform.Release
    ENDCASE
```

(3) 保存并运行表单，运行结果如图 7.36 所示。

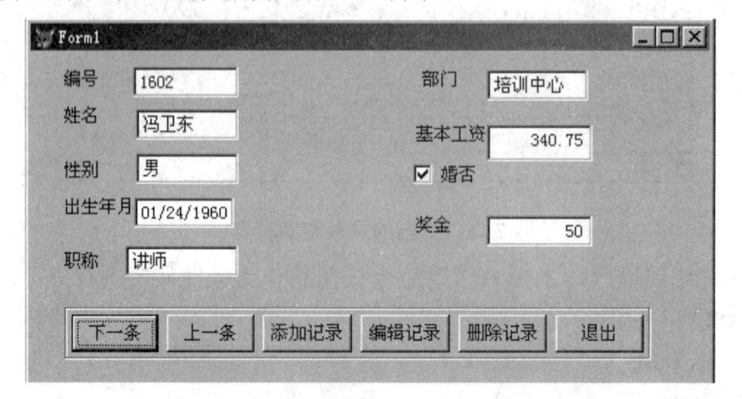

图 7.36　数据录入和编辑表单的运行结果

7.6.3　数据查询表单

数据查询表单与数据修改表单的差别不大，实际上经常把两种表单合并起来，在同一个表单中既可实现数据的查询，又可进行数据的插入、删除、修改等编辑工作。但是，把两种实现不同功能的表单合二为一有两个缺点：第一，用户可能只是希望查询数据，但由于不小心(可能没有发现修改了数据，也可能没注意数据的原来值)而误改了数据，并且无法还原，这将对数据的准确性造成很大的潜在危险；第二，对一个系统的数据有查询权限的用户比有修改权限的用户要多得多，为区分这两种不同身份的用户的不同权限，一般需要把数据的查询模块与修改模块分别进行设计，也就是要设计两种不同的表单，在专门的数据查询表单中，不管用户有意还是无意都无法修改数据。图 7.37 是一个数据查询表单的界面。在这个表单中，用户可以通过选项按钮组选择查询字段，通过文本框输入查询的条件，当单击“查询”按钮时，下面表格中显示出满足条件的记录。此外，应设置一个“清空”按钮，用于重新查询。

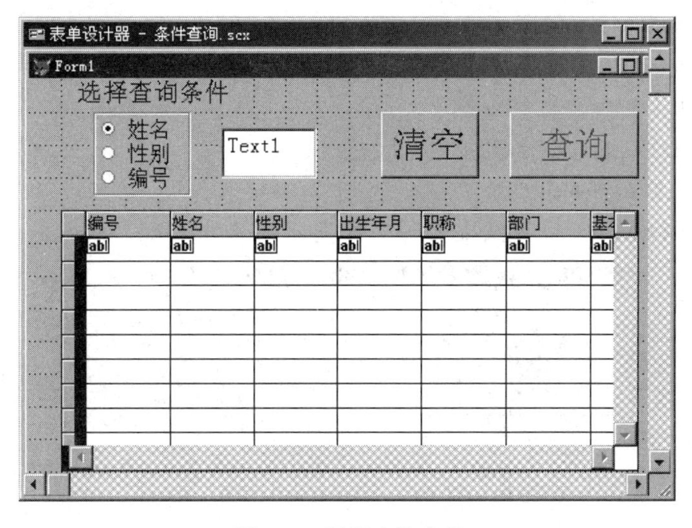

图 7.37　数据查询表单

(1) 数据环境设置。为表单加入一个数据环境，在数据环境中加入一个职员基本情况表(Jbqk.dbf)，并把数据环境中 Cursor1 对象的 Filter 属性值设置为假(.F.)，以使刚进入表单还未查询时的表格中没有数据。

(2) 对象属性设置。表 7.8 列出了数据查询表单中各对象的属性设置情况。

表 7.8　数据查询表单属性

控 件 名 称	属　　性	用　　途
Option1	Caption="姓名"	设置单选按钮标题
Option2	Caption="性别"	设置单选按钮标题
Option3	Caption="编号"	设置单选按钮标题
Label1	Caption="选择查询条件"	设置标题
Command1	Caption="查询"	设置标题
Command2	Caption="清空"	设置标题

表格对象使用表格生成器进行设置相当方便，详细步骤不再赘述。

(3) 编写事件代码程序。设计查询表单的关键是理解数据环境容器中 Cursor1 对象的 Filter 属性的用法，该属性对应一个查询条件，在表格中只显示使该属性为真(.T.)的那些记录。下面给出程序代码。

Command1 的 Click 事件代码：

```
DO CASE
  CASE Thisform.OptionGroup1.Value=1
    bool='姓名='+"'"+Alltrim(Thisform.Text1.Value)+"'"
  CASE Thisform.OptionGroup1.Value=2
    bool='性别='+"'"+Rtrim(thisform.text1.Value)+"'"
  CASE Thisform.OptionGroup1.Value=3
    bool='编号='+"'"+Rtrim(Thisform.Text1.Value)+"'"
  ENDCASE
  Thisform.Dataenvironment.Cursor2.Filter=bool
  Thisform.Refresh
  RETURN
```

Command2 的 Click 事件代码：

```
Thisform.Text1.Value=""
```

(4) 保存并运行表单，运行结果如图 7.38 所示。

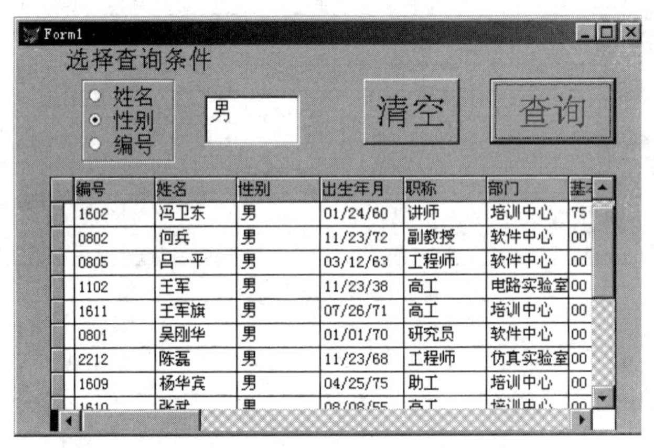

图 7.38　数据查询表单运行结果

习　题　七

一、选择题

1. 在 Visual FoxPro 系统中，选择文本框控件，单击鼠标左键，此时触发(　　)事件。

A) Click　　B) DblClick　　C) Init　　D) KeyPres

2. “表单控件”工具栏用于在表单中添加(　　)。

A) 文本　　B) 命令　　C) 控件　　D) 复选框

3. 使用(　　)工具栏可以在表单上对齐和调整控件的位置。

A) 调色板　　B) 布局　　C) 表单控件　　D) 表单设计器

4. 表单文件的扩展名是(　　)。

A) .scx　　B) .sct　　C) .frx　　D) .dbf

5. 在表单 MyForm 控件的事件或方法代码中，改变该表单背景属性为绿色，正确的命令是(　　)。

A) MyForm. BackColor=RGB(0，255，0)

B) This. BackColor=RGB(0，255，0)

C) This Form. BackColor=RGB(0，2 5 5，0)

D) This. Parent. BackColor=RGB(0，255，0)

6. 将“复选框”控件的 Value 属性设置为(　　)时，复选框显示被选中。

A) 0　　B) 1　　C) 2　　D) 3

7. 控件可以分为容器类和控件类，以下(　　)属于容器类控件。

A) 标签　　B) 命令按钮　　C) 复选框　　D) 命令按钮组

8. 应用“表单控件”工具栏可以创建一个(　　)控件来保存单行文本。

A) 命令按钮　　B) 文本框　　C) 标签　　D) 编辑框

9. 以下关于文本框和编辑框的叙述中，错误的是(　　)。

A) 在文本框和编辑框中都可以输入和编辑各种类型的数据

B) 在文本框中可以输入和编辑字符型、数值型、日期型和逻辑型数据

C) 在编辑框中只能输入和编辑字符型数据

D) 在编辑框中可以进行文本的选定、剪切、复制和粘贴等操作

10. 用 CREATE FORM TEST 命令进入“表单设计器”窗口，存盘后将会在磁盘上出现(　　)文件。

A) TEST.spr 和 TEST.sct　　B) TEST.scx 和 TEST.sct

C) TEST.spx 和 TEST.mpr　　D) TEST.scx 和 TEST.spr

11. 要使“属性”窗口在表单设计器窗口中显示出来，下列操作方法中不能实现的是(　　)。

A) 单击“显示”菜单中的“属性”命令

B) 单击“编辑”菜单中的“编辑属性”命令

C) 单击“表单设计器”工具栏中的“属性窗口”按钮

D) 右键单击表单设计器窗口中的某一个对象，再在弹出的快捷菜单中选中“属性”选项

12. 表单的 Name 属性是(　　)。

A) 显示在表单标题栏中的名称　　B) 运行表单程序时的程序名

C) 保存表单时的文件名　　D) 引用表单时的名称

13. 在运行某个表单时，下列有关表单事件触发先后次序的叙述，正确的是(　　)。

A) 先 Activate 事件，然后 Init 事件，最后 Load 事件

B) 先 Activate 事件，然后 Load 事件，最后 Init 事件

C) 先 Init 事件，然后 Activate 事件，最后 Load 事件

D) 先 Load 事件，然后 Init 事件，最后 Activate 事件

14. 在 Visual FoxPro 中，表单(Form)是指(　　)。

A) 数据库中各个表的清单　B) 两个表中各个记录的清单

C) 数据库查询的列表　D) 窗口界面

15. 标签标题文本最多可包含的字符数是(　　)。

A) 64　B) 128　C) 256　D) 1024

16. 如果需要重新绘制表单或控件，并刷新它的所有值，引发的是(　　)事件或方法。

A) Click　B) Release　C) Refresh　D) Show

17. 以下属于容器类控件的是(　　)。

A) Text　B) Form　C) Label　D) CommandButton

18. 在 Visual FoxPro 中，标签的缺省名字为(　　)。

A) Label　B) List　C) Edit　D) Text

19. 确定列表框内的某个条目是否被选定应使用的属性是(　　)。

A) Value　B) ColumnCount　C) ListCount　D) Selected

二、填空题

1. 在程序中为了显示已创建的 MyForm 表单对象，应设置的属性是________。

2. 在“属性”窗口中，有些属性的默认值在列表框中以斜体显示，其含义是________。

3. 利用________控件可以接收、查看和编辑数据，方便地完成数据管理工作。

4. 在 Visual FoxPro 中提供了两种表单向导。创建基于一个表的表单时可选择________；创建基于两个具有一对多关系的表单时可选择________。

5. 表格是一种容器对象，它是按________方式来显示数据的。一个表格对象由若干________对象组成。

6. 若想让计时器在表单加载时就开始工作，应将________属性设置为真。

7. 要为控件设置焦点，其属性________和________必须为 .T.。

8. 数据环境是一个________，它定义了表单或表单集使用的________，包含与表单相互作用的________，以及表单所要求的表之间的________。

9. 在表单中添加控件后，除了通过属性窗口为其设置各种属性外，也可以通过相应的________为其设置常用属性。

三、表单设计题

1. 设计一个简单的表单，如图 7.39 所示，其中 3 个控件分别是：标签 Label1、命令按钮 Command1、复选框 Check1。为 Command1 编写 Click 事件，当单击该命令按钮时释放该表单；为 Checkl 编写 InteractiveChange 事件，当选中该复选框时在 Label1 上显示“身体健康!”字样，否则在 Labell 上不显示任何信息。

2. 设计一个表单，如图 7.40 所示，将职员信息表 jbqk .dbf 中所有记录的“姓名”字段显示在一个列表框中，而在此列表框中被选中的姓名将会自动显示在左边的文本框中。

3. 设计一个可选择不同字体(黑体、宋体、楷体)进行显示的表单。要求在文本框中输入文字后，单击某个单选按钮，文本框内的文字即能以指定的字体显示，如图 7.41 所示。

4. 设计一个学生档案管理系统的软件封面表单，要求该表单的标题为“学生档案管理系统”，且其中的“欢迎使用学生档案管理系统”文字是从右至左滚动的字幕。

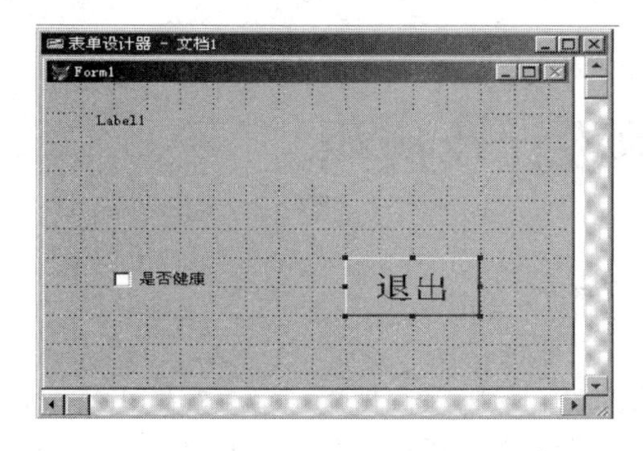

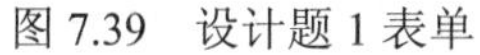
图 7.39　设计题 1 表单

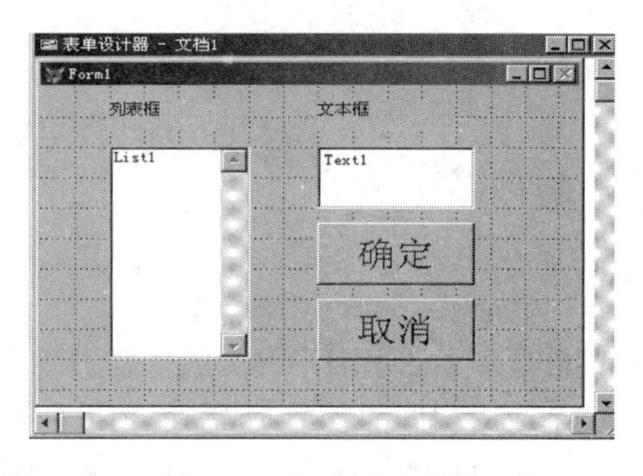

图 7.40　设计题 2 表单

图 7.41　设计题 3 表单

5. 设计一个表单，应用复选按钮和表格实现按“性别”查询，如图 7.42 所示。

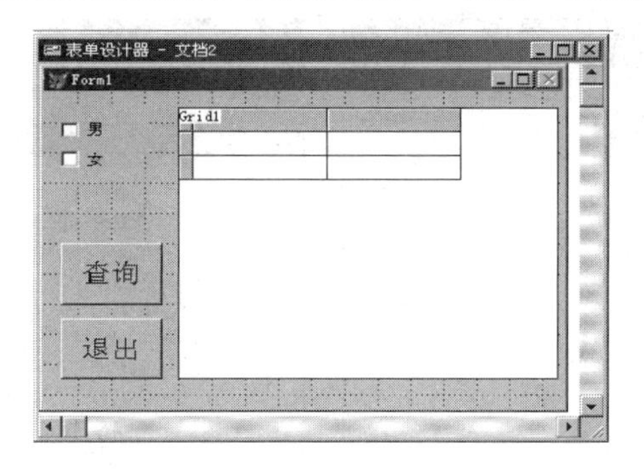

图 7.42　设计题 5 表单

四、简答题

1. 简述表单的含义和功能。
2. 简述对象、属性、方法和事件的含义。
3. 简述对象的 Name 和 Caption 属性的区别。

第 8 章　菜单设计及应用

菜单是基于图形用户界面的主要组成部分，是应用程序中最基本、最重要的部件之一。它将一个应用程序的功能(所需命令)以列表的方式显示出来，使用户可以实现快速访问应用程序的各项功能。使用 Visual FoxPro 提供的菜单设计工具可以方便地创建和设计菜单，提高应用程序的开发效率。本章主要介绍利用 Visual FoxPro 菜单设计器设计下拉式菜单和快捷菜单的方法。

8.1　菜单的概念

8.1.1　菜单的类型

在 Windows 环境下，常见的菜单类型有两种，即下拉式菜单和快捷菜单，如图 8.1 和图 8.2 所示。这两类菜单通常都以一组菜单选项显示于屏幕供用户选择，用户选择其中的某个选项时都会有一定的动作。这个动作可以是三种情况之一：执行一条命令、执行一个过程或激活另一个菜单。

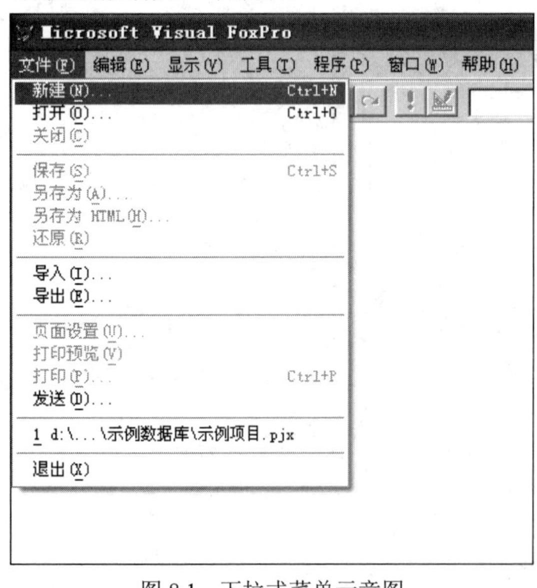

图 8.1　下拉式菜单示意图

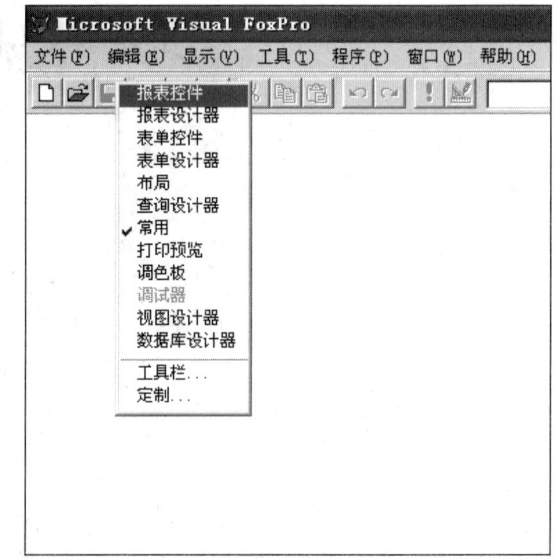

图 8.2　快捷菜单示意图

1. 下拉式菜单

下拉式菜单如图 8.1 所示，它是 Visual FoxPro 的系统菜单，由一个称做主菜单(一级菜单)的条形菜单和一组称作子菜单的弹出式菜单组成。主菜单包括文件、编辑、显示、工具、程序、窗口和帮助，当单击某个主菜单后，就会弹出其子菜单。例如单击“文件”菜单后就弹出子菜单，子菜单包括新建、打开、关闭、保存等若干项。

主菜单一般位于应用程序的顶部，标题栏的下方，单击某个主菜单后会弹出其子菜单。子菜单的每一个菜单选项都可以有选择地设置一个热键和快捷键。热键通常是一个字符，当菜单激活时，可以按菜单项的热键快速选择该菜单。快捷键通常是 Ctrl 和另一个字符键组成的组合键。

2. 快捷菜单

快捷菜单一般由一个或一组上下级的弹出式菜单组成。当用鼠标右键单击某个对象时，会弹出一个快捷菜单快速显示当前对象可用的命令功能，如图 8.2 所示。快捷菜单没有条形菜单，只有一个弹出式菜单。

8.1.2　系统菜单设置

图 8.1 所示的菜单系统就是 Visual FoxPro 的系统菜单。启动 Visual FoxPro 系统后，就显示文件、编辑、显示、工具、程序、窗口和帮助等 7 个主菜单，随着操作任务的改变，在系统菜单中会添加与当前操作任务相关的菜单。例如，打开“菜单设计器”窗口后，在主菜单栏上就添加“菜单”选项。

用户除了使用 Visual FoxPro 系统菜单的默认显示外，还可以通过 SET SYSMENU 命令重新设置系统菜单。命令格式为

SET SYSMENU ON|OFF|AUTOMATIC|TO[<弹出式菜单名表>]|TO[<条形菜单项名表>]|TO[DEFAULT]|SAVE|NOSAVE

- ON/OFF/ON AUTOMATIC：ON 允许程序执行时访问系统菜单；OFF 禁止程序执行时访问系统菜单；AUTOMATIC 可使系统菜单显示出来，可以访问系统菜单。
- TO[<弹出式菜单名表>]|TO[<条形菜单项名表>]：TO 子句用于重新设置系统菜单；“TO[<弹出式菜单名表>]”以菜单项内部名字列出可用菜单的弹出式菜单；“TO[<条形菜单项名表>]”以条形菜单项内部名字列出可用的子菜单。
- TO[DEFAULT]：将系统菜单恢复为缺省配置。
- SAVE：将当前系统菜单配置指定为缺省配置。
- NOSAVE：将缺省设置恢复成 Visual FoxPro 系统的标准配置。要将系统菜单恢复成标准配置，可先执行 SET SYSMENU NOSAVE 命令，然后执行 SET SYSMENU TO DEFAULT 命令。

不带参数的 SET SYSMENU TO 命令将屏蔽系统菜单，使系统菜单不可用。

菜单项内部名字表示：条形菜单本身的内部名字为_MSYSMENU，它可看作是整个菜单系统的名字。每个条形菜单项也有自己的内部名字，例如“文件”、“编辑”和“窗口”的内部名字分别为_MSM_FILE、_MSM_EDIT 和_MSM_WINDOW。

例如，若使系统菜单只保留“文件”、“编辑”和“窗口”三个菜单，可以使用条形菜单项内部名字列出可用的子菜单，命令格式为

SET SYSMENU　_MSM_FILE，_MSM_EDIT，_MSM_WINDOW

也可以使用菜单项内部名字列出可用菜单的弹出式菜单，命令格式为

```
SET SYSMENU _MFILE, _MEDIT, _MWINDOW
```

8.1.3 菜单设计步骤

菜单系统设计的好坏直接影响到应用程序的使用，设计一个结构合理的菜单系统，不但能使应用程序的主要功能得到良好体现，而且还可以使用户快捷、方便地使用应用程序中的各种命令和工具。下面简要介绍在 Visual FoxPro 中利用菜单设计器创建菜单系统的步骤。

(1) 启动菜单设计器。

(2) 进行菜单设计，使用菜单设计器定义菜单标题、菜单项和子菜单。设置相应的访问键和快捷键。

(3) 预览菜单，在 Visual FoxPro 的系统菜单栏中显示设计的菜单。

(4) 保存菜单定义，生成一个扩展名为 .mnx 的菜单定义文件。

(5) 生成菜单程序，生成一个扩展名为 .mpr 的菜单程序文件，以便在 Visual FoxPro 应用程序中执行。

(6) 运行生成的菜单程序文件。

当然，在设计菜单系统之前，首先要规划菜单系统，确定需要哪些菜单，哪些菜单有子菜单，菜单项出现在界面的什么位置，以及哪些菜单要执行相应的操作等。

8.2 用菜单设计器设计菜单

8.2.1 菜单设计器

1. 打开菜单设计器

打开菜单设计器的方法有以下几种。

(1) 在项目管理器中选取“其他”标签，选中“菜单”项，按下“新建”按钮，弹出“新建菜单”选项对话框，如图 8.3 所示。选择“菜单”按钮，另一个按钮是用来建立快捷菜单的。

图 8.3　“新建菜单”对话框

(2) 在“文件”菜单中选取“新建”，在弹出的“新建文件”对话框中选择“菜单”，单击右方的“新建”按钮。

(3) 用命令建立或打开菜单。

建立菜单的命令格式为

```
CREATE MENU <菜单文件名>
```

打开或新建菜单的命令格式为

```
MODIFY MENU <菜单文件名>
```

若<菜单文件名>是新名字，则为建立菜单，否则为打开菜单。

命令中的<菜单文件名>指菜单文件，扩展名为 .mnx，允许缺省。

用上述方法都可以打开菜单设计器，“菜单设计器”窗口如图 8.4 所示。

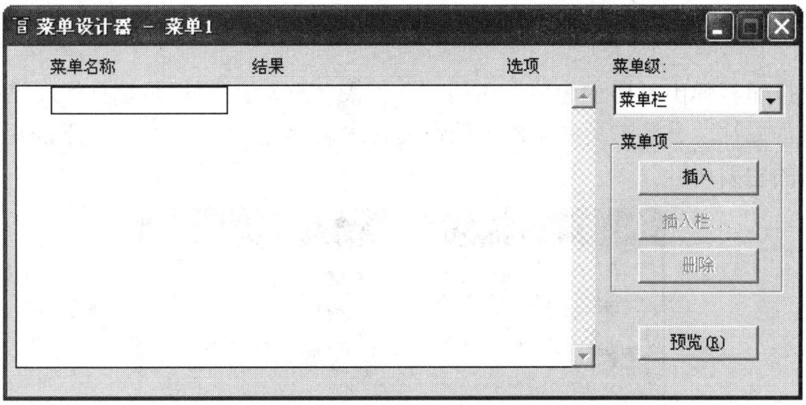

图 8.4　“菜单设计器”窗口

2. “菜单设计器”窗口的组成

“菜单设计器”窗口用于定义菜单，可以定义条形菜单(菜单栏)，也可以定义弹出式菜单(子菜单)。“菜单设计器”窗口的左边是一个列表框，其中每行可定义一个菜单项，包括“菜单名称”、“结果”和“选项”三列内容。窗口的右边有一个组合框和四个按钮。各选项功能介绍如下。

1) 菜单名称

“菜单名称”用于在菜单系统中指定菜单标题和菜单项。此外，在每个提示文本框的前面有一个小方块按钮。当把鼠标移到它上面时指针形状会变成上下双箭头样，用鼠标拖动它可改变当前菜单项在菜单列表中的位置。

在这里可以为菜单项定义热键。定义热键的方法是在要作为热键的字符之前加上“\<”两个字符。可以根据各菜单项功能的相似性或相近性，将弹出式菜单的菜单项分组。分组方法是在相应行的“菜单名称”列上输入“\—”两个字符。

2) 结果

“结果”指定在选择菜单标题或菜单项时发生的动作。单击该列将出现一个下拉列表框，包括命令、填充名称、子菜单和过程 4 个选项。

- 命令：如果当前菜单项的功能是执行某种动作，则应选择该项，此选项仅对应于执行一条命令或调用其他程序的情况。选中这一项后，在其右侧出现一文本框，只需将命令输入到这个文本框内即可。如果所有执行的动作需多条命令才能完成，而又无相应的程序可用，那么在这里应选择“过程”。
- 填充名称：选中这一项后，在其右侧出现一文本框，可以在文本框中输入一个名字。这个名字是用户定义的条形菜单的内部名字，目的是为了在程序中引用它。当然，如果不选择此项，系统也会自动设定菜单内部及菜单项序号，只不过系统所取名字往往难以记忆。
- 子菜单：该选项供用户定义当前菜单的子菜单。选择子菜单后，组合框的右边会出现一个“创建”按钮或“编辑”按钮(建立时显示“创建”，修改时显示“编辑”)。单击“创建”按钮将进入新的一屏来创建子菜单。
- 过程：用于定义一个与菜单相关联的过程，当选择了该菜单项后将执行此过程。选择此项后，在其右侧将出现一个“创建”按钮，单击此按钮将调出编辑窗口，供输入过程代码。

3) 选项

按下此按钮将弹出“提示选项”对话框，如图 8.5 所示。“提示选项”对话框用于定制菜单项的附加属性。一旦定义过属性，按钮面板上就会显示符号“ √ ”。下面说明“提示选项”对话框的主要属性。

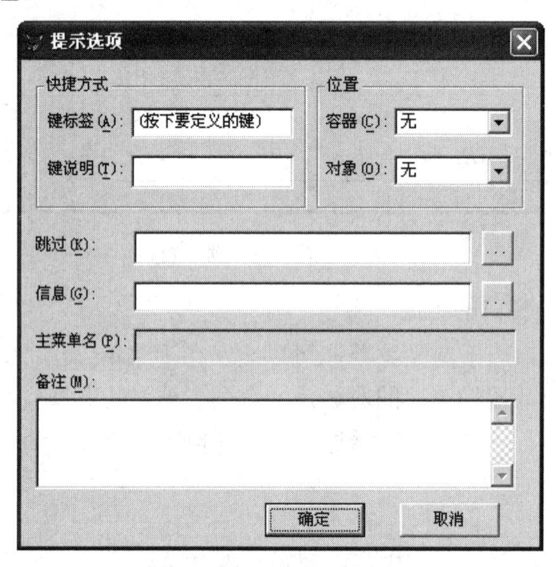

图 8.5 “提示选项”对话框

• 快捷方式：用于指定菜单或菜单项的快捷键。Visual FoxPro 菜单项的键盘快捷键是 Ctrl 键和其他键的组合。其中“键标签”文本框显示键组合，其定义方法为：单击“键标签”文本框，使光标定位到文本框，然后在键盘上按快捷键。此时在“键说明”文本框中也会出现相同的内容，但该内容可修改。当菜单激活时，“键说明”文本框中的内容将显示在菜单项标题的右侧，作为对快捷键的说明。要取消已定义的快捷键，可以先单击“键标签”文本框，然后按空格键。

• 位置：包括“容器”和“对象”两个选项，主要用于编辑 OLE 对象。它可以指定当用户在应用程序中编辑一个 OLE 对象时菜单标题的位置。该位置有 4 种选择：无、左、中、右。

• 跳过：用于定义菜单项的跳过条件。指定一个表达式，由表达式的值决定该菜单项是否可选。

• 信息：用于定义菜单项的说明信息。指定一个字符串或字符表达式。当鼠标指向该菜单时，该字符串或字符表达式的值就会显示在 Visual FoxPro 主窗口的状态栏上。

• 主菜单名：允许定制可选的菜单标题。产生的菜单程序中的名称或编号是可选的，如果没有指定它们，系统会自动设定。

• 备注：提供输入个人使用的备注的空间。在任何情况下备注都不影响所生成的代码，运行菜单程序时 Visual FoxPro 将忽略备注。

4) 菜单级

"菜单级"允许用户选择要处理的菜单或子菜单，用于从下级菜单页切换到上级菜单页。其中，"菜单栏"选项表示第一级菜单。

5) 菜单项

在"菜单项"中包含插入、插入栏和删除 3 个按钮。

- 插入：选择该按钮，系统会在当前菜单项行之前插入一个菜单项行。
- 插入栏：该按钮的功能也是在当前菜单项行之前插入一个菜单项行，但是它能提供与系统菜单一样的菜单项来作为用户菜单的命令。单击"插入栏"按钮将显示"插入系统菜单栏"对话框，如图 8.6 所示。用户可在其中选一个菜单项插入。但要注意的是：该按钮仅当建立或编辑"子菜单"时才可用。

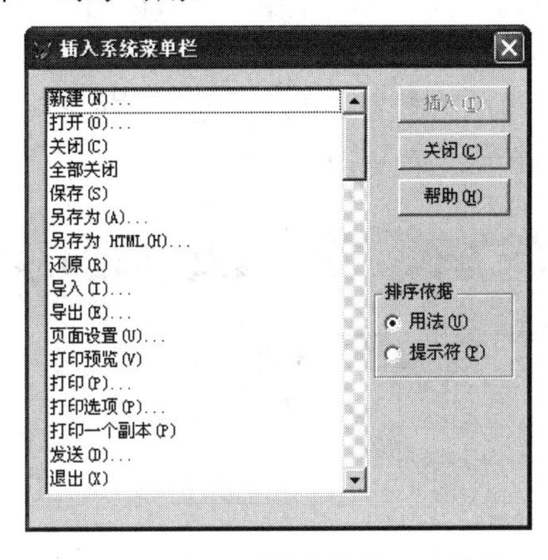

图 8.6　"插入系统菜单栏"对话框

- 删除：选择此按钮，可以删除当前的菜单项行。

6) 预览

"预览"用于显示正在创建的菜单。单击此按钮可以查看所设计菜单的形象。在所显示的菜单中可以进行选择、检查菜单的层次关系等操作。这些操作不会执行各菜单的相应动作。

8.2.2　创建下拉式菜单

下拉式菜单是最常见的一种菜单。在 Visual FoxPro 中，利用菜单设计器可以很方便地创建下拉式菜单。下面以仓库管理为例，设计一个表数据维护的菜单，主要的菜单项见表 8.1。

表 8.1　表数据维护菜单构成

文件	编辑	显示	表维护	退出
新建	撤销	浏览	添加记录	
打开	剪切	关闭	插入记录	
保存	复制		删除记录	
另存为	粘贴			
关闭	清除			

从表 8.1 的菜单结构上看，建立这个系统菜单分为两个层次：第一级是主菜单(条形菜单)，包括文件、编辑、显示、表维护和退出 5 个菜单项；第二级是下拉菜单。

1. 创建菜单文件

1) 输入菜单项和子菜单

打开菜单设计器，逐行在“菜单设计器”窗口中的“菜单名称”列的文本框中输入第一级 5 个菜单项名称，如图 8.7 所示。因为所设计的系统菜单有第二层次，所以在“子菜单”项右边单击“编辑”，进入下一个对话框。下级菜单对话框的形式和操作都与图 8.7 的窗口一样，只是在“菜单级”下拉列表框中显示上级菜单项的名称。逐个打开第一级各菜单项的“子菜单”设计窗口，并在其“菜单名称”列中输入第二层菜单中各菜单项名称或者单击“插入栏”按钮，打开“插入系统菜单栏”对话框，选择需要的菜单项。比如对于“文件”菜单项，选择“结果”为子菜单，单击“编辑”按钮，可以进入其第二级子菜单。在“插入系统菜单栏”对话框中选择各菜单项，创建下拉菜单各项，如图 8.8 所示。依次可以创建编辑、显示和表维护等菜单项的二级菜单。

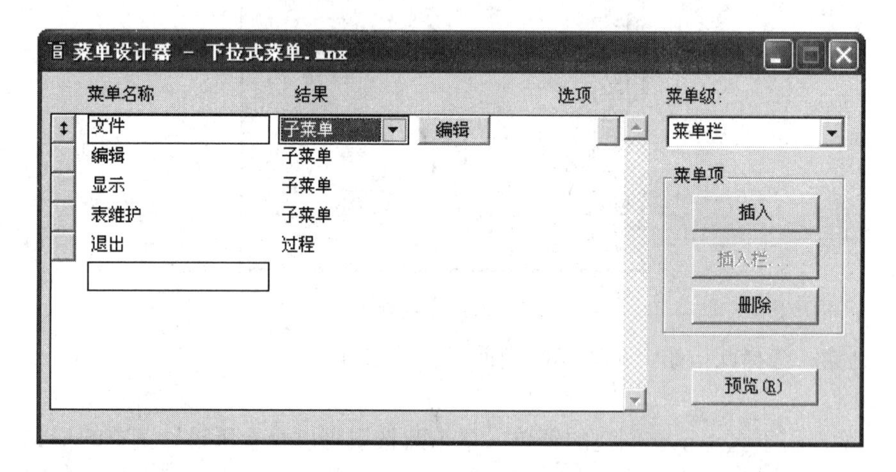

图 8.7　输入菜单项信息

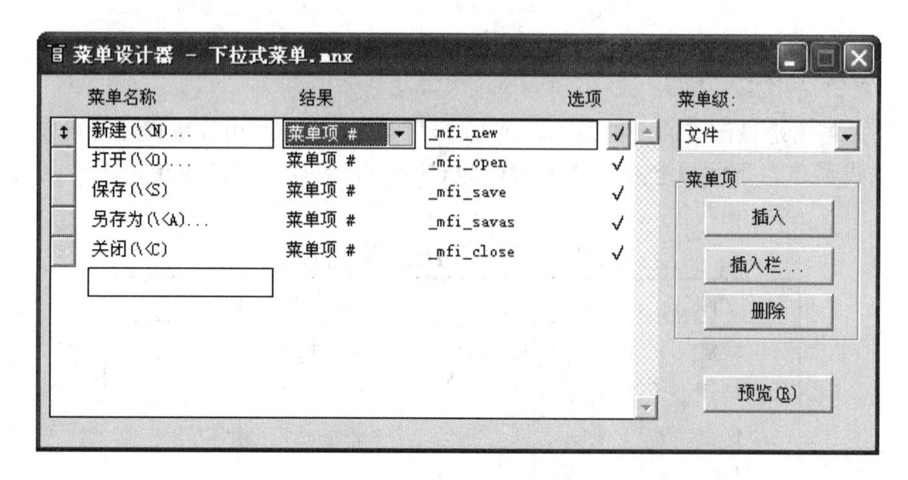

图 8.8　创建二级菜单

如果希望将来菜单的使用可以像 Visual FoxPro 系统菜单那样用热键的方式操作，则可以在创建的菜单项后面输入(\<[字母])，比如可以把图 8.7 中的一级菜单修改为如图 8.9 所示的内容。

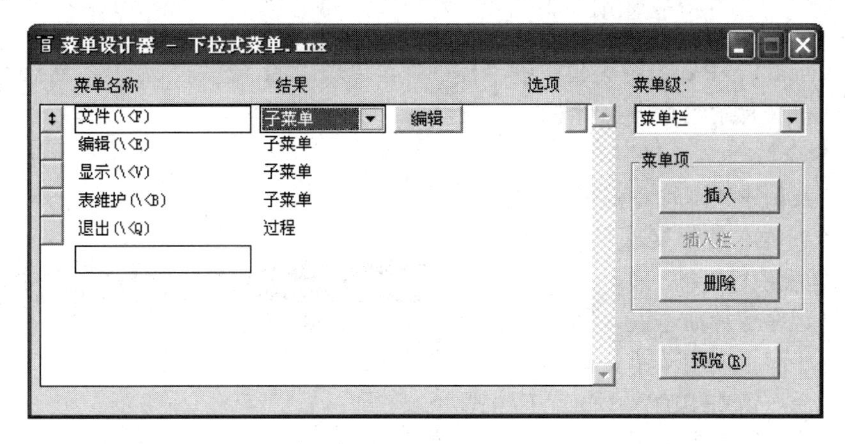

图 8.9　为第一级菜单添加热键

2) 保存文件

菜单项的格式设计好后，应作为菜单定义保存在扩展名为.mnx 的菜单文件和扩展名为 .mnt 的菜单备注文件中，供以后修改、生成及调用。保存方法可以选择下述方法之一。

(1) 选择 Visual FoxPro 系统菜单中“文件”的“保存”命令，系统即保存当前的菜单定义，但“菜单设计器”窗口不关闭。

(2) 单击“菜单设计器”窗口的“关闭”按钮，系统会询问“要将所做更改保存在菜单设计器中吗？”，若选择“是”按钮，菜单定义被保存，并关闭“菜单设计器”窗口。

(3) 按组合键“Ctrl+W”，此时保存菜单定义并关闭“菜单设计器”窗口。

(4) 如果没有保存过菜单定义文件，在生成菜单程序时系统会询问“要将所做更改保存在菜单设计器中吗？”，若选择“是”按钮，菜单定义将被保存。

2. 下拉式菜单的生成

保存创建的菜单定义文件后，将建立菜单文件(扩展名为.mnx)和菜单备注文件(扩展名为.mnt)。但是菜单文件仅是菜单格式信息的对应数据表，是不能运行的文件。要想运行菜单，必须创建菜单程序。

首先打开“菜单设计器”窗口，这时在 Visual FoxPro 系统菜单中会添加“菜单”选项，选择“菜单”选项中的“生成”命令来生成菜单程序。选择该命令将会出现“生成菜单”对话框，如图 8.10 所示。对话框中有一个“输出文件”文本框，用来显示系统默认的菜单程序路径和程序名，用户可以直接修改或利用其右侧的对话框按钮来选一个文件名，再单击“生成”按钮就会生成菜单程序。

图 8.10　“生成菜单”对话框

3. 运行菜单

生成菜单程序文件之后就可以运行菜单，通过菜单实现对用户应用系统中各对象的联系和管理。在 Visual FoxPro 中运行菜单程序的方法主要有以下三种。

1) 主菜单运行

选择 Visual FoxPro 系统菜单中的“程序”菜单项中的“运行”命令，然后选择相应的文件名，即可运行菜单程序文件。

2) 用命令运行

在命令窗口中输入命令：

DO <菜单程序文件名>

3) 用程序运行

将菜单程序运行命令嵌入到程序中，通过执行程序间接调用菜单。

本例在命令窗口中输入：DO 下拉式菜单.mpr，运行结果如图 8.11 所示。

图 8.11　表维护菜单运行结果

8.2.3 生成快速菜单

快速菜单是 Visual FoxPro 系统为用户提供的快速调用系统菜单内容到当前菜单设计器中的一种方法。如果用户在菜单设计过程中需要使用 Visual FoxPro 系统菜单，就可以使用快速菜单，当系统菜单内容调用到当前菜单设计器后，用户可以根据需要进行修改。

生成快速菜单的主要操作如下：

(1) 打开菜单设计器。在项目管理器中，选择“其他”选项卡，选择列表中的“菜单”项，然后选用“新建”按钮建立菜单，打开“菜单设计器”窗口。此时，Visual FoxPro 系统菜单中就会增加一个名为“菜单”的菜单项。在“菜单”这一选项中共有 6 个菜单命令，“快速菜单”位于第一个，如图 8.12 所示。

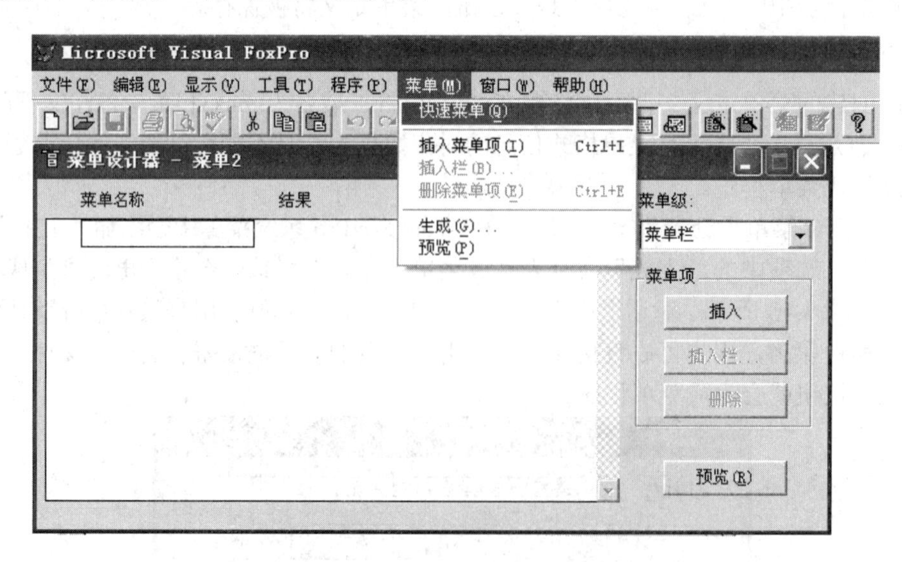

图 8.12　“快速菜单”命令

(2) 建立快速菜单。在图 8.12 中选择“快速菜单”命令后，Visual FoxPro 系统菜单的内容自动复制到“菜单设计器”窗口中，一个与 Visual FoxPro 系统菜单内容一样的菜单就生成了，如图 8.13 所示。在此基础上，用户可以根据自己的需要修改。

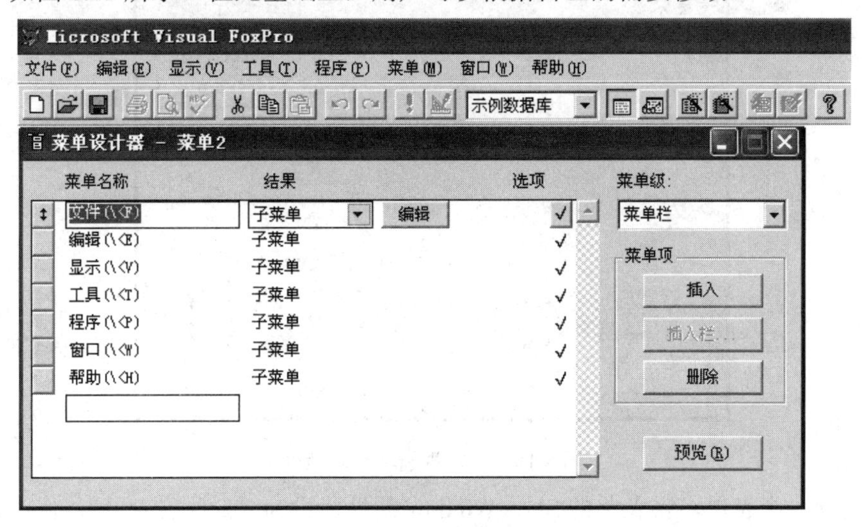

图 8.13　建立的快速菜单

(3) 保存快速菜单。将所做的修改保存到菜单设计器中，文件名为“快速菜单.mnx”。

使用说明：“快速菜单”只有在“菜单设计器”窗口为空时才允许选择，否则它是不可选的。快速菜单命令仅用于产生下拉式菜单，不能用于产生快捷菜单。

(4) 快速菜单生成。生成快速菜单的方法与生成下拉式菜单的操作一致。在“菜单设计器”窗口打开的状态下，选择系统菜单的“菜单”项中的“生成”命令，打开“生成菜单”对话框，单击“生成”按钮，就可生成一个系统默认的快速菜单程序名，如图 8.14 所示。

图 8.14　“生成菜单”对话框

8.2.4　创建 SDI 菜单

运行用户自定义的菜单后，菜单会出现在 Visual FoxPro 系统窗口中，如果希望定义的菜单出现在表单中，就要创建 SDI 菜单。SDI 菜单是显示在 SDI(单文档界面)窗口中的菜单。

下面以将前面已生成的“快速菜单.mpr”创建为 SDI 菜单为例，介绍创建 SDI 菜单的方法。主要操作步骤如下。

(1) 在“项目管理器”中打开“快速菜单.mnx”，然后在 Visual FoxPro 系统菜单中选择“显示”菜单中的“常规选项”菜单项，打开“常规选项”对话框，如图 8.15 所示。在该对话框中选中“顶层表单”复选框，单击“确定”按钮，关闭“常规选项”对话框，然后保存“快速菜单.mnx”文件，并生成快速菜单程序。

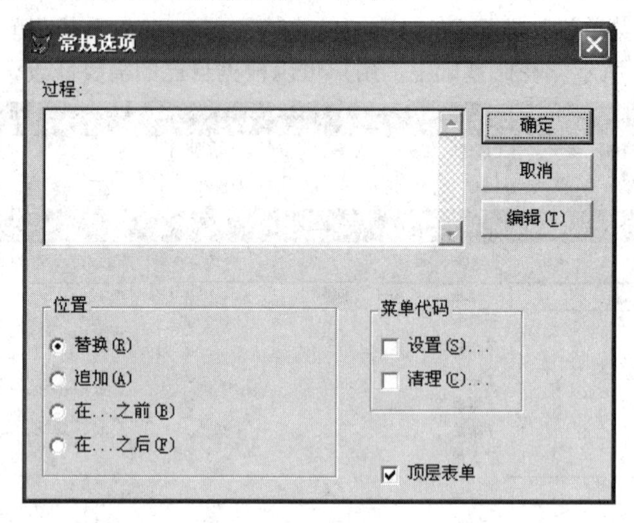

图 8.15　“常规选项”对话框

(2) 创建一个表单，将表单的 ShowWindow 属性值设为“2-顶层表单”，使该表单成为顶层表单，接着在表单的 Init 事件代码中添加如下代码：

```
DO  D:\Visual FoxPro 数据库\示例数据库\快速菜单.mpr  WITH  THIS，.T.
```

这样在运行 SDI 表单时，菜单系统就会附着在 SDI 表单中，如图 8.16 所示。

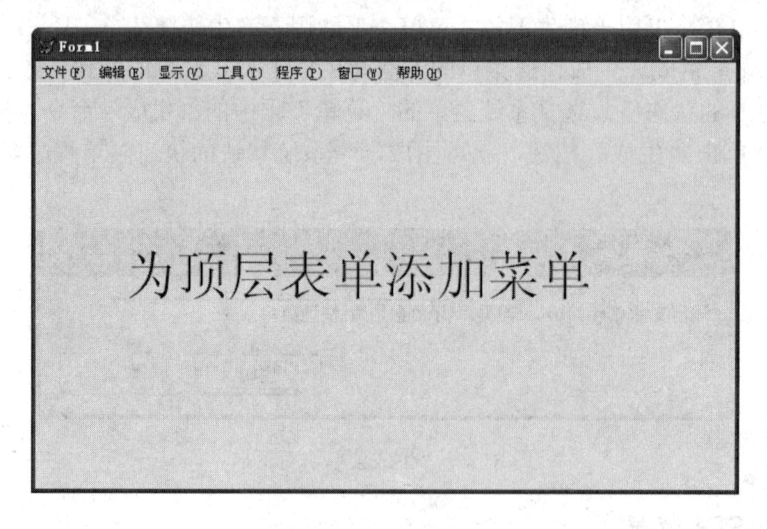

图 8.16　顶层表单

8.3　快捷菜单设计

快捷菜单是右击对象时弹出的菜单，是独立于菜单栏而显示在表单上的浮动菜单，它用于快速执行与当前所选对象最为相关的命令。快捷菜单上显示的菜单项取决于按下鼠标右键时指针所处的位置。在 Visual FoxPro 中可以利用快捷菜单设计器生成快捷菜单，但是实现单击右键来弹出一个菜单的动作还需要编程。

可以按以下步骤创建快捷菜单：

(1) 从项目管理器的“其他”选项卡中选择“菜单”，再单击“新建”按钮，弹出“新建菜单”对话框，如图 8.3 所示。

(2) 单击“快捷菜单”按钮，进入快捷菜单设计器，然后就可以像创建下拉式菜单那样创建快捷菜单了。

当然，创建快捷菜单后，还必须将其附着在对象中，操作方法如下：

(1) 在表单设计器中，选择快捷菜单要附着的对象。

(2) 在对象的 RightClick 事件代码中执行以下命令：

```
DO 快捷菜单名.mpr
```

例如，建立一个具有“剪贴板”功能的快捷菜单，供编辑订购单报表使用。当用户在表单窗口中右击鼠标时，出现此快捷菜单，实现对选定对象的编辑操作。

实现过程如下：

(1) 采用上述方法，在“项目管理器”中进入快捷菜单设计器窗口。

(2) 插入系统菜单栏。在“快捷菜单设计器”窗口中，选择“插入栏”按钮，打开“插入系统菜单栏”对话框，在该对话框中分别将“清除”、“粘贴”、“复制”和“剪切”等选项插入到快捷菜单设计器中，如图 8.17 所示，然后关闭“插入系统菜单栏”对话框，并保存快捷菜单文件。

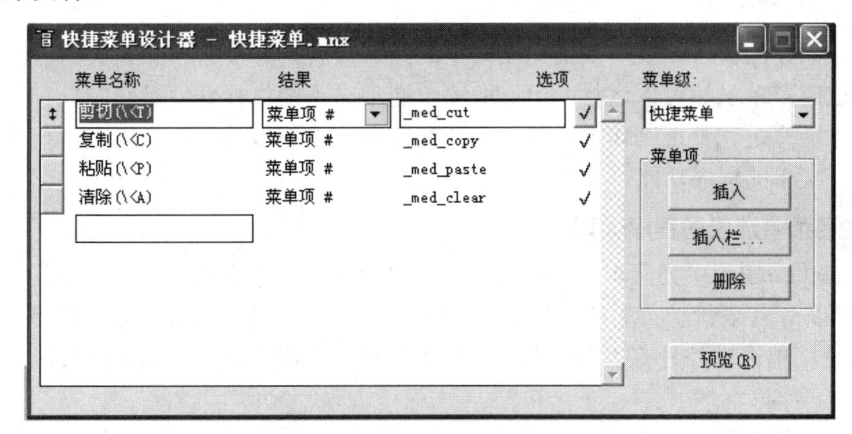

图 8.17　建立快捷菜单

(3) 生成快捷菜单程序。选择主菜单栏中的“菜单”选项中的“生成”命令，打开“生成菜单”对话框，在该对话框中填写输出的菜单文件名并确定输出位置，如图 8.18 所示。

图 8.18　“生成菜单”对话框

(4) 新建订购表单。以“dgd.dbf”表为数据源，使用表单向导建立一个商品订购表单，将表单的 ShowWindow 属性值设为“2-顶层表单”，使该表单成为顶层表单，接着在表单的

RightClick 事件代码中添加如下代码：

```
DO　D:\Visual FoxPro 数据库\示例数据库\快捷菜单.mpr
```

(5) 运行表单。在命令窗口中执行“DO FORM d:\vf 数据库\示例数据库\订购表单.scx”文件，就可以运行表单，此时选择某一字段数据后，在表单上右击就弹出快捷菜单，便可执行剪切、复制、粘贴等编辑操作，如图 8.19 所示。

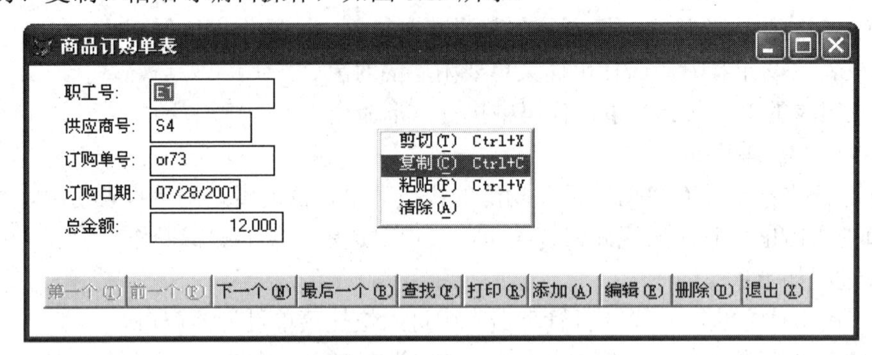

图 8.19　快捷菜单的使用

8.4　在菜单中添加事件代码

在前面创建的表维护菜单仅仅完成菜单的结构设置，并没有添加相关的操作命令及程序代码。这时菜单虽然可以运行，但选取菜单选项时不能执行任何操作。只有为菜单项制定任务，才能算是完整地制作了菜单。本节在前面工作的基础上，为表维护菜单添加程序代码，完善菜单的程序功能。

1. 设定菜单选项的程序代码

在 Visual FoxPro 中为菜单选项制定任务，可以用一个命令执行一个任务，也可以用过程来完成任务。在表维护菜单的设计中，“文件”和“编辑”菜单项的子菜单调用了 Visual FoxPro 系统菜单选项，只有“显示”、“表维护”和“退出”需要添加程序代码。

1) *添加命令*

在项目管理器中打开菜单设计器(双击“下拉式菜单.mnx”)，进入到“显示”菜单项的下一级子菜单，在“浏览”行的“结果”列选择“命令”，然后在其右侧的“文本框”中输入命令：browse；在“关闭”行的“结果”列选择“命令”，然后在其右侧的“文本框”中输入命令：use。返回到“菜单栏”后，进入到“表维护”菜单项的下一级子菜单，为“添加记录”选项添加命令：“append　blank”。

2) *添加过程*

将“菜单设计器”窗口切换到“表维护”的子菜单页，将“插入记录”的“结果”列设置为“过程”，然后单击其后出现的“创建”按钮，在代码编辑窗口输入如下代码：

```
insert blank before
=messagebox('请点击"查询"按钮，刷新表格！',0,'提示')
```

将“删除记录”的“结果”列设置为“过程”，然后单击其后出现的“创建”按钮，在代码编辑窗口输入如下代码：

```
delete
pack
=messagebox('请点击"查询"按钮，刷新表格！',0,'提示')
```

返回到“菜单栏”，将“退出”行的“结果”列设置为“过程”，然后单击其后出现的“创建”按钮，在代码编辑窗口输入如下代码：

```
set sysmenu nosave
set sysmenu to default
quit
```

3) 增加总体提示

在“菜单设计器”窗口组成中介绍过为菜单项建立信息提示，但是这种方法必须为每个需要的菜单项单独建立，而且菜单运行时，提示信息显示在状态栏上。如果在菜单设计中，有某个菜单项的子菜单功能还没设定，用户在使用时希望看到提示，那么就可以使用菜单总体提示功能来完成。

假设图 8.7 中显示的“表维护”菜单项中的子菜单的功能还没有设定。为了能够在使用时提示用户，可以先在图 8.7 中选定“表维护”菜单项，单击右侧的“创建”按钮，打开其子菜单窗口。此时“菜单设计器”窗口中的“菜单级”列表框显示为“表维护”。

在 Visual FoxPro 的主菜单的“显示”下拉菜单中，单击“菜单选项”项，打开“菜单选项”对话框，如图 8.20 所示。在“过程”框中输入代码：“=messagebox ("此功能正在完善中……")”。如果代码过长，单击“编辑”按钮，打开编辑窗口输入。

以后在运行菜单时，不论选定“表维护”中的哪个菜单选项，在屏幕上都将显示“此功能正在完善中……”。

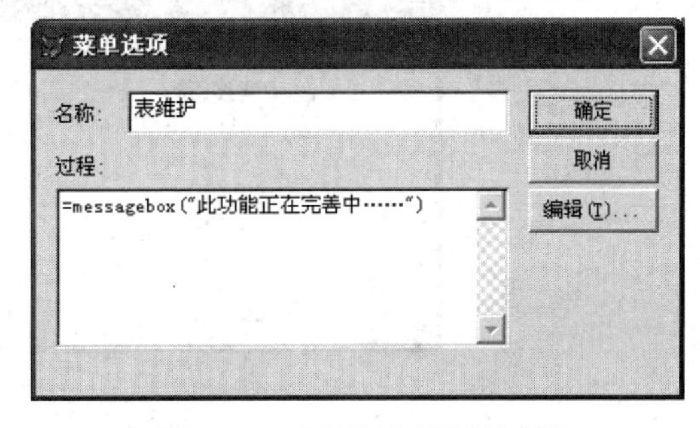

图 8.20　“菜单选项”对话框

2. 设置菜单的常规属性

“菜单设计器”窗口打开时，Visual FoxPro 的主菜单中会添加“显示”菜单项，选择“显示”菜单项中的“常规选项”可以打开“常规选项”对话框，如图 8.15 所示。在该对话框中除了我们前面介绍的“顶层表单”选项用法外，还有两个功能：设置菜单总体过程和设定用户菜单位置。

1) 设置菜单总体过程

在 Visual FoxPro 系统中可以为每个菜单项制定任务，也可以为整个菜单创建代码过程，这就是菜单代码。菜单代码用于定义刚启动菜单时的设置代码及整个菜单定义完毕后执行的清理代码。

打开“常规选项”对话框后，可以直接在“过程”窗口中输入，也可单击“编辑”按钮打开编辑窗口输入需要的过程代码，就可以为菜单创建整体的过程程序。在“菜单代码”框中有“设置”和“清理”两个复选框，选定它们后将打开各自的“编辑”窗口，单击“确定”按钮或按空格键后，就可以在编辑窗口中创建一段处理程序。

- 设置：可以创建菜单系统的初始化程序，为菜单设置一些环境参数。
- 清理：可以创建一段清理程序，使菜单打开后，先自行进行一些清理环境的工作。

例如，设置在菜单启动时，将 Visual FoxPro 主窗口的标题名改为“表维护菜单设计示例”，并且打开订购单数据表。在“设置”中需要输入的程序代码如图 8.21 所示，在“清理”中输入的程序代码如图 8.22 所示。

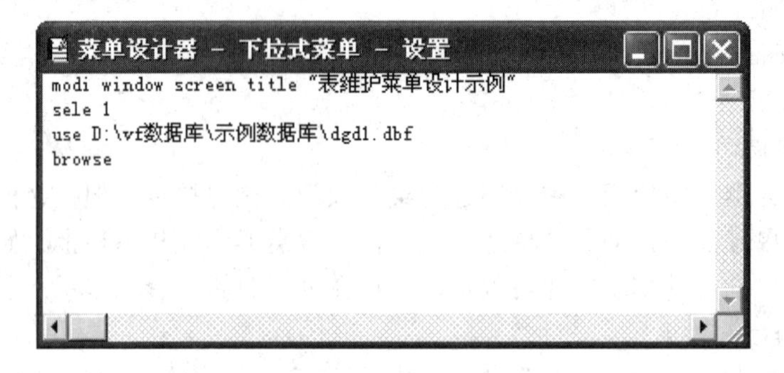

图 8.21　“设置”窗口代码

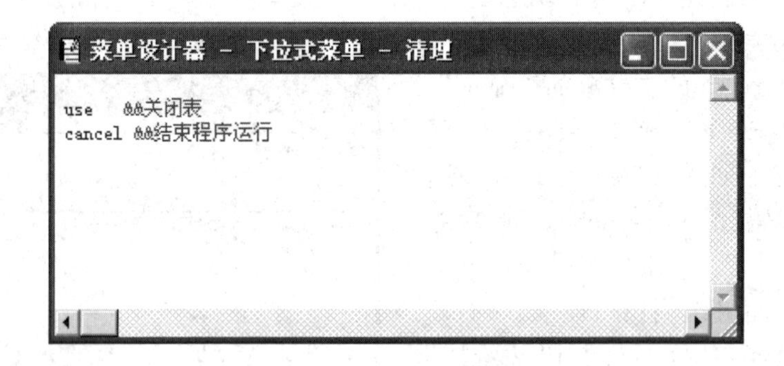

图 8.22　“清理”窗口代码

运行下拉式菜单.mpr 菜单程序，结果如图 8.23 所示。

Dgd1 - 表维护菜单设计示例

文件(F)　编辑(E)　显示(V)　表维护(B)　退出(Q)　表(A)

示例数据库

职工号	供应商号	订购单号	订购日期	总金额
E3	S7	or67	06/23/01	35000
E1	S4	or73	07/28/01	12000
E7	S4	or76	05/25/01	7250
E6	.NULL.	or77	.NULL.	6000
E3	S4	or79	06/13/01	30050
E1	.NULL.	or80	.NULL.	25600
E3	.NULL.	or90	.NULL.	7690
E3	S3	or91	07/13/01	12560
			/ /	

图 8.23　表维护菜单运行结果

2) 设定用户菜单位置

在“位置”区有 4 个选项按钮，可用来描述用户定义的菜单与当前系统菜单的关系。本例选择默认设置(替换)。

- 替换：是默认参数，系统菜单将被用户菜单替换。
- 追加：将用户菜单添加到当前系统菜单原有内容的后面。
- 在…之前：将用户菜单插在当前系统菜单某个弹出式菜单项之前。
- 在…之后：将用户菜单插在当前系统菜单某个弹出式菜单项之后。

习　题　八

一、思考题

1. 菜单由哪几部分组成？
2. 简述菜单文件与菜单程序的区别与联系。
3. 什么是菜单？什么是下拉式菜单？怎样创建下拉式菜单？
4. 什么是快捷菜单？怎样创建快捷菜单？
5. 怎样在顶层表单中添加菜单？

二、选择题

1. 如果菜单项的名称为“统计”，热键是 H，那么在“菜单名称”一栏中应输入(　　)。

A) 统计　　B) Ctrl＋H　　C) 统计(Alt＋H)　　D) 统计(H)

2. 在 Visual FoxPro 中创建一个菜单，可以在命令窗口中键入(　　)命令。

A) CREATE MENU　　B) OPEN MENU　　C) LIST MENU　　D) CLOSE MENU

3. 对于一个菜单项可设置一个热键和快捷键，下列说法错误的是(　　)。

A) 菜单项激活时可以通过热键选择菜单项

B) 菜单项激活时可以通过快捷键选择菜单项

C) 不管菜单项是否激活，都可以通过快捷键选择菜单项

D) 不管菜单项是否激活，通过这两者都可以选择菜单项

4. 使用菜单设计器时，选中菜单项之后，如果要设计它的子菜单，应在“结果”中选择(　　)。

A) 填充名称　　B) 子菜单　　C) 命令　　D) 过程

5. 设计菜单要完成的最终操作是(　　)。

A) 创建主菜单及子菜单　　B) 指定各菜单任务

C) 浏览菜单　　D) 生成菜单程序

6. 为一个表单建立了快捷菜单后，要打开这个菜单应当(　　)。

A) 用热键　　B) 用快捷键　　C) 用事件　　D) 用菜单

7. 要创建快速菜单，应当(　　)。

A) 用热键　　B) 用快捷键　　C) 用事件　　D) 用菜单

8. 将一个预览成功的菜单存盘后，再运行该菜单，却不能运行，这是因为(　　)。

A) 没放到项目中　B) 没有生成　C) 要用命令方式　D) 要编入程序

9. 下面有关菜单的叙述中，正确的是(　　)

A) 菜单生成后才能预览　B) 菜单栏不能分组

C) 快捷菜单也可以包含条形菜单　D) 弹出菜单不能分组

10. 用菜单设计器设计的菜单文件的扩展名是(　　)。

A) .mpr　B) .mnx　C) .frx　D) .frm

11. 打开“菜单设计器”窗口后，在 Visual FoxPro 主窗口的系统菜单中增加的菜单项是(　　)。

A) 菜单　B) 屏幕　C) 浏览　D) 数据库

12. 设置系统默认菜单的命令是(　　)。

A) SET SYSMENU ON　B) SET SYSMENU OFF

C) SET SYSMENU TO DEFAULT　D) SET DEFAULT TO SYSMENU

三、操作题

1. 参照文中示例，在“菜单设计器”窗口中建立快速菜单。

2. 设计一个具有“撤消”、“剪切”、“复制”、“粘贴”四个菜单的快捷菜单，以便在浏览和维护表时使用。

四、简答题

1. 什么叫菜单？共分几类？

2. 菜单设计中涉及到哪四个文件？它们都是如何生成的？

3. 菜单设计“结果”中“内容”的含义是什么？分别在什么情况下使用？

4. 用户自定义菜单和系统菜单有哪些关系？

第 9 章　报表设计及应用

存放在计算机中的数据可以在浏览窗口中查看或在屏幕上显示，但屏幕尺寸大小有限并且不能永久保存处理结果，而数据通过打印机输出到书面上则可以进行永久保存及分析、报送，在 Visual FoxPro 中提供的报表工具可以实现这一功能。

报表主要由两部分组成：数据源和报表布局。数据源一般是表，也可以是视图、查询和自由表等，报表布局则定义了报表的打印格式，通常有列报表、行报表、一对多报表、多栏报表四种常规布局类型。

- 列报表：报表每行是一条记录，每条记录的字段在页面上按水平方向设置。
- 行报表：一条记录由若干行组成，每条记录的字段在一侧竖直放置。
- 一对多报表：数据源存在“一对多”关系的报表。
- 多栏报表：实际可以看成是水平排列的多个行布局。

创建报表时，首先要根据数据表的结构确定报表格式，选定满足需要的报表布局后，就可以创建报表布局文件。Visual FoxPro 中提供三种建立报表布局文件的方法：报表向导、快速报表和报表设计器。本章将介绍有关 Visual FoxPro 报表文件的建立、设置以及一些常用的报表控件的用法。

9.1　使用报表向导

使用报表向导创建报表布局是最容易的，只需要根据提示信息按步骤操作就可完成。其主要操作包括：启动报表向导、创建单一报表和创建一对多报表。

9.1.1　启动报表向导

下面介绍启动报表向导的四种方法：

(1) 打开“项目管理器”，选择“文档”选项卡，从中选择“报表”项。然后单击“新建”按钮，在弹出的“新建报表”对话框中，再单击“报表向导”按钮，如图 9.1 所示。

(2) 打开“文件”菜单中的“新建”菜单项，在文件类型栏中选择“报表”，然后单击“向导”按钮。

(3) 打开“工具”菜单中的“向导”子菜单，选择“报表”。

(4) 单击工具栏上的“报表”图标。

采用上述四种方法都可以启动报表向导，并弹出报表“向导选取”对话框，如图 9.2 所示。在报表“向导选取”对话框中有两个选项：即“报表向导”和“一对多报表向导”，前者是用一个单一的表创建带格式的报表；后者创建报表，其中的内容包含了一组父表的记录及相关子表的记录。

图 9.1　从项目管理器启动报表向导

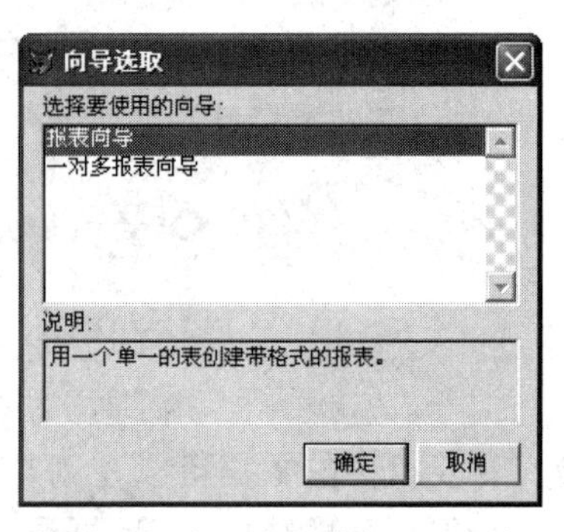

图 9.2　报表“向导选取”对话框

9.1.2　创建单一报表

用一个单一的表创建的带格式的报表为单一报表，在“向导选取”对话框中选择“报表向导”就可启动单一报表。下面以 DGD.dbf 表作为数据源，使用报表向导创建一份商品订购报表。

主要操作过程如下：

(1) 采用启动报表向导的四种方法之一，打开“向导选取”对话框，选择“报表向导”选项，单击“确定”按钮，进入“报表向导”对话框。

(2) 在报表向导“步骤 1-字段选取”对话框中(见图 9.3)，选择“数据库和表”的下拉列表框中的“自由表”，然后单击下拉列表框右侧的“...”按钮。在“打开”对话框中，查找并打开 DGD.dbf 表文件。在“可用字段”中，将所有可用字段全部移动到“选定字段”框中。单击“下一步”按钮，进入报表向导“步骤 2-分组记录”对话框。

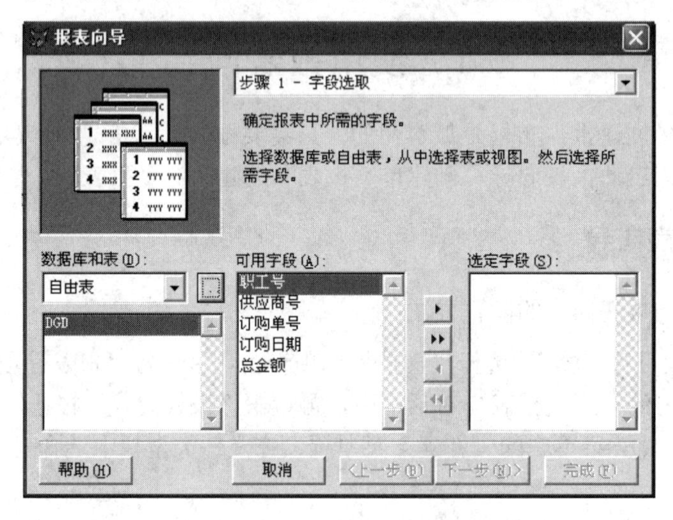

图 9.3　报表向导之字段选取

(3) 在报表向导“步骤 2-分组记录”对话框(如图 9.4 所示)中单击“下一步”按钮(本例不进行分组)，进入报表向导“步骤 3-选择报表样式”对话框。

(4) 在报表向导“步骤 3-选择报表样式”对话框(如图 9.5 所示)的“样式”框中选择“简报式”，再单击“下一步”按钮，进入报表向导“步骤 4-定义报表布局”对话框。

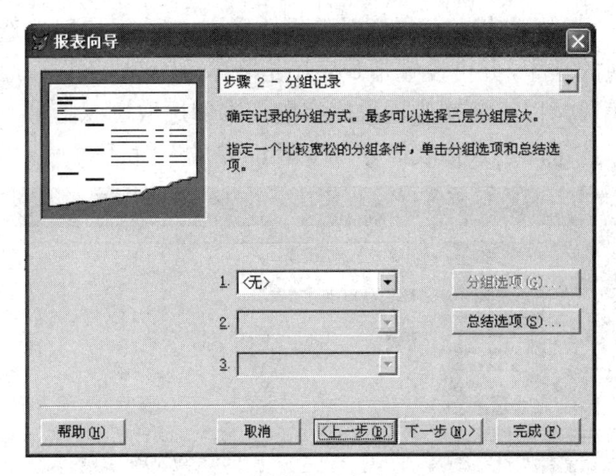

图 9.4　报表向导之分组记录

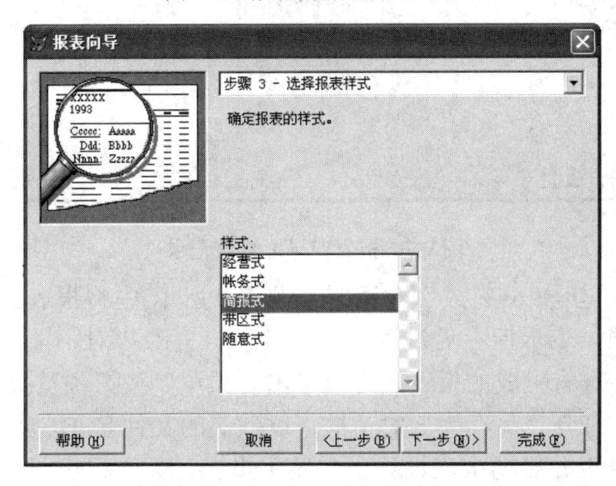

图 9.5　报表向导之选择报表样式

(5) 在报表向导“步骤 4-定义报表布局”对话框(如图 9.6 所示)中可以分别设置报表的列数、方向和字段布局等三项内容，本例全部选项为默认，单击“下一步”按钮，进入报表向导“步骤 5-排序记录”对话框。

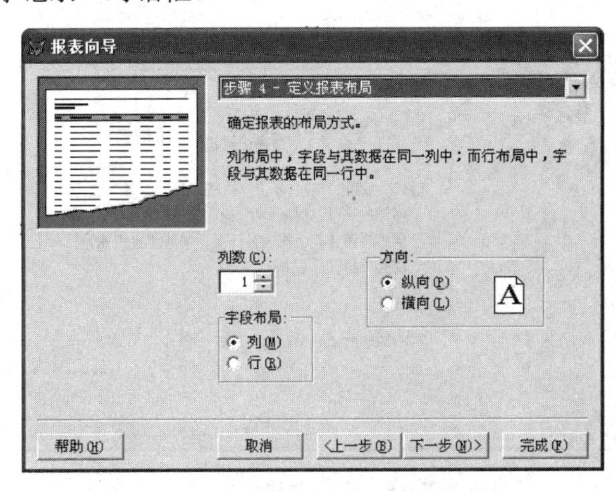

图 9.6　报表向导之定义报表布局

(6) 在报表向导“步骤 5-排序记录”对话框(如图 9.7 所示)中可以选择 1 至 3 个字段确定记录在报表中出现的顺序，并可设置是升序还是降序，也可以不选排序字段。“选定字段”的第一行为主排序字段，以下依次为次排序字段。本例选取“职工号”为升序排序字段。然后单击“下一步”按钮，进入报表向导“步骤 6-完成”对话框。

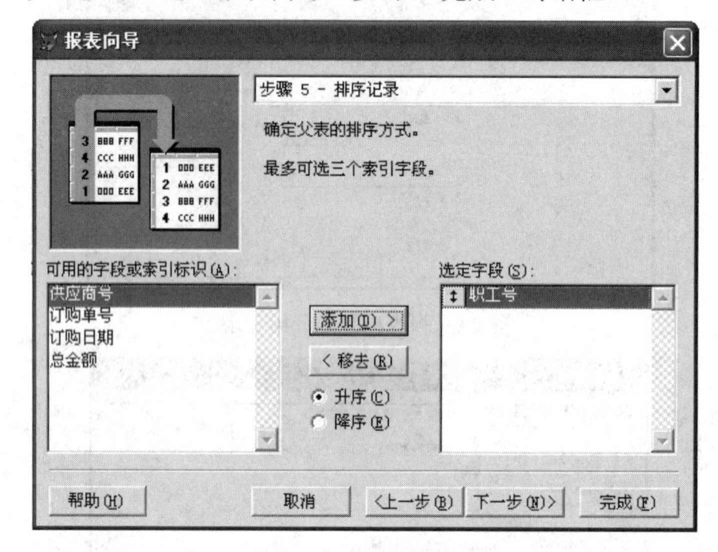

图 9.7　报表向导之排序记录

(7) 在报表向导“步骤 6-完成”对话框(如图 9.8 所示)中将报表的标题设为“DGD”，然后选中第二个选项，表示保存后进入报表设计器。去除“对不能容纳的字段进行拆行处理”选项，如果要查看生成的报表，可以单击“预览”按钮预览报表，如图 9.9 所示。单击“完成”按钮，打开“另存为”对话框，以默认的文件名 DGD.frx 保存。此时报表向导自动生成新的报表并启动报表设计器来显示报表。关于报表设计器的有关内容将在后面介绍。

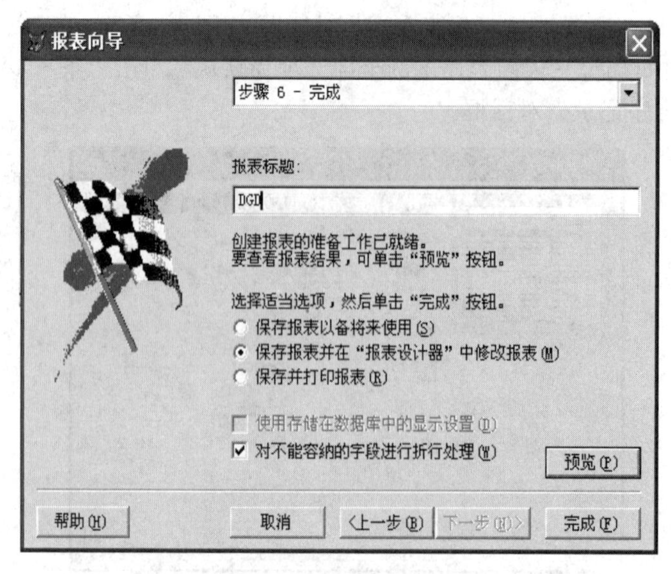

图 9.8　报表向导之完成

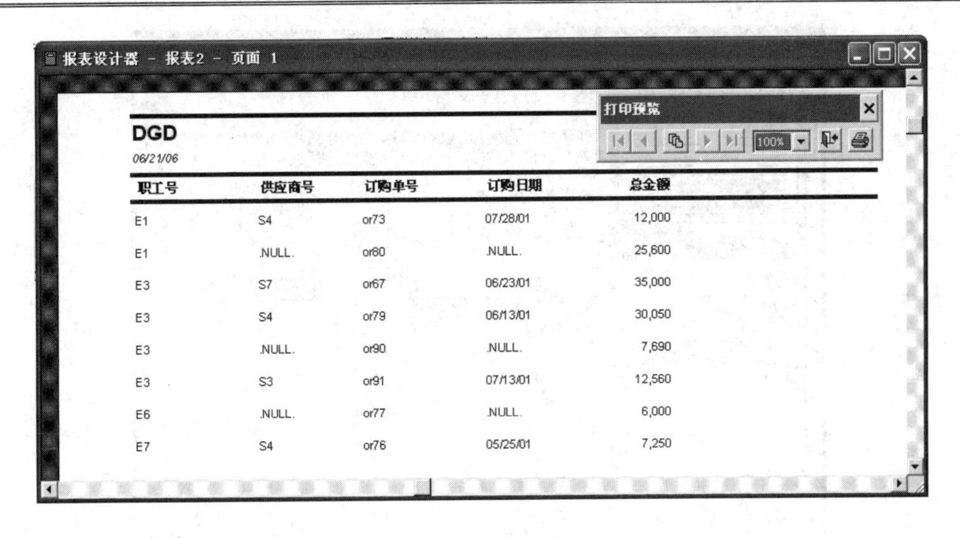

图 9.9　预览报表

9.1.3　创建一对多报表

如果报表的数据源包括父表和子表，就应从“向导选取”对话框中选择“一对多报表向导”创建一对多报表。

下面以“示例数据库”为例来进行操作。假设要建立的报表数据为“职工与订购单关系”报表情况，显然这个报表的基本数据要从两个数据库表中得来，而且两个数据库表是一对多的关系。创建该报表的主要操作步骤如下：

(1) 步骤 1-从父表选择字段。在“向导选取”对话框中选择“一对多报表向导”选项，然后单击“确定”按钮，启动“一对多报表向导”的第一步骤，单击下拉列表框右侧的“...”按钮，在“打开”对话框中，查找并打开“示例数据库”文件，如图 9.10 所示。然后单击“数据库和表”列表框内的“ZG”表，在“可用字段”中，将所有可用字段全部移到“选定字段”框中。单击“下一步”按钮，进入“一对多报表向导”的步骤 2，如图 9.11 所示。

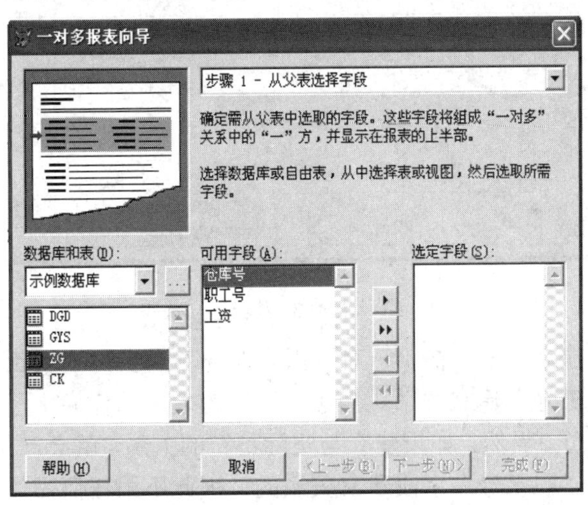

图 9.10　步骤 1-从父表选择字段

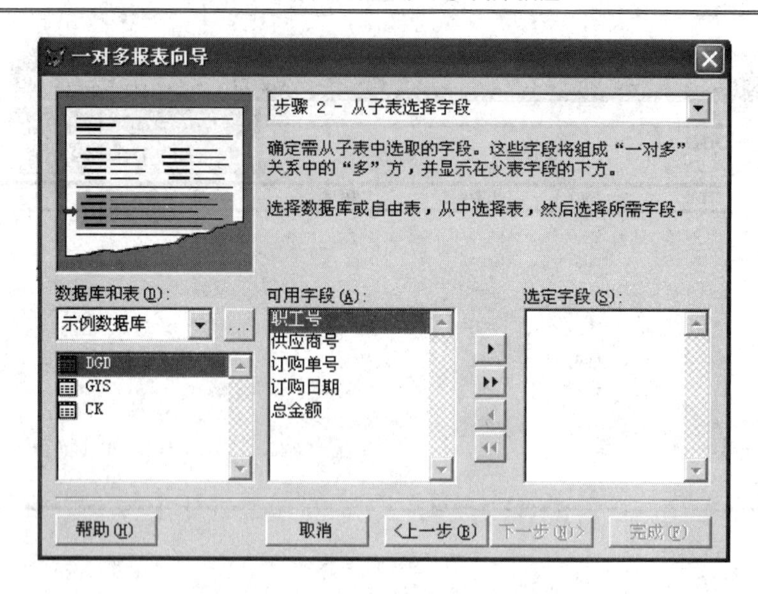

图 9.11　步骤 2-从子表选择字段

(2) 步骤 2-从子表选择字段。单击“数据库和表”列表框内的“DGD”表，在“可用字段”中，将所有可用字段全部移到“选定字段”框中。单击“下一步”按钮，进入“一对多报表向导”的步骤 3，如图 9.12 所示。

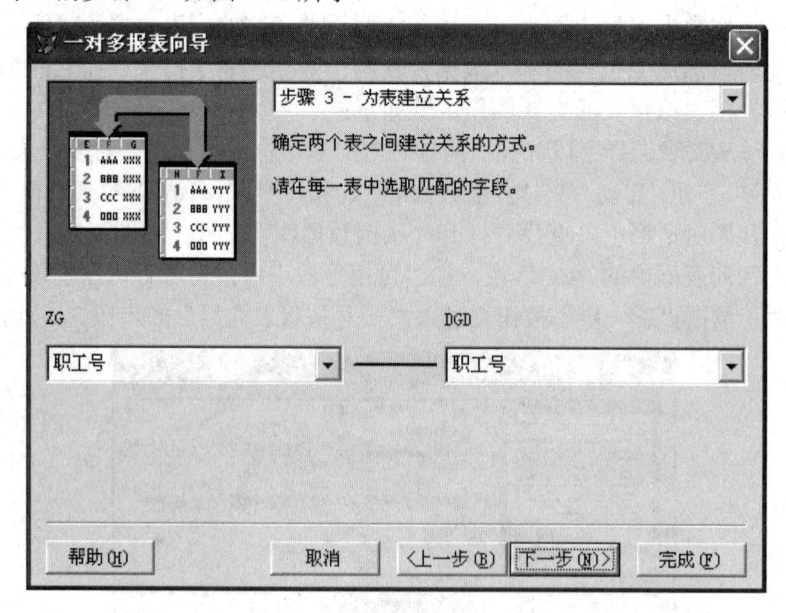

图 9.12　步骤 3-为表建立关系

(3) 步骤 3-为表建立关系。在“一对多报表向导”的步骤 3 对话框中，系统默认对两表中匹配的字段“职工号”建立关系。当然，可以为表中的任何字段建立关系，只要两表中字段的类型相同即可。当然，如果建立与实际不符的关系，就会产生不正确的报表结果。本例中两个表是通过“职工号”字段建立关系的，因此不用任何操作。单击“下一步”按钮，进入“一对多报表向导”的步骤 4，如图 9.13 所示。

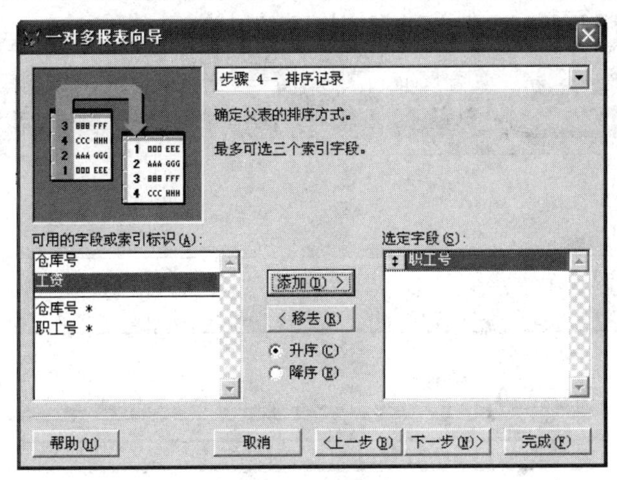

图 9.13 步骤 4-排序记录

(4) 步骤 4-排序记录。在“一对多报表向导”的步骤 4 对话框中，选择所建报表的记录的输出顺序。注意要排序的记录只能是父表中的记录，所以选择的字段只能是父表的字段，且最多只能选择三个索引字段。本例选择“职工号”字段进行升序排列输出。单击“下一步”按钮，进入“一对多报表向导”的步骤 5。

(5) 步骤 5-选择报表样式。“一对多报表向导”对话框提供的样式报表类型与图 9.5 一致。选择样式后会在左上方预览窗口中显示样式结果，有横向和纵向报表布局供选择。选择完毕，单击“下一步”按钮，进入“一对多报表向导”的步骤 6。

(6) 步骤 6-完成。在“一对多报表向导”的步骤 6 对话框中要完成的操作参照建立单一报表的“步骤 6-完成”对话框中的设置。

9.2 快速制作报表

快速报表是自动建立一个简单报表布局的快速工具，用户只需选择基本的报表组件，Visual Foxpro 就会根据选择的布局，自动建立简单的报表。如果不满意，则可以利用报表设计器对该报表进行调整。下面还是以 Dgd.dbf 表作为数据源，使用快速报表创建一份商品订购单报表。

主要操作过程如下：

(1) 在“文件”菜单中选择“新建”命令，在打开的“新建”对话框中单击“报表”，再单击“新建文件”按钮，打开“报表设计器”窗口，同时在 Visual Foxpro 菜单栏上出现“报表”菜单，如图 9.14 所示。

(2) 单击“报表”菜单中的“快速报表”菜单项，弹出“打开”对话框。选择报表数据源文件 Dgd.dbf，再单击“确定”按钮，就会弹出“快速报表”对话框，如图 9.15 所示。

(3) 在“快速报表”对话框中为报表设置所需的“字段”、“字段布局”、“标题”和“添加别名”等选项。

- 字段：为报表选择指定的字段。单击“字段”按钮，打开“字段选择器”对话框，如图 9.16 所示。从中选择要输出的字段，完成后单击“确定”按钮，返回“快速报表”对话框。

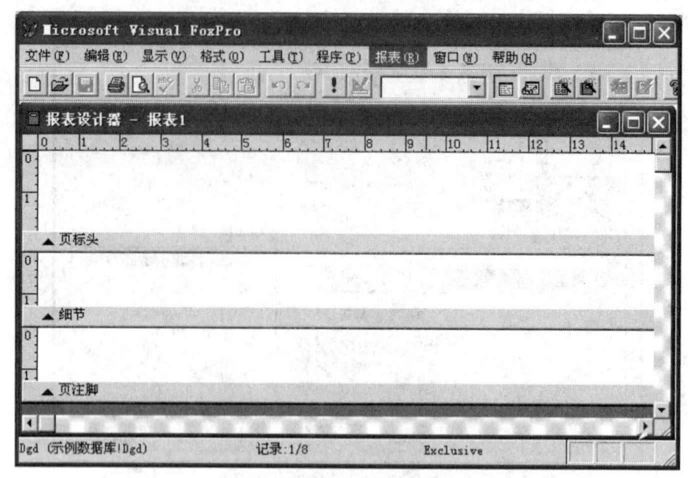

图 9.14 报表设计器窗口

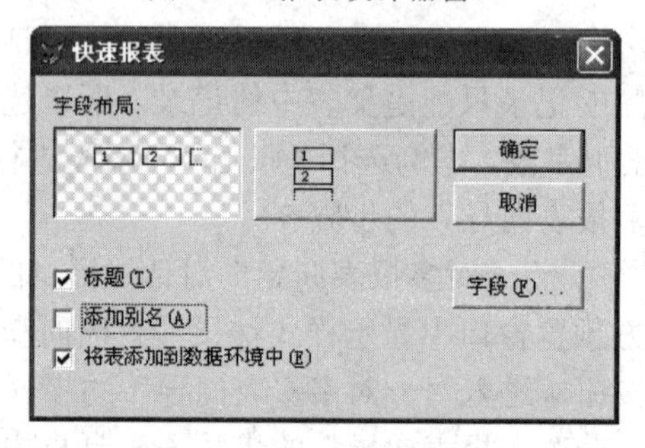

图 9.15 “快速报表”对话框

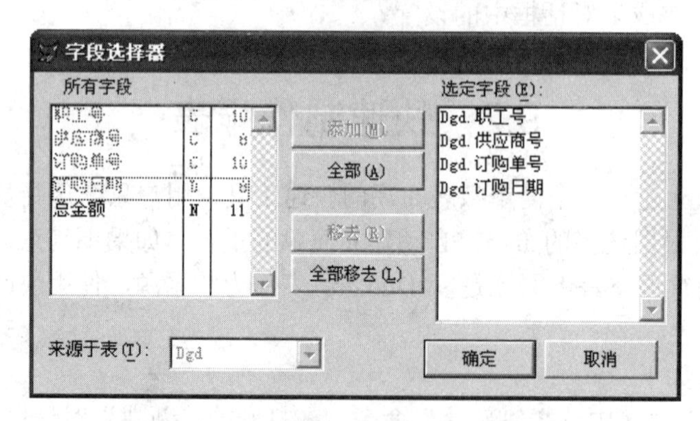

图 9.16 “字段选择器”对话框

· 字段布局：在“快速报表”中提供了两种布局方式，左边按钮表示报表的字段在报表中以横向排列，右边按钮表示报表的字段在报表中以纵向排列，本例选择默认状态(横向排列)。

· 复选框设置：“标题”表示在报表中为输出的各个字段添加一个字段名标题；“添加别名”表示在报表中的字段前面添加表的别名(注：此选项适用于数据源是多表的情况)；“将表添加到数据环境中”表示将打开的数据表加到报表设计器的报表数据环境中作为报表的数据来源。本例只选中“标题”和“将表添加到数据环境中”两项。

(4) 单击“快速报表”中的“确定”按钮，系统就会根据用户的选择创建一个快速报表，如图 9.17、9.18 所示。

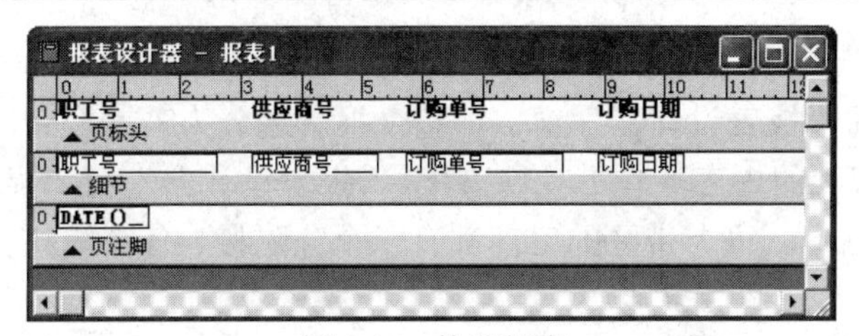

图 9.17　快速报表

职工号	供应商号	订购单号	订购日期
E3	S7	or67	06/23/01
E1	S4	or73	07/28/01
E7	S4	or76	05/25/01
E6	.NULL.	or77	.NULL.
E3	S4	or79	06/13/01
E1	.NULL.	or80	.NULL.
E3	.NULL.	or90	.NULL.
E3	S3	or91	07/13/01

图 9.18　快速报表预览

9.3　使用报表设计器制作报表

利用“报表向导”和“快速报表”可以非常方便地制作报表，但是这两种方法生成的报表样式比较简单，往往不能满足实际要求，需要进一步完善。Visual Foxpro 提供的报表设计器允许用户对已经创建的报表进行修改，而且也可以使用报表设计器创建新的报表。

9.3.1　报表设计器简介

1. 启动报表设计器

在 Visual Foxpro 中启动报表设计器的方法很多，常用的有三种：

(1) 项目管理器方法。打开“项目管理器”，选择“文档”选项卡中的“报表”选项，单击“新建”按钮，在弹出的“新建报表”对话框中单击“新建报表”按钮，如图 9.1 所示。

(2) 菜单方式。打开“文件”菜单中的“新建”子菜单，在文件类型栏中选择“报表”，然后单击“新建文件”按钮。

(3) 命令方式。命令格式：

CREATE REPORT [<报表文件名>]

以上三种方法都可以启动报表设计器，打开“报表设计器”窗口，此时主窗口中会自动出现 “报表设计器”工具栏，如图 9.19 所示。

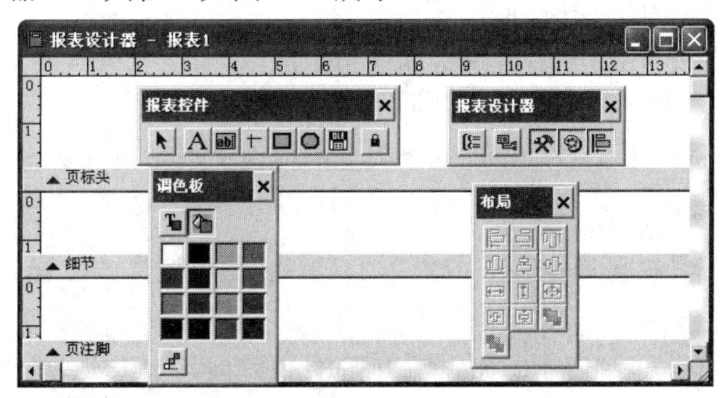

图 9.19　“报表设计器”窗口

2. “报表设计器”窗口组成

Visual Foxpro 的“报表设计器”窗口将整个报表划分为若干个带区，系统会以不同的方式来控制打印各带区的内容。在默认状态下，“报表设计器”窗口显示三个带区：“页标头”、“细节”、“页注脚”。每个带区的底部都有一个分隔栏。各分隔栏左侧有一个向上的蓝箭头，表示此带区位于分隔栏之上。

报表除了如图 9.19 所示的三个默认带区之外，还可以向报表中添加表 9.1 所列的其他带区。它们表示的意义各不相同，用户可以根据自己的需要来确定选用和添加哪个带区。

表 9.1　报表可用带区及作用

带　区	表 示 内 容	使 用 方 法
标题	标题、日期等	从“报表”菜单中选择“标题/总结”带区
列标头	列标题	从“文件”菜单中选择“页面设置”，设置“列数”>1
组标头	数据前面的提示说明文本	从“报表”菜单中选择“数据分组”
组注脚	分组数据的计算结果	从“报表”菜单中选择“数据分组”
列注脚	总结和总计	从“文件”菜单中选择“页面设置”
总结	总结	从“报表”菜单中选择“标题/总结”带区

3. “报表设计器”工具栏介绍

“报表设计器”工具栏中包含各种常用的工具按钮，它们表示的意义和用法如下：

- 数据分组按钮：显示“数据分组”对话框，用于创建数据分组及指定其属性。
- 数据环境按钮：显示报表的“数据环境设计器”窗口。
- 报表控件控制按钮：显示或关闭“报表控件”工具栏。
- 调色板控制按钮：显示或关闭“颜色”工具栏。
- 布局工具按钮：显示或关闭“布局”工具栏。

4. “报表控件”工具栏介绍

该工具栏中各图标按钮的功能如下：

- 选定对象控件：移动或更改控件的大小，创建一个控件后，系统会自动选定对象按钮，除非选中“按钮锁定”按钮。
- 标签控件：在报表上创建一个标签控件，用于显示与记录无关的数据。
- 域控件：用于显示字段、内存变量或其他表达式的内容。
- 线条控件：用于设计各种各样的线条。
- 矩形控件：用于画各种矩形。
- 圆角矩形控件：用于画各种椭圆和圆角矩形。
- 图片/ActiveX 绑定控件：用于显示图片和通用型字段。
- 按钮锁定控件：用于多次添加同一类型的控件而不用重复选定同一类型的控件。

5. “布局”工具栏介绍

使用“布局”工具栏可以在报表或表单上对齐和调整控件的位置。该工具栏按钮功能如下：

- 左边对齐、右边对齐按钮：使选定的所有控件向其中最左边/右边的控件左侧/右侧对齐。

- 顶边对齐、底边对齐：使选定的所有控件向其中最顶端/底端控件的顶边/底边对齐。
- 垂直居中对齐按钮：使所有选定控件的中心处在一条垂直轴上。
- 水平居中对齐按钮：使所有选定控件的中心处在一条水平轴上。
- 水平居中、垂直居中按钮：使所有选定控件的中心处在带区水平/垂直方向的中间位置。
- 相同宽度按钮：将所有选定控件的宽度调整到与其中最宽控件相同。
- 相同高度按钮：将所有选定控件的高度调整到与其中最高控件相同。
- 相同大小按钮：使所有选定控件具有相同的大小。
- 置前按钮：将选定控件移至其他控件的最上层。
- 置后按钮：将选定控件移至其他控件的最下层。

9.3.2　利用报表设计器设计报表

报表设计器可以从空白报表布局开始设计需要的报表，也可以将已经设计好的报表调出来修改。下面就从空白报表开始，介绍在报表设计器中如何设置报表数据源、报表布局、使用报表控件和数据分组等操作。

1. 设置报表数据源

设计报表时，首先要完成的任务是确定报表的数据源。可以在数据环境中简单地制定报表的数据源，用它们来填充报表中的控件。数据环境通过下列方式管理报表的数据源：

(1) 打开或运行报表时打开表或视图。

(2) 基于相关表或视图收集报表所需数据集合。

(3) 关闭或释放报表时关闭表。

向数据环境中添加表或视图作为数据源的步骤如下：

(1) 从“显示”菜单中选择“数据环境”子菜单或在报表设计器中的空白带区里单击鼠标右键，在弹出的快捷菜单中选择“数据环境”，此时会出现“数据环境设计器”窗口，如图 9.20 所示。

(2) 在“数据环境”菜单中，选择“添加”按钮，或者在“数据环境设计器”中单击鼠标右键，在弹出的快捷菜单中选择“添加”按钮，此时会弹出“添加表或视图”对话框，如图 9.21 所示。

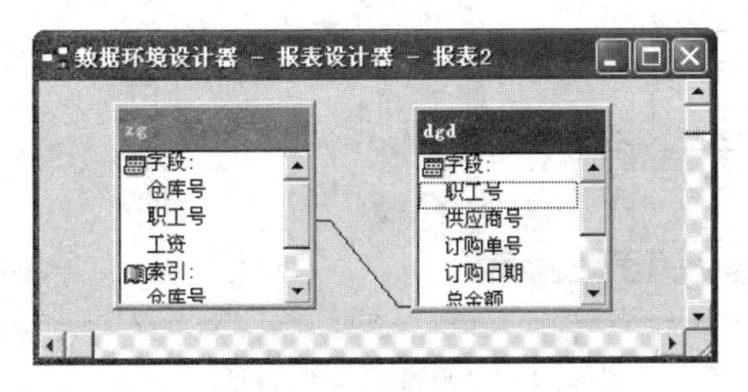

图 9.20　“数据环境设计器”窗口

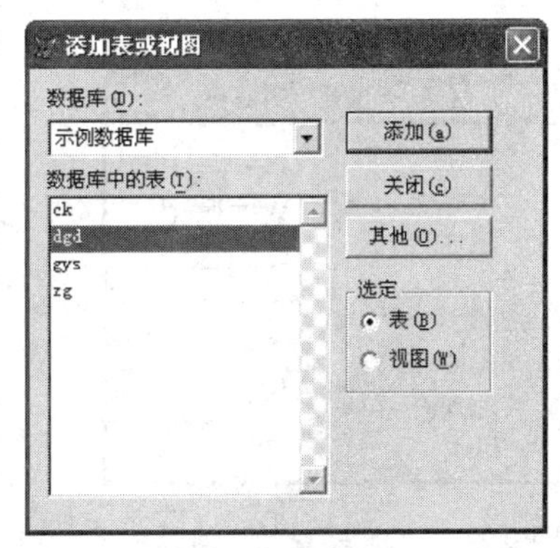

图 9.21　“添加表或视图”对话框

(3) 在“添加表或视图”对话框中，从“数据库”框中选择一数据库。

(4) 在“选定”区域内选取“表”或“视图”。

(5) 在“数据库中的表”框中，选取一个表或视图。

(6) 单击“添加”按钮。

本例是将“示例数据库”中的“dgd”和“zg”两个数据库表添加到数据环境中，如图 9.20 所示。在以后每次运行报表时，添加到“数据环境设计器”窗口中的这两个表都会被打开。如果报表不是固定使用同一个数据源，就不应该把数据源直接放在报表的“数据环境设计器”窗口中。

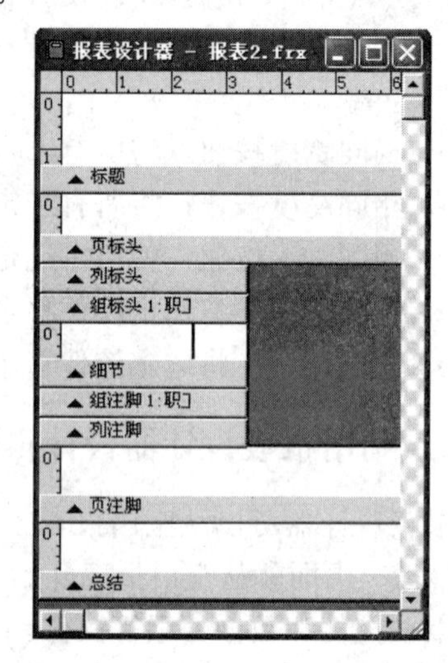

图 9.22 “报表设计器”窗口中的带区

2. 使用报表带区

一个完整的“报表设计器”窗口包括 9 个带区，如图 9.22 所示。不同带区功能各异(见表 9.1)，系统会以不同方式处理各带区的数据。如果用户要使用其他带区，可以采用下面方法添加。

1) 添加带区

(1) 添加“标题/总结”带区。选择“报表”菜单中的“标题/总结”选项，会打开“标题/总结”对话框，如图 9.23 所示。选中“标题带区”和“总结带区”复选框，系统自动在报表的顶部添加一个“标题”带区，在报表的底部添加一个“总结”带区。如果标题或总结要单独打印一页，可以选中“报表标题”中的“新页”和“报表总结”中的“新页”。

(2) 添加“列标头/列注脚”带区。如果要创建多栏报表，需要添加“列标头/列注脚”带区。添加方法：选择“文件”菜单中的“页面设置”选项，打开“页面设置”对话框，如图 9.24 所示。在“页面设置”对话框中将“列数”框的列数值设置为所需要的列数(一般要使列数值>1)，并将列宽和列间隔调整合适，系统就会在报表中添加一个“列标头”带区和一个“列注脚”带区。

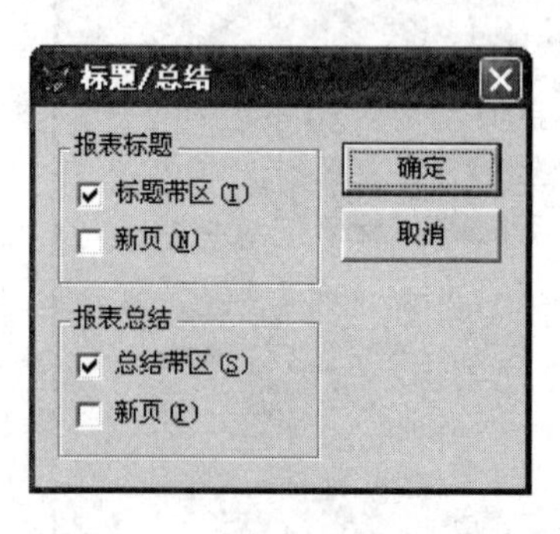

图 9.23 “标题/总结”对话框

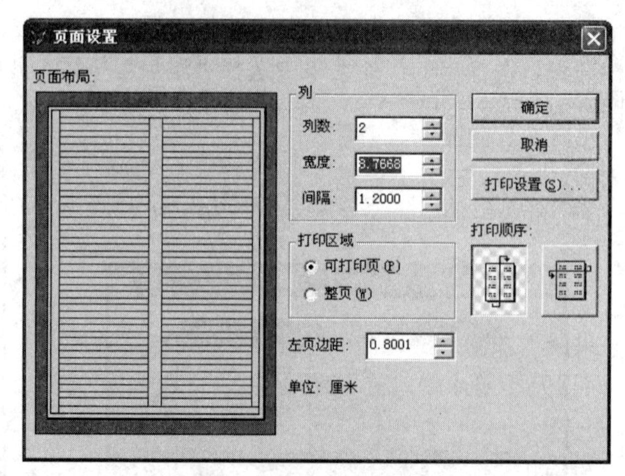

图 9.24 “页面设置”对话框

(3) 添加“组标头/组注脚”带区。在设计报表时，有时所要报表的数据是成组出现的，需要以组为单位对报表进行处理，就要使用"组标头/组注脚"带区。利用分组可以明显地分隔每组记录，使数据以组的形式显示。组的分隔是根据分组表达式进行的，这个表达式通常由一个以上的表字段生成，有时也可以相当复杂。可以添加一个或多个组，更改组的顺序，重复组标头或者更改、删除组带区。

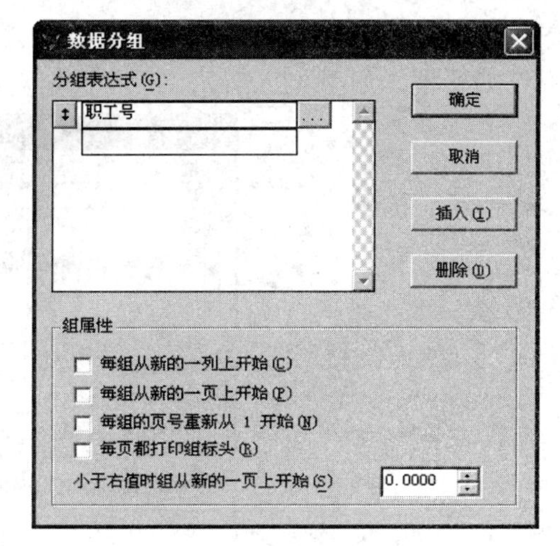

图 9.25　"数据分组"对话框

添加"组标头/组注脚"带区的方法：选择"报表"菜单中的"数据分组"命令，打开"数据分组"对话框，如图 9.25 所示。在"分组表达式"中输入分组表达式或单击"..."命令按钮打开表达式生成器，设置分组表达式。系统将在报表设计器中添加一个"组标头"和一个"组注脚"带区。

还可以对报表进行多个数据分组，即嵌套分组。第一个表达式定义了基本分组，单击"数据分组"框中的"插入"按钮，就可以继续添加分组表达式，后面添加的表达式就分别定义了一层层的子分组条件，而且在一个报表中可以最多建立 20 级分组。如果已经定义了多级分组表达式，可以拖动表达式左端的按钮调整并改变分组的先后顺序。

在"数据分组"对话框中的"组属性"内有四个复选框和一个微调按钮，各选项意义如下：

- 每组从新的一列上开始：每组数据都重新开始一列。
- 每组从新的一页上开始：每组数据都重新开始一页。
- 每组的页号重新从 1 开始：当组改变时，组在新页上开始打印，并重置页号。
- 每页都打印组标头：当组分布在多页上时，指定在所有页的页标头后打印组标头。
- 小于右值时组从新的一页上开始：要打印组标头时，组标头距页底的最小距离。

2) 调整带区高度

报表设计器窗口中各带区的高度可以根据需要调整，但不能使带区的高度小于添加到该带区中的控件的高度。带区高度调整的方法有：

(1) 用鼠标选中要调整高度的带区标识栏，上下拖动该带区，直到高度适合为止。

(2) 双击带区的标识栏，在出现的对话框中直接输入高度值。

3. 使用报表控件

在"报表设计器"窗口中，为报表新设置的带区是空白的。可通过在报表中添加控件来定义在页面上显示的数据项，并安排所要输出的内容。

1) 标签控件

在报表中，标签一般用作说明性文字。例如在报表的页标头带区内对应字段变量的正上方加入一标签来说明该字段表示的意义，或者对于整个报表的标题也可用标签来设置。

(1) 添加标签控件。单击"报表控件"工具栏上的"标签"按钮，此时鼠标形状变成一条竖直线，移动鼠标至插入文本的位置，单击左键，即可进行文本输入。

(2) 编辑标签控件。加入了标签，输入标签文本后，可以通过“格式”菜单，打开“字体”对话框，如图 9.26 所示，设置选定文本的字体、大小、效果和颜色等。

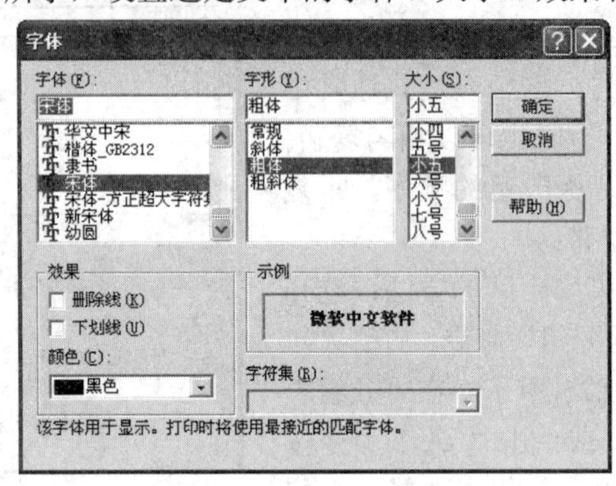

图 9.26　“字体”对话框

2) 域控件

使用域控件可以向报表中添加多个字段，也可以添加表达式。添加域控件的方法有以下两种：

(1) 从数据环境中添加域控件。在“报表设计器”窗口中，打开报表的数据环境，在“数据环境设计器”中用左键按住选定字段，拖动到“报表设计器”窗口的相应位置。一般情况下，数据源选择“表”或“视图”，字段放在“细节”带区内。

(2) 从工具栏中添加域控件。打开报表的数据环境，单击“报表控件”工具栏中的“域控件”按钮，在“报表设计器”窗口的相应带区单击鼠标，出现 “报表表达式”对话框，如图 9.27 所示。在“报表表达式”对话框中，选择“表达式”框右边的按钮打开“表达式生成器”，如图 9.28 所示。选择需要的字段，或者创建一个表达式，单击“确定”按钮，关闭“表达式生成器”。在“报表表达式”对话框中，单击“格式”框右边的按钮打开“格式”对话框，如图 9.29 所示。设置数据输出格式，单击“确定”按钮，关闭“格式”对话框。在“报表表达式”对话框中，选择“确定”按钮，此时就在表中添加了一个域控件。

如果添加的是可计算字段，可以单击“报表表达式”对话框中的“计算”按钮，打开“计算字段”对话框，如图 9.30 所示。选择一个表达式通过计算来创建一个域控件。

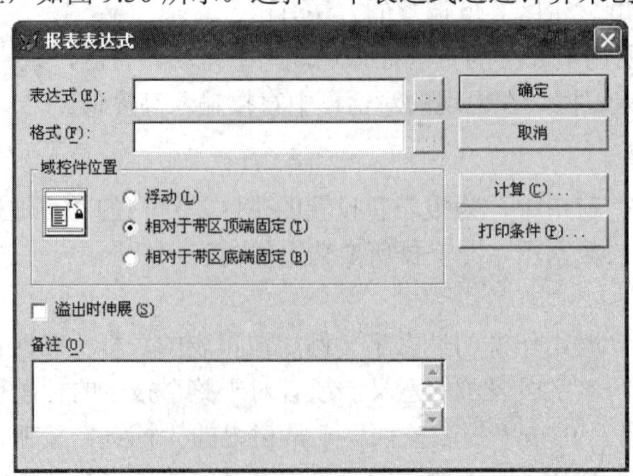

图 9.27　“报表表达式”对话框

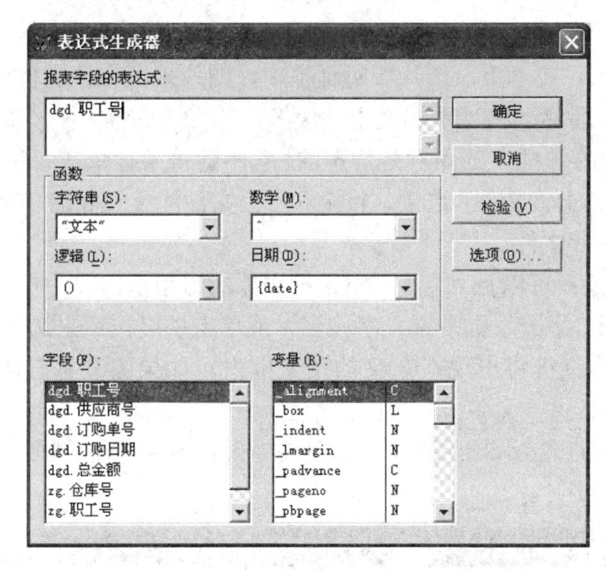

图 9.28　“表达式生成器”对话框

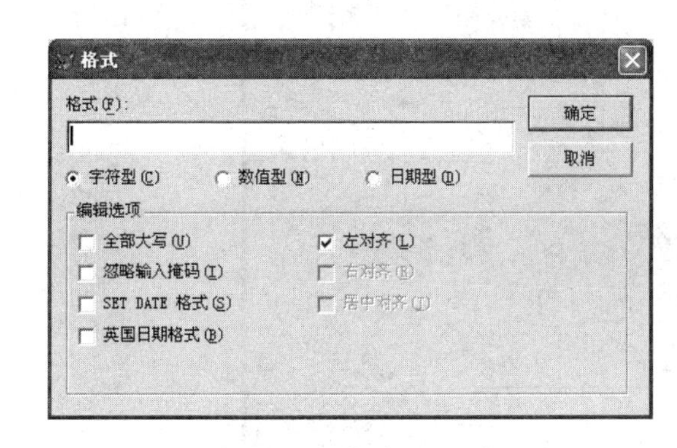

图 9.29　“格式”对话框

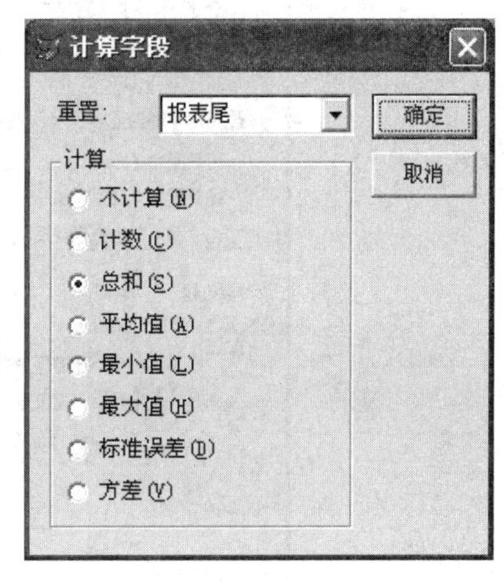

图 9.30　“计算字段”对话框

3) 添加线条、矩形和圆角矩形

可以使用“报表控件”工具栏所提供的线条、矩形和圆角矩形按钮，在报表适当的位置上添加相应的图形线条控件以设计相应的各种图形。

(1) 添加。在“报表控件”工具栏上单击“线条”、“矩形”或“圆角矩形”按钮，然后在报表的一个带区中拖曳光标将分别生成线条、矩形或圆角矩形。

(2) 编辑。可以更改垂直、水平线条，矩形和圆角矩形所用线条的粗细，从细线到粗线；也可以更改线条的样式。操作方法：选定希望更改的直线、矩形或圆角矩形；从“格式”菜单中，选择“绘图笔”子菜单；从子菜单中选择适当的大小或样式。

4) 添加 OLE 对象

OLE 就是对象链接和嵌入技术。OLE 对象可以是图片、声音、文档等。在 Visual FoxPro 的表中添加图片时，图片不随记录变化；在添加 ActiveX 绑定控件时，显示的 ActiveX 内容将随记录的不同而不同。操作步骤为：首先在“报表控件”工具栏中，单击“图片/ActiveX

绑定控件”，然后在“报表设计器”窗口中的相应带区单击鼠标，此时弹出“报表图片”对话框，如图 9.31 所示。在“报表图片”对话框中，图片来源有“文件”和“字段”两种形式，分别对应“插入图片”和“添加通用字段”。

• 插入图片：该方法插入的图片是静态的，它不随每条记录或每组记录的变化而改变。在“图片来源”区域选择“文件”选项，并输入一个文件的位置和名称，或单击右侧的“...”扩展按钮选择一个图片文件。

• 添加通用字段：可以插入包括含 OLE 对象的通用型字段。在“图片来源”区域选择“字段”选项，在“字段”框中键入字段名，或单击扩展按钮来选取字段。单击“确定”按钮，通用字段的占位符将出现在定义的图文框内。如果图文框较大，图片保持其原始大小。

当图片与图文框的大小不一致时，可以通过“报表图片”对话框中的“剪裁图片”、“缩放图片”等选项调整图片。

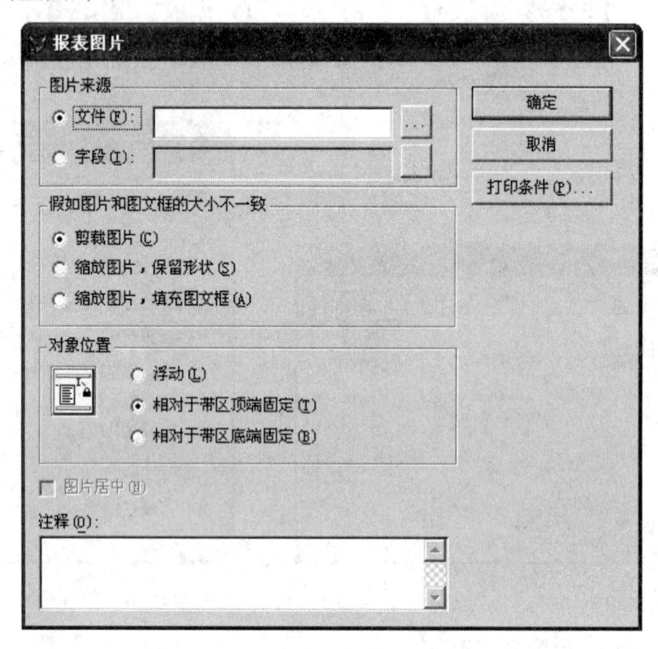

图 9.31　“报表图片”对话框

5) 控件的调整及编辑

如果创建的报表布局上已经存在控件，则可以更改它们在报表上的位置和尺寸。

(1) 调整。要调整控件大小，可以选定控件，然后拖动控件四周的某个尺寸句柄改变控件的宽度和高度。

(2) 复制与删除。先选定控件，接着单击工具栏上的“复制”按钮，再单击“粘贴”按钮即可完成复制，也可以选择“编辑”菜单中“复制”、“粘贴”选项。对于不需要的控件，选定后按 Del 键，或者单击工具栏上的“剪切”按钮，选择“编辑”菜单中的“剪切”选项也可删除控件。

(3) 选择。有两种方法同时选定多个控件：其一是选定一个控件后，按住 Shift 键再选定其他控件；其二是圈选，即在控件周围鼠标拖动以画出选择框，这种方法对于选定相邻的控件很方便。同时选定的多个控件可以作为一组内容来移动、复制、设置或删除。当已经设置格式并且对齐控件后，可以保存控件彼此之间的位置。

(4) 对齐。首先选择想对齐的控件，从“格式”菜单中选择“对齐”子菜单，从子菜单中选择适当的对齐选项。Visual FoxPro 使用距离所选对齐方向最近的控件作为固定参照控件，也可以使用“布局”工具栏。使用工具栏，可以同距离所选一侧最远的控件对齐，只要在单击对齐按钮时按下 Ctrl 键即可。

4. 使用报表变量

在数据库应用系统中，变量的应用最为广泛，它能够给应有程序带来极大的灵活性。特别是在总和中，往往是用变量来计算要求得到的值然后输出。使用报表变量，可以计算各种值，并可利用这些值来计算其他相关值。

若要在报表中使用变量，先打开报表，然后在主菜单条上选择“报表”菜单中的“变量”命令，弹出“报表变量”对话框，如图 9.32 所示。

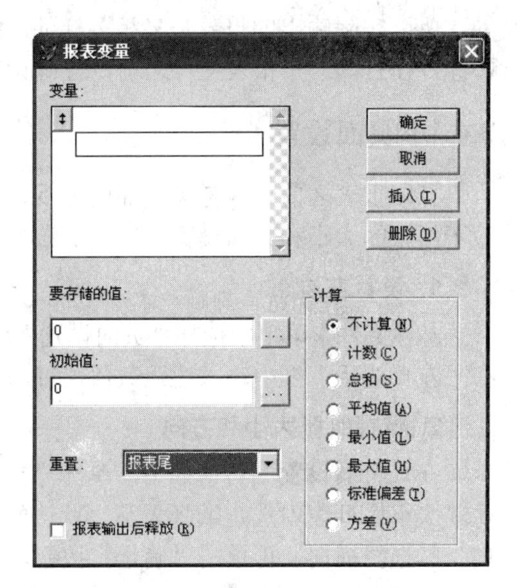

图 9.32　“报表变量”对话框

在“报表变量”对话框中可以为报表定义一个或多个变量，可以改变或删除已有变量，或者改变变量的计算顺序。

对话框选项意义如下：

• 变量：显示当前报表中的变量，并为新变量提供输入位置。

• 要存储的值：显示存储在当前变量中的表达式。可以在文本框中输入表达式，也可以单击其后的按钮在“表达式生成器”对话框中生成。

• 初始值：在进行任何计算之前，先选定变量的值以及此变量的重置值。可以直接在文本框中输入一个值，也可以在“表达式生成器”对话框中生成。

• 报表输出后释放：在报表打印后从内存中释放变量。如果未选定此选项，那么除非退出 Visual FoxPro 或使用 CLEAR ALL 或 CLEAR MEMORY 命令来释放变量，否则此变量一直保留在内存中。

• 重置：制定变量重置为初始值的位置。“报表尾”是其默认值，也可以选择“页尾”或“列尾”。如果使用“数据分组”命令在报表中创建组，“重置”框将为报表中的每一个组显示一个重置项。

• 插入：在“变量”框中插入一个空文本框，以便定义新的变量。

• 删除：在“变量”框中删除选定的变量。

• 计算选择框：用来指定变量执行的计算操作。从其初始值开始计算，直到变量被再次重置为初始值为止。其中的选择项意义明显，不再解释。

需要注意的是，在对话框中变量如果相互有关联，则其定义有一定的顺序性。如果没有关联，则其定义顺序可任意。

9.4 报表的输出

设计报表的最终目的是要按照一定的格式输出符合要求的数据。报表文件的扩展名为 .frx，以文件存储报表设计的详细说明。每个报表文件还带有文件扩展名为 .frt 的相关文件。报表文件不存储每个数据字段的值，只存储数据源的位置和格式信息。

报表布局只是一个输出报表的格式框架。由于布局中包含的数据源的数据是可以改变的，所以实际输出的报表是多种多样的。报表文件按数据源中记录出现的顺序处理记录，因此，在打印一个报表文件之前，应确认数据源中的数据已经进行了排序。

9.4.1 页面设置

打印报表之前，应考虑页面的外观，例如页边距、纸张类型和所需的布局等，如果更改了纸张的大小和方向设置，应确认该方向适用于所选的纸张大小。

1. 设置左边距

从“文件”菜单中选择“页面设置”选项，如图 8.16 所示，打开“页面设置”对话框，在“左页边距”框中输入边距数值，页面布局将按新的页边距显示。

2. 选择纸张大小和方向

在“页面设置”对话框中，单击“打印设置”按钮，打开“打印设置”对话框。可以从“大小”列表中选定纸张大小。默认的打印方向为纵向，若要改变纸张方向，可从“方向”区选择横向，再单击“确定”按钮。

9.4.2 预览报表

通过预览报表，不用打印就能看到它的页面外观。例如，可以检查数据列的对齐和间隔，或者查看报表是否返回所需的数据。一般有两个选择：显示整个页面或者缩小到一部分页面。“预览”窗口有它自己的工具栏，单击其中的按钮可以逐页地进行预览。操作步骤如下：

(1) 在“显示”菜单中，选择“预览”选项，或在“报表设计器”中单击鼠标右键并从弹出的快捷菜单中选择“预览”选项。也可以直接单击“常用”工具栏中的“打印预览”按钮。

(2) 在打印预览工具栏中，选择“上一页”或“前一页”来切换页面。

(3) 若要更改报表图像的大小，则选择“缩放”下拉式列表。

(4) 若要打印报表，则单击“打印报表”按钮。

(5) 若想要返回到设计状态，则单击“关闭预览”按钮。

注意：如果得到提示“是否将所做更改保存到文件?”那么，用户在选定关闭“预览”窗口时一定还选取了关闭布局文件。此时可以选定“取消”按钮回到“预览”窗口，或者选定“保存”按钮保存所做更改并关闭文件。如果选定了“否”，则不保存对布局所做的任何更改。

9.4.3　打印输出

使用“报表设计器”创建的报表布局文件只是一个外壳，它把要打印的数据组织成令人满意的格式。操作步骤如下：

(1) 从“文件”菜单中选择“打印”命令，或在报表设计器中单击鼠标右键并从弹出的快捷菜单中选择“打印”命令，也可以直接单击“常用”工具栏中的“运行”按钮，出现“打印”对话框。

(2) 在“打印”对话框中，设置合适的打印机、打印范围、打印份数等项，通过“属性”设置打印纸张的尺寸、打印精度等。

(3) 选择“确定”按钮。如果未设置数据环境，则会显示“打开”对话框，并在其中列出一些表，从中可以选定要进行操作的一个表。

9.4.4　用命令操作

当然，除了上面提到的用菜单方式输出报表外，也可以在命令窗口或程序中使用命令实现打印输出和预览输出。命令格式如下：

REPORT FORM　<报表布局文件名> [范围] [FOR <表达式>] [WHILE <表达式>] [HEADING　<字符表达式>] [PLAIN] [PANGE 起始页[，终止页]] [SUMMARY] [PREVIEW　[WINDOW 窗口名]] [TO PRINTER [PROMPT]] [NOCOSOLE] [TO FILE <文件名>]

功能：该命令可以预览报表，也可以打印报表。<> 表示必选项，[] 表示可选项。

其中各子句的作用如下：

- 报表布局文件名：要求给定已经建立好的报表布局文件名。
- HEADING <字符表达式>：使系统以字符表达式的值为报表临时增加一个页标题。
- PLAIN：使前一子句产生的页标题只出现在第一页。
- PANGE 起始页[，终止页]：指定输出报表的开始页面和结束页面。
- SUMMARY：强制报表只输出总计和分类总计，忽略细节内容。
- PREVIEW　[WINDOW 窗口名]：设定预览输出，可在指定窗口或表单中显示。
- TO PRINTER [PROMPT]：在预览的同时，也输出到打印机。
- NOCOSOLE：禁止向屏幕输出报表。
- TO FILE <文件名>：将报表输出到磁盘文件中，磁盘文件的默认扩展名为 .txt。

1. 预览报表

要预览报表 1.frx 报表，可在命令窗口或程序中使用命令：

REPORT FORM 报表 1　ALL PREVIEW

2. 输出报表

要将报表 1.frx 文件输出到磁盘文件 TEST.txt 中，可在命令窗口或程序中使用命令：

REPORT FORM 报表 1　ALL TO FILE TEST

3. 打印报表

要打印报表 1.frx 文件，可在命令窗口或程序中使用命令：

REPORT FORM 报表 1 ALL　TO PRINTER　NOCOSOLE

习　题　九

一、简答题

1. 报表的主要功能是什么？
2. 报表类型有几种？建立报表布局文件有几种方法？
3. 什么是数据源？它有什么作用？
4. 报表包括哪几个基本组成部分？
5. 报表控件是指什么？

二、选择题

1. 利用报表设计器创建报表时，系统默认的三个带区是(　　)。

A) 标题、细节和页注脚　　B) 页标头、细节和页注脚
C) 页标头、细节和总结　　D) 页标头、细节和总结

2. 预览报表的命令是(　　)。

A) PREVIEW REPORT　　B) REPORT FORM…PREVIEW
C) PRINT REPORT…PREVIEW　　D) REPORT…PREVIEW

3. 输出报表的命令是(　　)。

A) PREVIEW REPORT　　B) REPORT FORM　文件名.frx
C) PRINT REPORT…PREVIEW　　D) REPORT…PREVIEW

4. 报表以视图和查询为数据源是为了对输出记录进行(　　)。

A) 筛选　　B) 排序和分组　　C) 分组　　D) 筛选、分组和排序

5. 不属于常用报表布局的是(　　)。

A) 行报表　　B) 列报表　　C) 多行报表　　D) 多栏报表

6. 设计报表，要打开(　　)。

A) 表设计器　　B) 表单设计器　　C) 报表设计器　　D) 数据库设计器

7. 报表控件没有(　　)。

A) 标签　　B) 线条　　C) 矩形　　D) 命令按钮控件

三、操作题

1. 以仓库表 CK.dbf 为数据源，完成下面操作。

(1) 使用报表向导建立一个简单报表。要求选择表中的所有字段；记录不分组；报表样式为“账务式”；列数为 1，方向为“横向”，字段布局为“列”；排序字段为“仓库号”；报表标题为“仓库情况一览表”；报表文件名为 CK.frx。

(2) 使用快速报表完成报表制作。

2. 以数据库表 ZG.dbf 和 DGD.dbf 为数据源，使用报表设计器建立一个报表，具体要求如下：

(1) 报表的内容(细节带区)包括两表的所有字段。

(2) 添加数据分组，分组表达式是 ZG 表中的“仓库号”，组标头带区的名称是“仓库号”，组注脚带区的内容是该组“总金额”的总和。

(3) 增加标题带区，标题为“各仓库订购货物汇总”。

(4) 增加总结带区，该带区的内容是所有货物的“总金额”的总和。

(5) 在页注脚处设置当前的日期。

(6) 添加线条控件，设计表格线。

注意：在添加数据源前，应以“仓库号”对仓库表进行排序。

附录 I　ASCII 码表

二进制	八进制	十六进制	十进制	字符	二进制	八进制	十六进制	十进制	字符
000 0000	00	00	0	nul	011 0000	100	40	64	@
000 0001	01	01	1	soh	011 0001	101	41	65	A
000 0010	02	02	2	stx	011 0010	102	42	66	B
000 0011	03	03	3	etx	011 0011	103	43	67	C
000 0100	04	04	4	eot	011 0100	104	44	68	D
000 0101	05	05	5	enq	011 0101	105	45	69	E
000 0110	06	06	6	ack	011 0110	106	46	70	F
000 0111	07	07	7	bel	011 0111	107	47	71	G
000 1000	10	08	8	bs	011 1000	110	48	72	H
000 1001	11	09	9	ht	011 1001	111	49	73	I
000 1010	12	0a	10	nl	011 1010	112	4a	74	J
000 1011	13	0b	11	vt	011 1011	113	4b	75	K
000 1100	14	0c	12	ff	011 1100	114	4c	76	L
000 1101	15	0d	13	er	011 1101	115	4d	77	M
000 1110	16	0e	14	so	011 1110	116	4e	78	N
000 1111	17	0f	15	si	011 1111	117	4f	79	O
001 0000	20	10	16	dle	011 0000	120	50	80	P
001 0001	21	11	17	dc1	011 0001	121	51	81	Q
001 0010	22	12	18	dc2	011 0010	122	52	82	R
001 0011	23	13	19	dc3	011 0011	123	53	83	S
001 0100	24	14	20	dc4	011 0100	124	54	84	T
001 0101	25	15	21	nak	011 0101	125	55	85	U
001 0110	26	16	22	syn	011 0110	126	56	86	V
001 0111	27	17	23	etb	011 0111	127	57	87	W
001 1000	30	18	24	can	011 1000	130	58	88	X
001 1001	31	19	25	em	011 1001	131	59	89	Y
001 1010	32	1a	26	sub	011 1010	132	5a	90	Z
001 1011	33	1b	27	esc	011 1011	133	5b	91	[
001 1100	34	1c	28	fs	011 1100	134	5c	92	\
001 1101	35	1d	29	gs	011 1101	135	5d	93	]

续表

二进制	八进制	十六进制	十进制	字符	二进制	八进制	十六进制	十进制	字符
001 1110	36	1e	30	re	011 1110	136	5e	94	^
001 1111	37	1f	31	us	011 1111	137	5f	95	_
000 0000	40	20	32	sp	011 0000	140	60	96	'
010 0001	41	21	33	!	011 0001	141	61	97	a
010 0010	42	22	34	"	011 0010	142	62	98	b
010 0011	43	23	35	#	011 0011	143	63	99	c
010 0100	44	24	36	$	011 0100	144	64	100	d
010 0101	45	25	37	%	011 0101	145	65	101	e
010 0110	46	26	38	&	011 0110	146	66	102	f
010 0111	47	27	39	`	011 0111	147	67	103	g
010 1000	50	28	40	(	011 1000	150	68	104	h
010 1001	51	29	41	)	011 1001	151	69	105	i
010 1010	52	2a	42	*	011 1010	152	6a	106	j
010 1011	53	2b	43	+	011 1011	153	6b	107	k
010 1100	54	2c	44	,	011 1100	154	6c	108	l
010 1101	55	2d	45	-	011 1101	155	6d	109	m
010 1110	56	2e	46	.	011 1110	156	6e	110	n
010 1111	57	2f	47	/	011 1111	157	6f	111	o
010 0000	60	30	48	0	011 0000	160	70	112	p
010 0001	61	31	49	1	011 0001	161	71	113	q
010 0010	62	32	50	2	011 0010	162	72	114	r
010 0011	63	33	51	3	011 0011	163	73	115	s
010 0100	64	34	52	4	011 0100	164	74	116	t
010 0101	65	35	53	5	011 0101	165	75	117	u
010 0110	66	36	54	6	011 0110	166	76	118	v
010 0111	67	37	55	7	011 0111	167	77	119	w
010 1000	70	38	56	8	011 1000	170	78	120	x
010 1001	71	39	57	9	011 1001	171	79	121	y
010 1010	72	3a	58	:	011 1010	172	7a	122	z
010 1011	73	3b	59	;	011 1011	173	7b	123	{
010 1100	74	3c	60	<	011 1100	174	7c	124	|
010 1101	75	3d	61	=	011 1101	175	7d	125	}
010 1110	76	3e	62	>	011 1110	176	7e	126	~
010 1111	77	3f	63	?	011 1111	177	7f	127	del

附录Ⅱ　Visual FoxPro 常用函数一览表

数 学 函 数	
函　　数	功　　能
ABS(<数值表达式>)	绝对值，|x|
CEILING(<数值表达式>)	>=自变量的最小整数
EXP(<数值表达式>)	对基 E 的幂，e=2.71828
FLOOR(<数值表达式>)	<=自变量的最大整数
INT(<数值表达式>)	取整(舍尾)自变量
LOG(<数值表达式>)	自变量的自然对数，ln x
LOG10(<数值表达式>)	自变量的普通对数，lg x
MAX(<表达式 1>，<表达式 2>[,…])	多个值的最大值
MIN(<表达式 1>，<表达式 2>[,…])	多个值的最小值
MOD(<数值表达式 1>，<数值表达式 2>)	求余数
RAND([<数值表达式 1>])	返回伪随机数
ROUND(<数值表达式 1>，<数值表达式 2>)	对第一个自变量从第二个变量值位处四舍五入
SIGN(<数值表达式>)	自变量的符号
SQRT(<数值表达式>)	平方根(正根)
PI( )	返回圆周率 π 的值
字符串操作函数	
函　　数	功　　能
&<内存变量>	用于代替内存变量内容
LEN(<字符串表达式>)	返回字符串表达式的字符个数
SPACE(<数值表达式>)	生成空格
SUBSTR(<字符串表达式>，<数值表达式 n>[，<数值表达式 L>])	求子字符串，从指定的字符串表达式第 n 个开始，总长为 L 的字符串
LOWER(<字符串表达式>)	将字符串字母转换成小写字母
UPPER(<字符串表达式>)	将字符串字母转换成大写字母
TRIM(<字符串表达式>)	删除字符串尾空格
ASC(<字符串表达式>)	返回字符串表达式最左边的第一个字符的 ASCII 码
CHR(<数值表达式>)	将数值表达式转换成字符
AT(<字符串表达式 1>，<字符串表达式 2>[，<数值表达式 n>])	确定字符串表达式 1 在字符串表达式 2 中的位置，n 为字符串表达式第几次出现

续表一

字符串操作函数	
函　　数	功　　能
STR(<数值表达式>[，<数值表达式 L>][，<数值表达式 n>)	将数值转换为字符串，L 为数值表达式总长，n 为小数位数
VAL(<字符串表达式>)	将数字字符串转换为数字
TYPE(<表达式>)	检测表达式值的数据类型
LTRIM(<字符串表达式>)	删除字符串左部空格
RTRIM(<字符串表达式>)	删除字符串右部空格
ALLTRIM(<字符串表达式>)	删除字符串两边(左右)的空格
LEFT(<字符串表达式>，<数值表达式 n>)	取字符串左边部分字符，n 为返回的字符个数
RIGHT(<字符串表达式>，<数值表达式 n>)	取字符串右边部分字符，n 从右边截取字符个数
STUFF(<字符串表达式 1>，<数值表达式 1>,<数值表达式 2>,<字符串表达式 2>)	用字符 2 在字符 1 中从数值 1 开始替换数值 2 个字符
REPLICATE(<字符串表达式>，<数值表达式>)	生成数值个字符组成的字符串
表(.dbf)操作函数	
函　　数	功　　能
BOF([<工作区号或别名>])	查表文件开始函数
EOF([<工作区号或别名>])	表文件结尾测试函数
RECNO([<工作区号或别名>])	测试当前或指定工作区表的当前记录号
RECCOUNT([工作区号])	测试当前或指定区表的记录个数
DELETED([<工作区号或别名>])	记录删除测试函数
FILE(<"字符串">)	测试文件是否存在函数
DBF([<工作区号或别名>])	检测表的文件名函数
日期、时间函数	
函　　数	功　　能
DATE( )	查系统当前日期函数
TIME([<数值表达式>])	查系统当前时间函数
YEAR(<日期型表达式>|<日期时间型表达式>)	由日期查年函数
MONTH(<日期型表达式>|<日期时间型表达式>)	由日期查月份函数
CMONTH(<日期型表达式>|<日期时间型表达式>)	由日期查月份名函数
DAY(<日期型表达式>|<日期时间型表达式>)	由日期查当月的日函数
DOW(<日期型表达式>|<日期时间型表达式>[，<数值表达式>])	由日期查星期函数
CDOW(<日期型表达式>|<日期时间型表达式>)	由日期查星期名函数
DTOC(<日期型表达式>|<日期时间型表达式>)	日期转换为字符函数
CTOD(<字符串表达式>)	字符串转换为日期函数
CTOT(<字符串表达式>)	返回日期时间值函数
TTOC(<日期时间型表达式>)	返回字符值

续表二

显示、打印位置函数	
函　数	功　能
ROW( )	判断光标行位置函数
COL( )	判断光标列位置函数
INKEY([<数值表达式>])	检测用户所击键对应的 ASCII 码函数，数值表达式以秒为单位等待击键的时间
其 他 函 数	
函　数	功　能
DISKSPACE( )	返回默认磁盘驱动器中可用字节数函数
OS( )	检测操作系统名称的函数
VERSION( )	返回 VFP 版本号的函数
SYS( )	返回 Visual FoxPro 的系统信息，但括号中要添加相应的数字

附录Ⅲ　Visual FoxPro 常用命令一览表

Visual FoxPro 的命令子句较多，本附录中未列出它们的完整格式，只列出其概要说明，目的是为读者寻求机器帮助提供线索。

<table>
<tr><th>命　令</th><th>功　　能</th></tr>
<tr><td>&&</td><td>标明命令行尾注释的开始</td></tr>
<tr><td>*</td><td>标明程序中注释行的开始</td></tr>
<tr><td>\|\\</td><td>输出文本行</td></tr>
<tr><td>?|??</td><td>计算表达式的值，并输出计算结果</td></tr>
<tr><td>???</td><td>把结果输出到打印机</td></tr>
<tr><td>@…BOX</td><td>使用指定的坐标绘方框，现用 Shape 控件代替</td></tr>
<tr><td>@…CLASS</td><td>创建一个能够用 READ 激活的控件或对象</td></tr>
<tr><td>@…CLEAR</td><td>清除窗口的部分区域</td></tr>
<tr><td>@…EDIT—编辑框部分</td><td>创建一个编辑框，现用 EditBox 代替</td></tr>
<tr><td>@…FILE</td><td>更改屏幕某区域内已有文本的颜色</td></tr>
<tr><td>@…GET—按钮</td><td>创建一个命令按钮，现用 CommandButton 控件代替</td></tr>
<tr><td>@…GET—复选框</td><td>创建一个复选框，现用 CheckBox 代替</td></tr>
<tr><td>@…GET—列表框</td><td>创建一个列表框，现用 ListBox 代替</td></tr>
<tr><td>@…GET—透明按钮</td><td>创建一个透明命令按钮，现用 CommandButton 控件代替</td></tr>
<tr><td>@…GET—微调</td><td>创建一个微调控件，现用 Spinner 控件代替</td></tr>
<tr><td>@…GET—文本框</td><td>创建一个文本框，现用 TextBox 代替</td></tr>
<tr><td>@…GET—选项按钮</td><td>创建一组选项按钮，现用 Optiongrop 控件代替</td></tr>
<tr><td>@…GET—组合框</td><td>创建一个组合框，现用 ComboBox 控件代替</td></tr>
<tr><td>@…MENU</td><td>创建一个菜单，现用菜单设计器和 CREAT　MENU 命令</td></tr>
<tr><td>@…PROMPT</td><td>创建一个菜单栏，现用菜单设计器和 CREAT　MENU 命令</td></tr>
<tr><td>@…SAY</td><td>在指定的行列显示或打印结果，现用 Label 控件、TextBox 控件</td></tr>
<tr><td>@…SAY—图片＆OLE 对象</td><td>显示图片和 OLE 对象，现用 Image、OLE Bound、OLE Container 控件代替</td></tr>
<tr><td>@… SCROLL</td><td>将窗口中的某区域向上、下、左、右移动</td></tr>
<tr><td>@… TO</td><td>画一个方框、圆或椭圆，现用 Shape 控件代替</td></tr>
<tr><td>ACCEPT</td><td>从显示屏接受字符串，现用 TextBox 控件代替</td></tr>
<tr><td>ACTIVATE MENU</td><td>显示并激活一个菜单栏</td></tr>
<tr><td>ACTIVATE POPUP</td><td>显示并激活一个菜单</td></tr>
<tr><td>ACTIVATE SCREEN</td><td>将所有后续结果输出到 Visual FoxPro 的主窗口</td></tr>
<tr><td>ACTIVATE WINDOW</td><td>显示并激活一个或多个窗口</td></tr>
<tr><td>ADD CLASS</td><td>向一个.VCX 可视类库中添加类定义</td></tr>
<tr><td>ADD TABLE</td><td>向当前打开的数据库中添加一个自由表</td></tr>
<tr><td>ALTER TABLE—SQL</td><td>以编程方式修改表结构</td></tr>
</table>

续表一

命　令	功　能
APPEND	向表的末尾添加一个或者多个记录
APPEND FROM	将其他文件中的记录添加到当前表的末尾
APPEND FROM ARRAY	将数组的行作为记录添加到当前表中
APPEND GENERAL	从文件导入一个 OLE 对象，并将此对象置于数据库的通用字段中
APPEND MEMO	将文本文件的内容复制到备注字段中
APPEND PROCEDURES	将文本文件中的内部存储过程追加到当前数据库的内部存储过程中
ASSERT	若指定的逻辑表达式为假，则显示一个消息框
AVERAGE	计算数值型表达式或字段的算术平均值
BEGIN TRANSACTION	开始一个事务
BLANK	清除当前记录所有字段的数据
BROWSE	打开浏览窗口
BUILD APP	创建以.APP 为扩展名的应用程序
BUILD DLL	创建一个动态链接
BUILD EXE	创建一个可执行文件
BUILD PROJECT	创建并且联编一个项目文件
CALCULATE	对表中的字段或字段表达式执行财务和统计操作
CALL	执行由 LOAD 命令放入内存的二进制文件、外部命令或函数
CANCEL	终止当前运行的 Visual FoxPro 程序文件
CD | CHDIR	将默认的 Visual FoxPro 目录改为指定的目录
CHANGE	显示要编辑的字段
CLEAR	清除屏幕或从内存中释放指定项
CLOSE	关闭各种类型的文件
CLOSE DATABASES	关闭当前数据库
CLOSE MEMO	关闭备注编辑窗口
CLOSE TABLES	关闭表文件
COMPILE	编译程序文件，并生成对应的目标文件
COMPILE DATABASE	编译数据库中的内部存储过程
COMPILE FORM	编译表单对象
CONTINUE	继续执行前面的 LOCATE 命令
COPY FILE	复制任意类型的文件
COPY INDEXES	由单索引文件(扩展名.IDX)创建复合索引文件
COPY MEMO	将当前记录的备注字段的内容拷贝到一个文本文件中
COPY TAG	由复合索引文件中的某一索引标识创建一个单索引文件(扩展名.IDX)
COPY TO	将当前表中的数据拷贝到指定的新文件中
COPY TO ARRAY	将当前表中的数据拷贝到数组中
COUNT	计算表记录的数目

续表二

命　令	功　　能
CREATE	创建一个新的 Visual FoxPro 表
CREATE CLASS	打开类设计器，创建一个新的类定义
CREATE CLASSLIB	以.VCX 为扩展名创建一个新的可视类库文件
CREATE COLOR SET	从当前颜色中选项中生成一个新的颜色集
CREATE CONNECTION	一个命名联接，并把它存储在当前数据库中
CREATE CURSOR—SQL	创建临时表
CREATE DATABASE	创建并打开数据库
CREATE FORM	打开表单设计器
CREATE FROM	利用 COPY　STRUCTURE EXTENDED 创建一个表
CREATE LABEL	启动标签设计器，创建标签
CREATE MENU	启动菜单设计器，创建菜单
CREATE PROJECT	打开项目管理器，创建项目
CREATE QUERY	打开查询设计器
CREATE REPORT	在报表设计器打开一个报表
CREATE　REPORT — QUICK REPORT	快速报表命令，以编程方式创建一个报表
CREATE SCREEN	打开表单设计器
CREATE　SCREEN — QUICK SCREEN	快速屏幕命令，以编程方式创建屏幕画面
CREATE SQL VIEW	显示视图设计器，创建一个 SQL 视图
CREATE TABLE—SQL	创建具有指定字段的表
CREATE TRIGGER	创建一个表的触发器
CREATE VIEW	从 Visual FoxPro 环境中生成一个视图文件
DEACTIVATE MENU	使一个用户自定义菜单栏失效，并将它从屏幕上移开
DEACTIVATE POPUP	关闭用 DEFINE　POPUP 创建的菜单
DEACTIVATE WINDOW	使窗口失效，并将它们从屏幕上移开
DEBUG	打开 Visual FoxPro 调试器
DEBUGOUT	将表达式的值显示在“调试输出”窗口中
DECLARE	创建一维或二维数组
DEFINE BAR	在 DEFINE POPUP 创建的菜单上创建一个菜单项
DEFINE BOX	在打印文本周围画一个框
DEFINE CLASS	创建一自定义的类或子类，同时定义这个类或子类的属性、事件和方法程序
DEFINE MENU	创建一个菜单栏
DEFINE PAD	在菜单栏上创建菜单标题
DEFINE POPUP	创建菜单

续表三

命　令	功　　能
DEFINE WINDOW	创建一个窗口，并定义其属性
DELETE	对要删除的记录做标记
DELETE FROM—SQL	对要删除的记录做标记(SQL 命令)
DELETE CONNECTION	从当前的数据库中删除一个命名联接
DELETE DATABASE	从磁盘上删除一个数据库
DELETE FILE	从磁盘上删除一个文件
DELETE TAG	删除复合索引文件(.cdx)中的索引标识
DELETE TRIGGER	从当前的数据库中移去一个表的触发器
DELETE VIEW	从当前数据库中删除一个 SQL 视图
DIMENSION	创建一维或二维的内存变量数组
DIR or DIRECTORY	显示目录或文件信息
DISPLAY	在窗口中显示当前表的信息
DISPLAY CONNECTIONS	在窗口中显示当前数据库中的命名联接的信息
DISPLAY DATABASE	显示当前数据库中的信息
DISPLAY DLLS	显示 32 位 Windows 动态链接库函数的信息
DISPLAY FILES	显示文件的信息
DISPLAY MEMORY	显示内存或数组的当前内容
DISPLAY OBJECTS	显示一个或一组对象的信息
DISPLAY PROCEDURES	显示当前数据库中内部存储过程的名称
DISPLAY STATUS	显示 Visual FoxPro 环境的状态
DISPLAY STRUCTURE	显示表的结构
DISPLAY TABLES	显示当前数据库中的所有表及其相关信息
DISPLAY VIEWS	显示当前数据库中视图的信息
DO	执行一个 Visual FoxPro 程序或过程
DO CASE ... ENDCASE	多项选择命令，执行第一组条件表达式计算为“真”的命令
DO FORM	运行已编译的表单或表单集
DO WHILE ... ENDDO	循环语句，在条件循环中运行一组命令
DOEVENTS	执行所有等待的 Windows 事件
DROP TABLE	把表从数据库中移出，并从磁盘中删除
DROP VIEW	从当前数据库中删除视图
EDIT	显示要编辑的字段
EJECT	向打印机发送换页符
EJECT PAGE	向打印机发出条件走纸的指令
END TRANSACTION	结束当前事务
ERASE	从磁盘上删除文件
ERROR	生成一个 Visual FoxPro 错误信息

续表四

命　令	功　　能
EXIT	退出 DO WHILE、FOR 或 SCAN 循环语句
EXPORT	从表中将数据复制到不同格式的文件中
EXTERNAL	对未定义的引用，向应用程序编译器发出警告
FIND	查找命令，现用 SEEK 命令来代替
FLUSH	将对表和索引所做出的改动存入磁盘
FOR EACH ... ENDFOR	FOR 循环语句，对数组中或集合中的每一个元素执行一系列命令
FOR ... ENDFOR	FOR 循环语句，按指定的次数执行一系列命令
FUNCTION	定义一个用户自定义函数
GATHER	将选定表中当前记录的数据替换为某个数组、内存变量组或对象中的数据
GETEXPR	显示表达式生成器，以便创建一个表达式，并将表达式存储在一个内存变量或数组中
GO | GOTO	移动记录指针，使它指向指定记录号的记录
HELP	打开帮助窗口
HIDE MENU	隐藏用户自定义的活动菜单栏
HIDE POPUP	隐藏用 DEFINE　POPUP 创建的活动菜单
HIDE WINDOW	隐藏一个活动窗口
IF ... ENDIF	条件转向语句，根据逻辑表达式有条件地执行一系列命令
IMPORT	从外部文件格式导入数据，创建一个 Visual FoxPro 新表
INDEX	创建一个索引文件
INPUT	从键盘输入数据，送入一个内存变量
INSERT	在当前表中插入新记录
INSERT INTO—SQL	在表尾追加一个包含指定字段值的记录
JOIN	连接两个表来创建新表
KEYBOARD	将指定的字符表达式放入键盘缓冲区
LABEL	从一个表或标签定义文件中打印标签
LIST	显示当前表或环境信息
LIST CONNECTIONS	显示当前数据库中命名联接的信息
LIST DATABASE	显示当前数据库中的信息
LIST DLLS	显示有关 32 位 Windows　DLL 函数的信息
LIST MEMORY	显示变量信息
LIST OBJECTS	显示一个或一组对象的信息
LIST PROCEDURES	显示数据库中内部存储过程的名称
LIST TABLES	显示存储在当前数据库中的所有表及其信息
LIST VIEWS	显示当前数据库中的 SQL 视图的信息
LOAD	将一个二进制文件、外部命令或者外部函数装入内存

续表五

命　令	功　能
LOCAL	创建一个本地内存变量或内存变量数组
LOCATE	按顺序查找满足指定条件的第一个记录
LPARAMETERS	指定本地参数，接受调用程序传递来的数据
MD | MKDIR	在磁盘上创建一个新目录
MENU	创建菜单系统
MENU TO	激活菜单栏
MODIFY CLASS	打开类设计器，允许修改已有的类定义或创建新的类定义
MODIFY COMMAND	打开编辑窗口，以便修改或创建一个程序文件
MODIFY CONNECTION	显示联接设计器，允许交互地修改当前数据库中储存的命名联接
MODIFY DATABASE	打开数据库设计器，允许交互地修改当前数据库
MODIFY FILE	打开编辑窗口，以便修改或创建一个文本文件
MODIFY FORM	打开表单设计器，允许修改或创建表单
MODIFY GENERAL	打开当前记录中通用字段的编辑窗口
MODIFY LABEL	修改标签，并把它们保存到标签定义文件中
MODIFY MEMO	打开一个编辑窗口，以便编辑备注字段
MODIFY MENU	打开菜单设计器，以便修改或创建菜单系统
MODIFY PROCEDURE	打开 Visual FoxPro 文本编辑器，为当前数据库创建或修改内部存储过程
MODIFY PROJECT	打开项目管理器，以便修改或创建项目文件
MODIFY QUERY	打开查询设计器，以便修改或创建查询
MODIFY REPORT	打开报表设计器，以便修改或创建报表
MODIFY SCREEN	打开表单设计器，以便修改或创建表单
MODIFY STRUCTURE	显示“表结构”对话框，允许在对话框中修改表结构
MODIFY VIEW	显示视图设计器，允许修改已有的 SQL 视图
MODIFY WINDOW	修改窗口
MOUSE	单击、双击、移动或拖动鼠标
MOVE POPUP	把菜单移到新位置
MOVE WINDOW	把窗口移到新位置
NOTE	创建注释语句
ON BAR	指定要激活的菜单或菜单栏
ON ERROR	指定发生错误时要执行的命令
ON ESCAPE	程序或命令执行期间，指定按 Esc 键时所执行的命令终止
ON EXIT BAR	离开指定的菜单项时执行命令
ON KEY LABEL	当按下指定的键或单击鼠标时，执行指定的命令
ON PAD	指定选定菜单标题时，要激活的菜单或菜单栏
ON PAGE	当打印输出到达报表指定行，或使用 EJECT　PAGE 时指定执行的命令
ON READERROR	指定为响应数据输入错误而执行的命令

续表六

命 令	功 能
ON SELECTION BAR	指定选定菜单项时执行的命令
ON SELECTION MENU	指定选定菜单栏的任何菜单标题时执行的命令
ON SELECTION PAD	指定选定菜单栏上的菜单标题时执行的命令
ON SELECTION POPUP	指定选定的弹出式菜单的任一菜单项时执行的命令
ON SHUTDOWN	当试图退出 Visual FoxPro、Microsoft Windows 时执行指定的命令
OPEN DATABASE	打开数据库
PACK	将当前具有删除标记的记录永久删除
PACK DATABASE	从当前
PARAMETERS	调用程序传递来的数据赋给私有内存变量
PLAY MACRO	执行一个键盘宏
POP KEY	恢复用 PUSH KEY 命令放入堆栈内的 ON KEY LABEL 指定的键值
POP MENU	恢复用 PUSH MENU 命令放入堆栈内的菜单
POP POPUP	恢复用 PUSH POPUP 命令放入堆栈内的指定的菜单定义
PRIVATE	在当前程序文件中指定隐藏调用程序中定义的内存变量或数组
PROCEDURE	标识一个过程的开始
PUBLIC	定义全局内存变量或数组
PUSH KEY	把所有当前 ON KEY LABEL 命令设置放入内存堆栈中
PUSH MENU	把菜单栏定义放入内存的菜单栏定义堆栈中
PUSH POPUP	把菜单定义放入内存的菜单定义堆栈中
QUIT	结束当前运行的 Visual FoxPro，并把控制移交给操作系统
RD | RMDIR	从磁盘上删除目录
READ	激活控件，现用表单设计器代替
READ EVENTS	开始事件处理
READ MENU	激活菜单，现用菜单设计器创建菜单
RECALL	在选定表中，去掉指定记录的删除标记
REGIONAL	创建局部内存变量和数组
REINDEX	重建已打开的索引文件
RELEASE	从内存中删除内存变量或数组
RELEASE BAR	从内存中删除指定菜单项或所有菜单项
RELEASE CLASSLIB	关闭包含类定义的.vcx 可视类库
RELEASE LIBRARY	从内存中删除一个单独的外部 API 库
RELEASE MENUS	从内存中删除用户自定义菜单栏
RELEASE PAD	从内存中删除指定的菜单标题或所有菜单标题
RELEASE POPUPS	从内存中删除指定的菜单或所有菜单
RELEASE PROCEDURE	关闭用 SET PROCEDURE 打开的过程
RELEASE WINDOWS	从内存中删除窗口

续表七

命　令	功　　能
RENAME	把文件名改为新文件名
RENAME CLASS	对包含在.VCX 可视类库的类定义重新命名
RENAME CONNECTION	给当前数据库中已命名的联接重新命名
RENAME TABLE	重新命名当前数据库中的表
RENAME VIEW	重新命名当前数据库中 SQL 视图
REPLACE	更新表的记录
REPLACE FROM ARRAY	用数组中的值更新字段数据
REPORT　FORM	显示或打印报表
RESTORE FROM	检索内存字段中的内存变量和数组，并把它们放入内存中
RESTORE MACROS	把保存在键盘宏文件或备注字段中的键盘宏还原到内存中
RESTORE SCREEN	恢复先前保存在屏幕缓冲区、内存变量和数组元素中的窗口
RESTORE WINDOW	把保存在窗口文件或备注字段中的窗口定义或窗口状态恢复到内存
RESUME	继续执行挂起的程序
RETRY	重新执行同一个命令
RETURN	程序控制返回调用程序
ROLLBACK	取消当前事务期间所作的任何改变
RUN | !	运行外部操作命令或程序
SAVE MACROS	把宏保存下来
SAVE SCREEN	把窗口的图像保存到屏幕缓冲区、内存变量和数组元素中
SAVE TO	把当前内存变量或数组保存到内存变量文件或备注字段中
SAVE WINDOWS	把窗口定义保存到窗口文件或备注字段中
SCAN ... ENDSCAN	记录指针遍历当前选定表，并对所有满足指定条件的记录执行一组命令
SCATTER	把当前记录的数据复制到一组变量或数组中
SCROLL	向上、下、左、右滚动窗口的一个区域
SEEK	在当前表中查找首次出现的、索引关键字与通用表达式匹配的记录
SELECT	激活指定工作区
SELECT—SQL	从表中查询数据
SET	打开数据工作期窗口
SET ALTERNATE	把？、？？、DISPLAY 或 LIST 命令创建的输出定向到一个文本文件
SET ANSI	确定 Visual FoxPro　SQL 命令中操作符＝对不同长度字符串进行比较
SET ASSERTS	确定是否执行 ASSERT 命令
SET AUTOSAVE	当退出 READ 或返回到命令窗口时，确定 Visual FoxPro 是否把缓冲区中的数据保存到磁盘上
SET BELL	打开或关闭计算机的铃声，并设置铃声属性
SET BLOCKSIZE	指定 Visual FoxPro 如何为保存备注字段分配磁盘空间
SET BORDER	为要创建的框、菜单和窗口定义边框，现用 BorderStyle Property 代替

续表八

命　令	功　　能
SET BRSTATUS	控制浏览窗口中状态栏的显示
SET CARRY	确定是否将当前记录的数据送到新记录中
SET CENTURY	确定是否显示日期表达式的世纪部分
SET CLASSLIB	打开一个包含类定义的 .VCX 可视类库
SET CLEAR	当 SET FORMAT 执行时，确定是否清除 Visual FoxPro 主窗口
SET CLOCK	确定是否显示系统时钟
SET COLLATE	指定在后续索引和排序操作中字符字段的排序顺序
SET COLOR OF	指定用户自定义菜单和窗口的颜色
SET COLOR OF SCHEME	指定配色方案中的颜色
SET COLOR SET	加载已定义的颜色集
SET COLOR TO	指定用户自定义菜单和窗口的颜色
SET COMPATIBLE	控制与 FoxBASE+以及其他 XBASE 语言的兼容性
SET CONFIRM	指定是否可以通过在文本框中键入最后一个字符来退出文本框
SET CONSOLE	启用或废止从程序内向窗口的输出
SET COVERAGE	开或关编辑日志，或指定一文本文件，并使编辑日志的所有信息输入到其中
SET CPCOMPILE	指定编译程序的代码页
SET CPDIALOG	打开表时，指定是否显示“代码页”对话框
SET CURRENCY	定义货币符号，并指定货币符号在数值型表达式中的显示位置
SET CURSOR	Visual FoxPro 等待输入时，确定是否显示插入点
SET DATEBASE	指定当前数据库
SET DATASESSION	激活指定的表单的数据工作期
SET DATE	指定日期表达式的显示格式
SET DEBUG	从 Visual FoxPro 的菜单系统中打开调试窗口和跟踪窗口
SET DEBUGOUT	将调试结果输出到文件
SET DECIMALS	显示数值表达式时，指定小数位数
SET DEFAULT	指定缺省驱动器、目录(文件夹)
SET DELETED	指定 Visual FoxPro 是否处理带有删除标记的记录
SET DELIMITERS	指定是否分隔文本框
SET DEVELOPMENT	在运行程序时，比较目标文件的编译时间与程序的创建日期时间
SET DEVICE	指定@…SAY 产生的输出定向到屏幕、打印机或文件中
SET DISPLAY	在支持不同显示方式的监视器上允许更改当前显示方式
SET DOHISTORY	把程序中执行过的命令放入命令窗口或文本文件中
SET ECHO	打开程序调试器及跟踪窗口
SET ESCAPE	按下 Esc 键时，中断所执行的程序
SET EVENTLIST	指定调试时跟踪的事件

续表九

命　令	功　　能
SET EVENTTRACKING	开启或关闭事件跟踪，或将事件跟踪结果输出到文件
SET EXACT	指定用精确或模糊规则来比较两个不同长度的字符串
SET EXCLUSIVE	指定 Visual FoxPro 以独占方式还是共享方式打开表
SET FDOW	指定一星期的第一天
SET FIELDS	指定可以访问表中的哪些字段
SET FILTER	指定访问表中记录时必须满足的条件
SET FIXED	数值数据显示时，指定小数位数是否固定
SET FULLPATH	指定 CDX( )、DBF( )、IDX( )、NDX( )是否返回文件名中的路径
SET FUNCTION	把表达式赋给功能键或组合键
SET FWEEK	指定一年的第一周要满足的条件
SET HEADINGS	指定显示文件内容时，是否显示字段的列标头
SET HELP	启用或废止 Visual FoxPro 的联机帮助功能，或指定一个帮助文件
SET HELPFILTER	让 Visual FoxPro 在帮助窗口显示.DBF 风格帮助主题的子集
SET HOURS	将系统时钟设置成 12 或 24 小时格式
SET INDEX	打开索引文件
SET KEY	指定基于索引键的访问记录范围
SET KEYCOMP	控制 Visual FoxPro 的键位置
SET LIBRARY	打开一个外部 API 库文件
SET LOCK	激活或废止在某些命令中的自动锁定文件
SET LOGERRORS	确定 Visual FoxPro 是否将编译错误信息送到一个文本文件中
SET MACKEY	指定显示“宏键定义”对话框的单个键或组合键
SET MARGIN	设定打印的左页边距，并所有定向到打印输出都起作用
SET MARK OF	为菜单标题或菜单项指定标记字符
SET MARK TO	指定日期表达式显示时的分隔符
SET MEMOWIDTH	指定备注字段和字符表达式的显示宽度
SET MESSAGE	定义在 Visual FoxPro 主窗口或图形状态栏中显示宽度
SET MULTILOCKS	可以用 LOCK( )或 RLOCK( )锁住多个记录
SET NEAR	FIND 或 SEEK 查找命令不成功时，确定记录指针停留的位置
SET NOCPTRANS	防止把已打开表中的选定字段转到另一个代码页
SET NOTIFY	显示某种系统信息
SET NULL	确定 ALTET TABLE、CREAT TABLE、INSERT—SQL 命令是否为 NULL 值
SET NULLDISPLAY	指定 NULL 值显示时对应的字符串
SET ODOMETER	为处理记录的命令设置计数器的报告间隔
SET OLE 对象	Visual FoxPro 找不到对象时，指定是否在“Windows Registry”中查找
SET OPTIMIZE	使用 Rushmore 优化
SET ORDER	为表指定一个控制索引文件或索引标识

续表十

命 令	功 能
SET PALETTE	指定 Visual FoxPro 使用默认调色板
SET PATH	指定文件搜索路径
SET PDSETUP	加载、清除打印机驱动程序
SET POINT	显示数值表达式或货币表达式时，确定小数点位置
SET PRINTER	指定输出到打印机
SET PROCEDURE	打开一个过程文件
SET READBORDER	确定是否在@…GET 创建的文本框周围放上边框
SET REFRESH	访问网络上其他用户，确定是否更新浏览窗口
SET RELATION	建立两个表或多个已打开的表之间的关联
SET RELATION OFF	解除当前选定工作区父表与相关子表之间的关系
SET REPROCESS	指定一次锁定尝试不成功时，再尝试加锁的次数或时间
SET RESOURCE	指定或更新资源文件
SET SAFETY	在改写已有文件之前，确定是否显示对话框
SET SECONDS	当显示日期时间值时，指定显示时间部分的秒
SET SEPARATOR	在小数点左边，指定每三位数一组所用的分隔字符
SET SHADOWS	给窗口、菜单、对话框和警告信息放上阴影
SET SKIP	在表之间建立一对多的关系
SET SKIP OF	启用或废止用户自定义菜单或 Visual FoxPro 系统菜单的菜单栏、菜单标题或菜单项
SET SPACE	设置?|??命令时，确定字段或表达式之间是否要显示一个空格
SET STATUS	显示或删除字符表示的状态
SET STATUS BAR	显示或删除图形状态栏
SET STEP	为程序调试打开跟踪窗口并挂起程序
SET STICKY	在选择一个菜单项、按 Esc 键或在菜单区域外单击鼠标之前，指定菜单保持拉下状态
SET SYSFORMATS	指定 Visual FoxPro 系统设置是否随当前 Windows 系统设置而更新
SET SYSMENU	在程序运行期间，启用或废止 Visual FoxPro 系统菜单栏，并对其重新配置
SET TALK	确定是否显示命令执行结果
SET TEXTMERGE	指定是否对文本合并分隔符括起的内容进行计算，允许指定文本合并输出
SET TEXTMERGE DELIMITERS	指定文本全新分隔符
SET TOPIC	激活 Visual FoxPro 帮助系统时，指定打开的帮助主题
SET TOPIC ID	激活 Visual FoxPro 帮助系统时，指定显示的帮助主题
SET TRBETWEEN	在跟踪窗口的断点之间启用或废止跟踪

续表十一

命　令	功　能
SET TYPEAHEAD	指定键盘输入缓冲区可以存储的最大字符数
SET UDFPARMS	指定参数传递方式
SET UNIQUE	指定有重复索引关键字值的记录是否被保留在索引文件中
SET VIEW	打开或关闭数据工作期窗口，或从一个视图文件中恢复 Visual FoxPro 环境
SHOW GET	重新显示所指定到内存变量、数组元素或字段的控件
SET WINDOW OF MEMO	指定可以编辑备注字段的窗口
SHOW GETS	重新显示所有控件
SHOW MENU	显示用户自定义菜单栏，但不激活该菜单
SHOW OBJECT	重新显示指定控件
SHOW POPUP	显示用 DEFINE POPUP 定义的菜单，但不激活它们
SHOW WINDOW	显示窗口，但不激活它们
SIZE POPUP	改变用 DEFINE POPUP 创建的菜单大小
SIZE WINDOW	更改窗口的大小
SKIP	使记录指针在表中向前或向后移动
SORT	对当前表排序，并将排序后的记录输出到一个新表中
STORE	把数据储存到内存变量、数组或数组元素中
SUM	对当前表的指定数值字段或全部数值字段进行求和
SUSPEND	暂停程序的执行，并返回到 Visual FoxPro 交互状态
TEXT ... ENDTEXT	输出若干行文本、表达式和函数的结果
TOTAL	计算当前数值字段的总和
TYPE	显示文件的内容
UNLOCK	从表中释放记录锁定或文件锁定
UPDATE - SQL	以新值更新表中的记录
UPDATE	用其他表的数据更新当前选定工作区中打开的表
USE	打开表及其相关索引文件，或打开一个 SQL 视图，或关闭表
VALIDATE DATABASE	保证当前数据库中表和索引位置的正确性
WAIT	显示信息并暂停 Visual FoxPro 的执行，等待一任意键的键入
WITH ... ENDWITH	给对象指定多个属性
ZAP	清空打开的表，只留下表的结构
ZOOM WINDOW	改变窗口的大小及位置

参 考 文 献

[1] 王利. 全国计算机等级考试二级教程：Visual FoxPro 程序设计. 北京：高等教育出版社，2001.
[2] 刘卫国. Visual FoxPro 程序设计. 北京：北京邮电大学出版社，2005.
[3] 李加福. Visual FoxPro 6.0 中文版. 北京：清华大学出版社，2000.

参考文献

[1] [illegible] Visual FoxPro [illegible] 出版社，200[illegible]
[2] [illegible] Visual FoxPro [illegible] 出版社，2000.
[3] 李[illegible] Visual FoxPro 6.0 [illegible] 出版社，2000.